KB169766

양자 : 101가지 질문과 답변

양자

101가지 질문과 답변

케네스 W. 포드
이덕환 옮김

가치

101 Quantum Questions : What You Need to Know About the World You Can't See

by Kenneth W. Ford

역자 이덕환(李悳煥)

서울대학교 화학과 졸업(이학사). 서울대학교 대학원 화학과 졸업(이학석사). 미국 코넬 대학교 졸업(이학박사). 미국 프린스턴 대학교 연구원. 서강대학교에서 34년 동안 이론화학과 과학커뮤니케이션을 가르치고 은퇴한 명예교수이다.
저서로는 『이덕환의 과학세상』이 있고, 옮긴 책으로는 『거의 모든 것의 역사』, 『화려한 화학의 시대』, 『질병의 연금술』, 『양자혁명』, 『같기도 하고 아니 같기도 하고』, 『아인슈타인』 외 다수가 있으며, 대한민국 과학문화상(2004), 닮고 싶고 되고 싶은 과학기술인상(2006), 과학기술훈장웅비장(2008), 과학기자협회 과학과 소통상(2011), 옥조근정훈장(2019), 유미과학문화상(2020)을 수상했다.

양자 : 101가지 질문과 답변

저자 / 케네스 W. 포드
역자 / 이덕환
발행처 / 까치글방
발행인 / 박후영
주소 / 서울시 용산구 서빙고로 67, 파크타워 103동 1003호
전화 / 02 · 735 · 8998, 736 · 7768
팩시밀리 / 02 · 723 · 4591
홈페이지 / www.kachibooks.co.kr
전자우편 / kachibooks@gmail.com
등록번호 / 1-528
등록일 / 1977. 8. 5
초판 1쇄 발행일 / 2015. 10. 27
3쇄 발행일 / 2022. 4. 15

값 / 뒤표지에 쓰여 있음

ISBN 978-89-7291-603-1 93420

이 도서의 국립중앙도서관 출판예정도서목록(CIP)은 서지정보유통지원시스템 홈페이지(http://seoji.nl.go.kr)와 국가자료공동목록시스템(http://www.nl.go.kr/kolisnet)에서 이용하실 수 있습니다. (CIP제어번호 : CIP2015028416)

조앤
그리고
폴, 세라, 니나, 캐럴라인, 애덤, 제이슨, 이언
그리고
찰리, 토머스, 네이트, 제스퍼, 콜린, 해나, 마사, 아나,
대니얼, 케이시, 토비, 이사이아, 나이마, 스티븐,
그리고
가르치는 것이 영광이었던 모든 학생들과
내 삶을 넉넉하게 만들어준 모두에게

차례

제3장 작은 것과 빠른 것

제4장 양자 덩어리와 양자 도약

제5장 원자와 원자핵

제14장 모든 규모에서의 양자물리학

제15장 첨단과 수수께끼

서문

양자물리학의 핵심 아이디어

양자물리학의 "핵심 아이디어들(개념)"은 확정되어 있지 않다. 그러나 양자물리학을 통해서 알아낸 자연에 대한 설명의 핵심을 담고 있는 12개의 중요한 아이디어들을 찾을 수는 있다. 그런 아이디어들은 "상식"에 맞지 않는다는 공통점이 있다. 우리의 일상 경험을 근거로 예상할 수 있는 물리 세계의 행동과 맞지 않는다는 것이다.

일상적 인식과 양자적 인식이 일치하지 않는 데에는 분명한 이유가 있다. 우리가 살고 있는 세계에서는 양자 효과—그리고 상대성 효과—가 우리의 인식에 직접 영향을 주지는 않는다. 우리의 세계(적어도 물질 세계)에 대한 세계관은 우리가 보고, 듣고, 냄새 맡고, 만지는 것으로부터 만들어진다. 그런 세계관이 아주 작고 아주 빠른 것의 세계인 양자 세계에서도 유효한 것으로 밝혀질 수도 있었지만, 실제로는 그렇게 되지 않았다. 그래서 우리는 이상하고 신기한 새 아이디어들에 직면하게 되었다. 그런 아이디어들이 이 책을 관통하는 실마리이다. 그런 아이디어들을 찾아보기 바란다.

양자 영역에서 일상생활을 하고 있는 외계인을 상상할 수 있을 것이다.

그들에게는 이런 아이디어들이 지겨울 정도로 명백할 것이다. 그러나 우리 지구인들에게는 그런 아이디어들이 놀랍고 상상력을 자극하는 것이다.

1. **양자화**(Quantization) : 세계는 알갱이나 덩어리 모양이다. 세계를 구성하는 물질의 조각도 그렇고 물질 세계에서 일어나는 변화도 그렇다.
2. **확률**(Probability) : 작은 규모의 세계에서는 확률이 사건을 지배한다. 우리가 사건에 대해서 알아야 할 모든 것을 알고 있는 경우에도 마찬가지이다.
3. **파동-입자 이중성**(Wave-particle duality) : 물질은 파동과 입자의 성질을 모두 나타낼 수 있다.
4. **불확정성 원리**(Uncertainty principle) : 자연에는 측정의 정밀도(precision)에 근본적인 한계가 있다.
5. **소멸과 생성**(Annihilation and creation) : 모든 상호작용에는 입자의 소멸과 생성이 관여된다.
6. **스핀**(Spin; 회전) : 심지어 물리적으로 분명하게 확장할 수 없는 "점 입자(point particle)"도 스핀을 가지고 있고, 스핀은 양자화된 성질이다.
7. **겹침**(Superposition) : 한 개 또는 여러 개의 입자로 구성된 시스템은 동시에 두 개 이상의 운동 상태로 존재할 수 있다.
8. **반(反)사회적 입자**(Antisocial particle) : '페르미온(fermion : fermi 입자)'이라고 부르는 입자는 배타 원리(排他 原理, exclusion pinciple)를 따른다. 두 개의 동일한 입자는 동시에 같은 운동 상태에 있을 수 없다. 배타 원리 덕분에 주기율표가 존재하게 된다.
9. **사회적 입자**(Social particle) : '보손(boson : bose 입자)'이라고 부르는 입자는 같은 운동 상태에 있을 수 있고, 그런 상태로 있는 것을 "좋아하기" 때문에 '보스-아인슈타인 응축(Bose-Einstein condesation)'이라고 부르는 최상의 "단

란한 상태(togetherness)"를 만들 수 있다.

10. **보존**(Conservation) : 변화의 모든 과정에서 일정하게 유지되는 양이 있다. 다른 양("부분적으로 보존되는 양")은 특별한 종류의 변화에서만 일정하게 유지된다.

11. **속도 한계**(Speed limit) : 빛의 속도가 자연에서의 한계 속도가 된다(상대성 이론의 이런 결과는 양자 세계에서 가장 극적으로 드러나게 된다).

12. $E = mc^2$: 질량과 에너지가 하나의 개념으로 결합되어 있기 때문에 질량이 에너지로 변할 수도 있고, 에너지가 질량으로 변할 수도 있다(이러한 상대성 이론의 또 하나의 결과도 양자 세계에서 확실하게 드러나고 있다).

제1장

원사보다 더 작은 세계

1. 도대체 양자는 무엇일까?

양자(quantum)는 덩어리[塊, lump]이자 묶음[束, bundle]이다. 우리의 일상 세계에도 빵 덩어리, 병에 담긴 우유, 자동차처럼 특정한 크기의 "덩어리"로 존재하는 것이 많다. 그러나 빵 덩어리나 우유가 담긴 병이나 자동차가 얼마나 커야만 할 것인지를 결정해주는 자연법칙은 없다. 제빵사는 조각이나 부스러기를 더하거나 뺄 수도 있다(그림 1). 목장에서는 우유를 0.5리터씩 판매할 수도 있고, 1파운드씩 판매할 수도 있다. 자동차 회사도

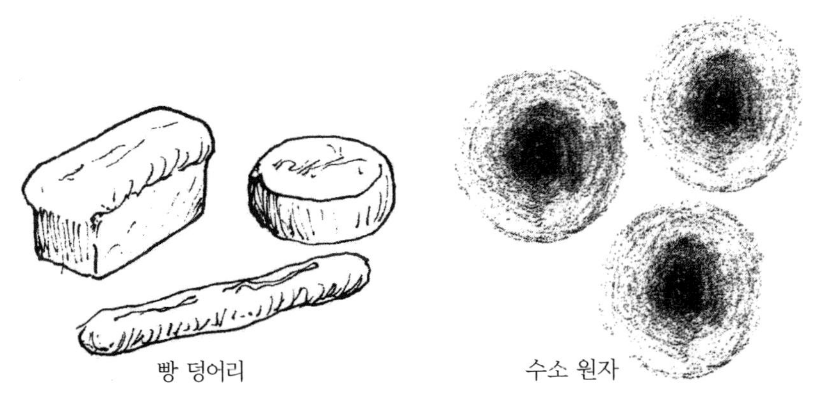

그림 1. 빵은 어떤 크기로도 만들 수 있다. 수소 원자들의 바닥 상태는 모두 똑같다.

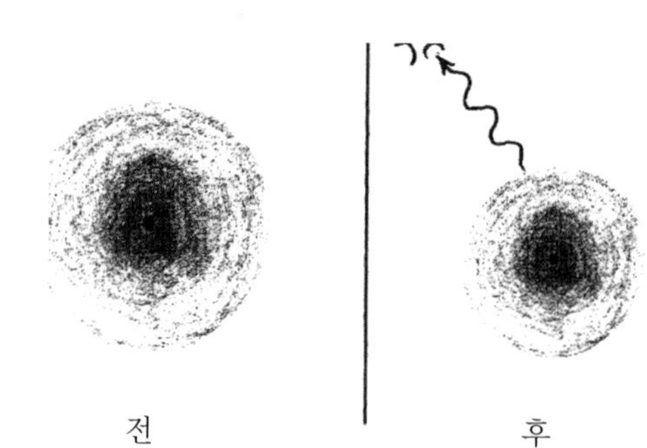

그림 2. 들뜬 상태에 있는 수소 원자는 광자를 방출하고 바닥 상태의 수소 원자가 된다.

자동차를 조금 더 크거나 작게 만들 수도 있고, 조금 더 무겁거나 가볍게 만들 수도 있다. 그러나 양자*가 모든 일을 지배하는 미시 세계(small-scale world)에서는 그렇지 않다.

예를 들면, 수소 원자는 정해진 지름을 가지고 있다(분명한 경계가 없다는 것이 또다른 양자 효과이다). 지름은 대략 나노미터(nm : 10억 분의 1 미터, 10^{-9}m)의 10분의 1 정도이다. 수소 원자를 더 작게 만들 수는 없다. 소위 바닥 상태(ground state)의 크기가 그 정도이다. 그 크기는 바닥 상태의 에너지와 관련이 있다. 수소 원자의 에너지는 그보다 더 작을 수 없다. 그것이 수소 원자의 기본적인 덩어리이다. 바닥 상태에 있는 모든 수소 원자는 정확하게 똑같은 크기와 정확하게 똑같은 에너지를 가지고 있다. 보편적인 수소 덩어리인 셈이다. 원자를 더 크거나, 에너지가 더 많게 만들 수는 있지만, 아무렇게나 선택한 정도가 아니라 정해진 양자 양(量)만큼씩만 그렇게 할 수 있다. 에너지가 더 많고, 크기도 더 큰 상태를 들뜬 상태(excited state)라고 부른다(그림 2 참조). 더 큰 에너지의 들뜬 상태에 있는 원자가 광자(光子, photon)를 방출하면서 에너지가 낮아지는 변화를

* 양자(quantum)는 명사이기도 하고, 형용사이기도 하다. 에너지의 양자나 빛의 양자도 있고, 양자물리학과 양자 도약도 있다. 명사의 복수형은 'quanta'이다.

양자 도약(quantum jump)이라고 한다.

그런 과정에서 방출되는 광자도 그 자체가 빛의 "덩어리"인 양자이다. 광자가 원자에서 에너지 양자를 떼어내서 운반해준다. 그런 광자는 망막과 같은 것에 흡수되면서 생명이 끝나는 바로 그 순간에 에너지 양자를 전달한다.

광자의 예에서 볼 수 있듯이, 양자 덩어리는 물질(things)이기도 하고, 사물의 성질(properties)이기도 하다. 예를 들면, 에너지일 수도 있고, 전하(電荷, electronic charge)일 수도 있다. 전하는 한 개의 양성자가 가지고 있는 양(또는 한 개의 전자가 가지고 있는 음전하의 양)보다 더 작게 쪼갤 수 없다. 3.7 양자 단위에 해당하는 전하도 존재할 수 없다. 우주에 존재하는 모든 전하는 양성자나 전자가 가지고 있는 전하의 정수배(整數倍)에 해당한다. (이 규칙은 예외가 있다. 기본 입자에 속하는 또는 쿼크는 1/3또는 2/3 단위의 전하를 가지고 있다. 그러나 쿼크는 언제나 관찰이나 측정되는 전하가 양성자나 전자 전하의 정수배가 되도록 결합된 상태로 존재하고 있다.)

"덩어리"의 성질을 보여주는 예가 더 있다(앞으로 더 많은 예를 소개할 것이다). 모든 입자나 모든 입자 조합의 스핀(spin)은 0이거나 가장 작은 값을 가진 전자 스핀의 정수배에 해당하는 값을 가진다. 쉽게 설명하면, 스핀은 회전 운동의 크기를 나타낸다. 기술적으로 스핀은 각운동량(角運動量, angular momentum)이라는 양을 나타낸다. 아이들의 팽이도 회전을 한다. 회전목마도 그렇다. 지구도 매일 한 번씩 자전축을 중심으로 회전한다. 0을 제외한 스핀의 최솟값을 가진 것이 바로 전자이다. 양성자의 스핀도 최소의 양자 값을 가진다. 흥미롭게도 광자는 전자나 양성자의 스핀보다 2배나 큰 스핀을 가진다. 우리도 회전을 할 수 있다. 그런데 우리의 스핀을 양자 단위로 표현하면 천문학적으로 큰 값이 된다. 우리가 아무리 느리게 회전을 하더라도 그렇다. 우리의 스핀은 너무 크기 때문에 양자적 특성은 절대 확인할 수가 없다.

역사적인 이유 때문에 스핀을 나타내는 단위는 광자의 스핀과 같은 값을 사용하게 되었다. 그래서 광자는 1단위의 스핀을 가진다. 그런 단위를 사용하면, 전자의 스핀은 1/2이 된다. 세계에 존재하는 모든 입자나 물체는 스핀이 0, 1/2, 1, 3/2, 2, 등의 값만 가질 수 있다. 기본 단위의 정수배 또는 반홀수배의 이외의 어떤 값도 가질 수 없다.

2. 양자물리학의 법칙은 어디에 적용될까?

간단한 답은 "모든 곳"이다. 더 정확한 질문은 "어떤 경우에 양자물리학에 관심을 가져야 할까?"이다. 그런 질문에 대한 답은 "아주 작은 것의 세계, 분자와 그보다 더 작은 원자와 그보다 더 작은 원자핵과 그보다 더 작은 기본 입자의 세계, (원자도 포함하는) 원자보다 더 작은 세계"이다. 덩어리의 특성이 중요하게 드러나는 작은 규모(small scale)의 영역이다. 자갈밭이나 모래 해변이나 부드럽고 질펵한 갯벌을 걷는 경우를 비교해보자. 그런 표면들은 모두 자갈, 모래알, 진흙과 같은 알갱이로 되어 있다. 자갈밭에서는 조심해서 걸어야 한다. 덩어리의 존재가 분명하게 느껴진다. 모래밭 해변에서도 모래알의 존재를 느낄 수 있지만, 크게 중요하지는 않다. 갯벌에서는 분자 수준의 "덩어리"가 존재한다는 사실을 깨닫기 어렵다. 갯벌 알갱이들이 우리가 인식할 수 있는 크기보다 훨씬 더 작기 때문이다.

한 모금의 물을 생각해볼 수도 있다. 물이 H_2O 분자로 구성되어 있는 것은 누구나 알고 있다. 그러나 아무도 분자 수준의 덩어리가 존재한다는 사실에는 관심이 없다. 그런 면에서는 물의 흐름, 압력, 점성도, 난류(亂流) 등을 연구하는 물리학자도 마찬가지이다. (양자역학 이전의) **고전물리학**(classical physics)에서는 유리잔, 파이프, 물통에 물이 들어 있다고 생각하면 모든 것이 해결된다. 그러나 하나의 H_2O 분자를 생각해보자. 고전물리학으로는 그런 분자를 전혀 설명할 수가 없다. 그것은 양자역학적 대상이기 때문에 양자물리학의 도움을 받아야만 연구하고 이해할 수 있다.

그러니까 문제는 규모(scale)이다. 우리의 거시 세계(large scale world)라고 해서 양자물리학이 원자보다 더 작은 세계에서보다 덜 유효한 것은 아니다. 실제로 일반적인 물질의 성질 중에는 물질을 구성하는 원자나 분자의 양자적 성질을 이용해야만 설명할 수 있는 경우도 많다. 전류가 얼마나 잘 흐르는지, 온도를 1도 올리기 위해서는 얼마나 많은 양의 열이 필요한지, 어떤 색깔을 가지는지 등의 경우가 그렇다. 그러나 큰 규모에서 나타나는 특성에 대한 양자적 기반은 직접 관찰하기 어렵게 숨겨져 있다. 양자물리학은 원자나 원자보다 더 작은 영역에서만 그 모습이 나타난다.

큰 규모와 작은 규모의 이분법에도 예외가 있다. 일상 세계에서도 양자 효과를 직접 느낄 수 있는 경우가 있다. 그중에 가장 극적인 경우가 바로 초전도성이다. 아주 낮은 온도에서는 전자가 아무 저항 없이, 글자 그대로 마찰이 없는 상태로 움직일 수 있는 물질이 있다. 양자 효과가 우리 인간 규모의 영역에까지 도달한 것이다. 사실 원자나 분자처럼 아주 작은 영역에서는 전자가 마찰 없이 움직이는 것이 일상적이다. 그런 영역에서는 전자가 영구 운동의 특성을 나타낸다. 전자들은 에너지가 최솟값 이하로 작아질 수 없다는 양자 법칙 덕분에 전자들은 영원히 움직이게 된다. 그러나 전깃줄을 따라 움직이는 전자들은 사정이 다르다. 저항을 느끼기 때문에 외부의 힘으로 밀어주지 않으면, 더 이상 흘러가지 않게 된다. 우리의 일상 세계에서 물체를 계속 밀어주지 않으면, 물체가 결국 멈춰 서게 되는 것과 마찬가지이다. 그래서 초전도체로 만든 큰 고리에서는 밀어주는 힘이 없는데도 전자가 영원히 회전을 하는 것은 원자보다 더 작은 규모의 양자물리학에서 허용되는 마찰 없는 운동이 거시적 영역까지 확장되었다는 뜻이다. 그래서 전자가 원자 속에서 영원히 회전을 하는 것처럼 큰 고리 속에서도 영원히 회전을 하게 된다.

3. 대응 원리는 무엇일까?

양자 효과가 미시 세계에서는 중요하고, 거시 세계에서는 중요하지 않다면, 그 경계선은 어디일까? 다시 말해서, 양자물리학과 고전물리학의 경계는 어디일까? 사실 일부 물리학자들이 답을 찾기 위해서 지금도 노력하고 있는 심오한 질문이다. “아마도. 그렇지. 양자물리학은 모든 곳에서 유효하고, 어디에서나 물질이 하는 일을 지배하지만, 큰 시스템의 경우에는 (덩어리 특성과 같은) 특별한 양자 효과가 중요하지 않게 된다”고 설명하는 물리학자들도 있다. “원자보다 더 작은 규모의 세계에서 일어나고 있는 일을 측정할 때에도 우리의 고전적 세계에서 사용하는 큰 장치를 사용한다. 그래서 측정의 행위가 두 세계를 결코 구분할 수 없도록 연결시켜준다”고 주장하는 물리학자도 있다. 고전물리학이 거시 세계에서 일어나는 거의 모든 것을 성공적으로 설명해주고, 양자물리학은 미시 시계에서 필요하다는 사실에는 두 물리학자가 모두 동의한다. 양자물리학은 겉으로 드러나는지에 상관없이 모든 영역에서 언제나 작동하기 때문에 자연을 설명하는 두 가지 방법 사이에는 모순이 없다는 사실에도 의견을 같이 하게 되었다.

닐스 보어(1885–1962). 젊은 시절에 보어는 덴마크 사람들에게 물리학자가 아니라 축구 선수로 더 잘 알려져 있었다. 노년에는 여름 별장의 문 위에 말의 편자를 걸어둔 이유가 무엇인지 물어본 친구에게 "물론 내가 미신을 믿는 것은 아니다. 편자가 행운을 가져다준다고 믿지는 않는다. 그러나 미신을 믿지 않더라도 효과가 있다는 이야기는 들었다"고 대답했다고 한다. (Niels Bohr Archive, Copenhagen; AIP Emilio Segrè Visual Archives 제공)

그런데 고전물리학(classical physics)이 무엇인지에 대해서 잠깐 살펴보자. 고전물리학은 원칙적으로 17, 18, 19세기에 발전된 물리학으로, 힘과 운동(역학), 열과 엔트로피와 벌크 물질(열역학), 전기와 빛(전자기학)에 대한 것이다. 알베르트 아인슈타인이 20세기에 개발한 (특수 및 일반) 상대성 이론도 역시 양자적이지 않기 때문에 **고전적**(classical)이라고 부른다. 고전물리학에서는 양자적 덩어리나 양자 도약을 다루지 않는 대신 연속적인 변화를 취급한다. 고전 이론은 그 이론이 적용되는 영역에서는 놀라울 정도로 성공적이다. 증기 기관의 작동, 라디오 신호의 송출, 달에 착륙하는 우주선 등의 경우에 그렇다.

덴마크의 위대한 물리학자 닐스 보어는 양자물리학이 완전히 다르게 보이기는 하지만 실제로 고전물리학을 뒤엎어버리지는 않는다는 수수께끼와 씨름을 했던 최초의 물리학자였다. 그는 1913년에 양자 상태들 사이의 간격이 상대적으로 작아지면 고전물리학이 점점 더 정확해진다는 사실을 밝혀내고, 대응 원리(correspondence principle)라고 부르기 시작했다. 예를 들면, 보어가 대응 원리를 처음으로 적용했던 수소 원자에서 바닥 상태와 첫 번째 들뜬 상태는 서로 크게 다르기 때문에 고전적인 특성과는 닮은 점이 없다. 그러나 100번째와 200번째 들뜬 상태에서는 양자적 설명과 고전적 설명이 서로 "대응하기" 시작한다. 전자를 행성이라고 여길 수 있게 되고, 전자의 "궤도(orbit)"에 대해서 이야기를 할 수 있게 된다. 200번째 상태에서 199번째 상태나 198번째 상태나 197번째 상태로 바뀌는 양자 도약은 고전적으로 예상되는 것처럼 전자가 안쪽으로 감겨 들어가면서 빛을 방출하는 경우와 잘 맞아 들어가게 된다. 사실 보어는 대응 원리를 단순히 제시하기만 했던 것이 아니라 그것을 직접 활용하기도 했다. 매우 들뜬 상태에서는 양자 세계와 고전 세계가 매끄럽게 연결되어야 한다는 조건으로부터 가장 아래쪽에 있는 바닥 상태를 비롯한 모든 상태의 성질에 대한 결론을 얻을 수 있었다.

사실 상대성 이론에도 역시 대응 원리가 있다. 중력장이 (블랙홀 근처의 강한 중력장에 비해서) 약하고, 속도가 (빛의 속도에 비해서) 느린 곳에서는 고전적이고 비상대론적인 고전물리학으로도 만족할 수 있다. 그러나 양자물리학의 경우처럼 상대성 이론도 약한 장과 느린 속도에서 유효성이 사라지지 않는다. 다만 대부분의 경우에는 그 효과가 매우 작아서 무시할 수 있을 뿐이다.

4. 원자는 얼마나 클까?

양성자의 입장에서 보면, 원자는 10만 배 정도로 대단히 크다. 사람의 입장에서 보면, 원자는 100억 분의 1 정도로 매우 작다. 그러니까 모든 것이 상대적이다. 하나의 원자는 성능이 가장 뛰어난 광학 현미경으로도 볼 수 없을 정도로 작지만, 오늘날 물리학자들이 연구하는 대상보다는 엄청나게 크다. 원자는 원자보다 작은 세계의 윗쪽 꼭대기에 자리하고 있다. 앞에서 설명했듯이, (바닥 상태에 있는) 수소 원자의 지름은 1나노미터의 10분의 1 정도이다. 더 무거운 원자라고 크기가 훨씬 더 큰 것은 아니다. 10만 개의 양성자를 한 줄로 늘어놓아도 원자 하나의 크기에 미치지 못한다. 10만 개의 원자를 한 줄로 늘어놓아도 화장지의 두께에도 미치지 못한다.

5. 원자 속에는 무엇이 있을까?

원자 속에는 전자, 양성자, 중성자들이 있고, 보기에 따라서는 엄청나게 큰 빈 공간이 있다. 20세기 이전의 과학자들은 고작해야 간접적인 증거만 확인할 수 있었기 때문에 원자의 존재를 의심하기도 했다. 아인슈타인이 1905년에 브라운 운동(Brown motion)이라고 부르는 현상을 분석한 결과에 의해서 원자의 존재가 분명하게 확인되었다. (19세기 스코틀랜드의 식물학자 로버트 브라운이 처음 관심을 가졌던) 브라운 운동은 액체 속에 떠있는 작은 입자들이 끊임없이 제멋대로 움직이는 현상이다. 꽃가루 입자의 운동을 관찰하던 브라운은 꽃가루가 살아 있기 때문에 이리저리 움직인다는 가설을 제시했다. 아인슈타인이 그런 움직임을 분석하기 시작했다. 그때는 이미 무생물적 입자도 그렇게 움직인다는 사실이 알려져 있었다. 아인슈타인은 (현미경으로 볼 수 있는) 입자들이 모든 방향에서 원자나 분자와 제멋대로 부딪히고 있다고 가정하면, 그런 움직임을 완벽하게 이해할 수 있다는 사실을 밝혀냈다. 다시 말해서, 눈에 보이지 않는 원자나 분자들이 눈으로 볼 수 있는 더 큰 입자들을 밀거나 흔들어줌으로써 그 존재를 느낄 수 있도록 한다는 것이다. 아인슈타인의 분석 덕분에 과학자들은 실제로 보이지 않는 원자의 크기와 질량을 비교적 정확하게 추정할 수 있었다.

그 후로도 5-6년 동안 원자의 내부는 여전히 신비에 싸여 있었다. 1897년에 발견된 전자가 원자 속에 자리를 잡고 있다고 믿을 만한 충분한 근거가 있었다. 전자는 원자보다 훨씬 더 작고, 훨씬 더 가벼운 것으로 알려져 있었기 때문에 전자가 원자의 구성요소라고 생각하는 것은 논리적이었다. 특히 과학자들에게는 원자가 빛을 방출한다는 사실이 원자의 내부에서 전자가 진동하고 있다는 증거가 되었다. 그리고 (원자가 약간의 전하를 얻거나 잃어버리고 이온이 되는 드문 경우를 제외하면) 원자는 전기적으로 중성이다. 결국 전자는 음전하를 가지고 있기 때문에 원자의 내부에는 양전하가 있어야만 하고, 양전하의 양은 전자의 음전하와 균형을 맞추기에 충분해야만 한다. 당시에는 이런 양전하의 정체가 무엇이고, 원자 내부에 양전하가 어떻게 존재하고 있는지에 대해서 아무것도 알려져 있지 않았다. (그렇다고 추측을 하지 못했던 것은 아니었다. 더욱이 물리학자들은 시각화시킬 수 있는 모형을 좋아한다. 20세기 초에는 푸딩처럼 원자 전체에 퍼져 있는 양전하 속에 전자가 푸딩 속에 박혀 있는 건포도처럼 들어 있다는 '자두 푸딩(plum pudding)' 모형을 지지하는 물리학자들도 있었다.)

문제는 1911년 뉴질랜드 출신으로 거구의 허풍쟁이 물리학자였던 어니스트 러더퍼드의 연구실에서 해결되었다. 당시 영국 맨체스터에 있었던 그는 일이 잘 되면 큰 소리로 찬송가를 부르기도 했다. 러더퍼드와 그의 조

어니스트 러더퍼드(1871–1937)
R. G. 매튜스가 1907년에 그린 파스텔 초상화는 캐나다의 맥길 대학교의 실험실에서 1908년 노벨 화학상을 안겨준 방사성에 대한 연구를 수행하던 러더퍼드의 모습을 그린 것이다. 오늘날 러더퍼드의 모습은 그의 모국인 뉴질랜드의 100달러 지폐에 남아 있다. (맥길 대학교. 사진 AIP Emilio Segrè Visual Archives, Physics Today Collection 제공.)

수는 방사성 물질에서 방출되는 알파 입자를 얇은 금 박막을 향해서 발사하는 실험을 했다. 알파 입자가 박막을 통과하는 과정에서 어떻게 휘어지는지를 연구하는 것이 목적이었다. 러더퍼드는 알파 입자가 2단위의 양전하를 가지고 있는 헬륨의 이온이라는 사실을 알고 있었다. 그의 입장에서는 알파 입자의 크기를 모른다는 사실은 중요하지 않았다. 만약 금 원자의 내부에 양전하가 균일하게 퍼져 있다면 박막을 빠져 나오는 알파 입자가 휘어지는 정도는 매우 작을 것이라고 추정했다. (그의 추정은 옳았다.) 그런데 놀랍게도 알파 입자들 중 극히 일부가 매우 심하게 휘어졌다. 심지어 뒤쪽으로 퉁겨지는 경우도 있었다. 훗날 러더퍼드는 "내 일생에서 경험했던 일 중에서 가장 믿기 어려운 것이었다. 화장지를 향해 발사한 15인치 탄환이 뒤로 퉁겨져서 총을 쏜 사람을 명중시킨 것처럼 도대체 믿을 수가 없었다"고 했다.

러더퍼드가 무슨 일이 일어났는지를 알아내기까지는 오랜 시간이 걸리지

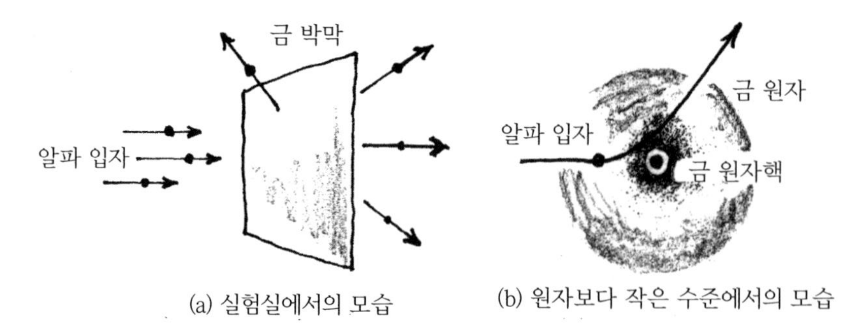

그림 3. 금 박막을 향해서 알파 입자를 발사한 러더퍼드의 실험

않았다(그림 3 참고). 그는 원자 내부의 양전하가 원자의 중심에 있는 원자핵이라는 작은 영역에 집중되어 있는 것이 틀림없다는 사실을 깨달았다. 그렇다면 원자를 통과하는 과정에서 원자핵에 가까이 다가가던 알파 입자가 원자핵에 의한 큰 반발력에 의해서 뒤로 튕겨질 수도 있을 것이다.*

러더퍼드는 발사한 알파 입자 중에서 몇 개가 특정한 방향으로 휘어지는지를 수학적으로 계산했다. 그의 계산 결과는 실험과 완벽하게 일치했다. 그는 중심의 원자핵이 원자 크기의 수천 분의 일에도 미치지 못할 정도로 작아야 한다는 사실을 알게 되었다. 그러나 정확하게 얼마나 작은지는 알 수가 없었다. 원자핵의 실제 크기를 알아내기 위해서는 훗날 에너지가 훨씬 더 큰 입자를 이용한 실험이 필요했다.

무슨 일이 일어나고 있는지를 이해하기 위해서 먼저 푸딩이 들어 있는 그릇에 손을 넣어 움직이는 경우를 생각해보자. 손이 움직이는 방향이 조금 바뀔 수는 있겠지만, 기본적으로 손을 원하는 방향으로 마음대

---

* 사실 매우 큰 인력이 작용하더라도 같은 효과가 나타날 수 있다. 그러나 작고 가벼운 전자에 의한 인력으로는 알파 입자가 심하게 휘어질 수 없다는 사실을 알고 있었던 러더퍼드는 원자핵이 양전하를 가지고 있어야만 했다고 생각했다.

로 움직일 수 있다. 그런데 푸딩을 공상 소설에 나오는 압축기에 넣어서 매우 작으면서도 밀도가 매우 커서 손보다 훨씬 더 무거운 크립토나이트 (Kriptonite : 영화 "슈퍼맨"에 나오는 가상 원소/역주) 덩어리로 압축했다고 생각해보자. 그리고 그런 덩어리가 들어 있는 그릇에 손을 넣어 움직인다고 생각해보자. 덩어리를 하나도 만지지 못할 수도 있다. 그러나 손에 덩어리가 닿으면 비명을 지르게 될 수도 있다! 손이 퉁겨질 정도로 큰 힘을 느끼게 될 수 있기 때문이다.

이제 빈 공간에 대해서 살펴보기로 하자. 사실은 원자의 내부를 이해하는 방법에는 두 가지가 있다. 행성과 소행성들이 태양 주위를 공전하는 경우처럼 작은 전자가 텅 빈 공간을 돌아다닌다고 생각하는 것이 한 가지 방법이다. 태양과 행성과 위성과 소행성들이 차지하는 부피를 모두 합친다고 하더라도 명왕성 너머까지 펼쳐지는 태양계 전체의 부피와 비교하면 턱없이 작다. 그래서 태양계는 대부분이 텅 비어 있다고 해도 크게 틀리지 않을 것이다. 그런데 전자는 행성이 아니다. 전자는 원자의 내부에 퍼져 있는 확률 파동이다. 양자물리학의 가장 독특한 특징은 (앞으로 더 설명하게 될) 파동-입자 이중성(wave-particle duality)이다. 파동-입자 이중성에 따르면, 전자는 공간의 특정한 위치에 (정해진 확률로) 존재하는 입자로 확인될 수도 있고, 전자의 위치 대신에 에너지와 같은 다른 성질을 측정하는 경우에는 전자가 원자의 내부에 퍼져 있는 파동처럼 보일 수도 있다.

여기서 소개하는 파동(wave), 입자(particle), 확률(probability)과 같은 개념이 양자물리학의 중요한 특징이고, 이 책 전체의 주제가 될 것이다.

6. 대부분이 빈 공간이라면 고체는 왜 단단할까?

회전하고 있는 비행기 프로펠러를 생각해보자. 플래시를 비춰보면 프로펠러가 실제로 원판의 일부만 차지하고 있다는 사실을 알게 된다. 그러나 플래시의 노출 시간을 길게 하면 프로펠러가 원판 전체를 차지하고 있는 것처럼 보인다. 제1차 세계대전 중에는 전투기 조종사가 회전하는 프로펠러를 통해서 기관총을 발사해도 아무 문제가 없었다. 그러나 조종사가 프로펠러를 향해서 야구공을 던졌다면, 야구공이 산산조각이 되었거나 뒤로 튕겨졌을 것이다. 원자 속에 들어 있는 전자의 경우도 마찬가지다. 빠르게 움직이는 알파 입자는 마치 아무것도 없는 것처럼 전자 구름 사이를 지나갈 수 있다. 그러나 크고 느리게 움직이는 원자가 다른 원자에 접근하면 사정이 달라진다. 원자가 마치 단단한 공에 부딪힌 것처럼 뒤로 튕겨져버린다.

팔꿈치를 책상 위에 올려놓으면, 팔꿈치의 원자와 책상의 원자가 서로 맞닿게 된다. 원자 속에서 움직이는 전자들(또는 전자 구름들)이 다른 원자가 뚫고 들어오는 것을 막아준다. 원자는 단단한 공 같은 것이다. 사실 원자는 분명한 껍질이나 경계를 가지고 있지 않다. 그래서 물리학자들은 원자들이 서로 "닿을 때" 무슨 일이 일어나는지에 대한 이야기보다 원자들이 서로에게 미치는 힘에 대한 이야기를 더 좋아한다. 원자들 사이의 거리가 줄어들면 원자들은 서로 잡아당기지만, 어느 한계 이상으로 가까워지면 서로 밀어내게 되고, 더욱 가까워지면 반발력이 아주 커져서 두 원자들은 서로 심하게 섞이지 못하게 된다.

양자 세계에서 흔히 그렇듯이 우리가 어떤 결과를 얻게 되는지는 우리가 어떤 실험을 하고, 무엇을 측정하는지에 따라서 결정된다. 가상적으로 한 개의 원자를 다른 원자 쪽으로 굴리면 튕겨지는 것을 보게 될 것이고, 그것

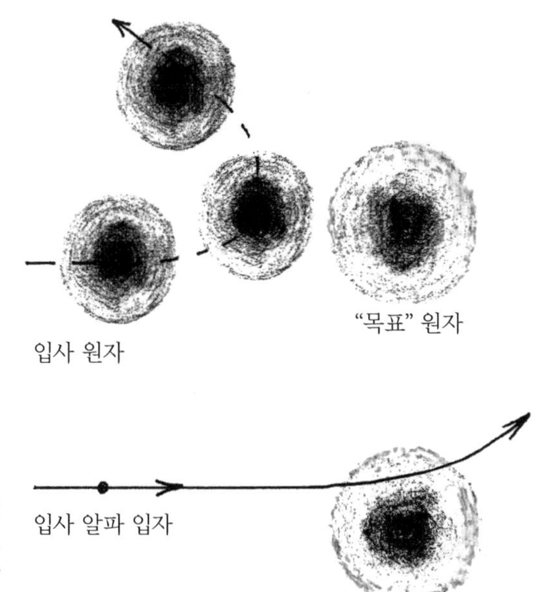

그림 4. 원자는 다른 원자에게는 단단한 공처럼 행동한다. 그러나 빠르게 날아가는 알파 입자에게는 텅 빈 것처럼 행동한다.

은 다른 원자가 일정한 크기를 가진 단단한 공이라는 뜻이 된다(그림 4 참고). 볼링공을 다른 볼링공을 향해서 굴렸을 때 일어나는 것과 똑같은 일이 벌어진 것이다. 그런 사실로부터 우리는 물질이 단단하다는 결론을 얻게 되고, 팔꿈치가 책상 속으로 파고들지 않는 이유도 이해할 수 있게 된다. 그러나 만약 우리가 원자를 향해서 (알파 입자나 전자와 같은) "탄환"을 발사하면 큰 에너지를 가진 입자가 원자를 관통해버릴 가능성이 커진다. 그렇게 되면 우리는 물질이 대체로 텅 빈 공간이라고 생각하게 될 것이다.

이제 양자물리학의 근본적인 문제로 바로 넘어가보자. 원자 속에 들어 있는 전자는 입자일까, 아니면 파동일까? 일반적인 답은 두 가지 모두라는 것이다. 전자는 그 자체가 전체 공간에 확률 파동으로 퍼져 있는 입자이다. 보는 방법에 따라서 전자는 확실한 형태가 없는 구름처럼 보이기도 하고,

입자처럼 보이기도 한다. 한 점에서 만들어질 수도 있고, 한 점에서 사라질 수도 있고, 한 점에서 검지될 수도 있을 것이다. 그래서 나는 전자가 실제로 입자이지만, 원자에서 특정한 운동 상태를 차지하거나, 한 곳에서 다른 곳으로 옮겨가는 경우에는 파동처럼 행동할 수 있다는 설명을 좋아한다.

파동-입자 이중성은 시각화하기가 어렵거나 불가능할 수도 있다. 일상적인 경험을 통해서 알아낸 사물의 존재 방식에 대한 우리의 예상이라고 할 수 있는 상식과는 맞지 않는다. 상식과 양자물리학이 서로 상반되는 것이다. 그런 사실이 불편할 수도 있지만, 우리의 상식이 고전 세계에서의 경험을 근거로 한 것이라는 점을 생각하면, 그렇게 놀라운 일도 아니다. 우리는 우리 자신의 감각을 통한 직접적인 방법이 아니라 측정 장치를 통한 간접적인 방법으로 양자 세계에 대해서 배우게 된다. 어쩌면 양자물리학도 상식과 일치하는 것으로 밝혀질 수 있었겠지만, 실제로 그렇게 되지 않았다. 우리는 어쩔 수 없이 그런 사실에 익숙해져야만 한다. 불편하지만 흥미로운 일이기도 하다.

7. 전자는 얼마나 클까? 그 속에 또 무엇이 있을까?

1897년 케임브리지 대학교의 J. J. 톰슨의 실험실에서 음극선관(cathode ray tube)이라고 부르는 장치를 통해서 처음으로 모습을 드러낸 전자(electron)는 최초로 발견된 기본 입자였다.* 그를 비롯해서 당시 대부분의 다른 과학자들은 공기를 뽑아낸 유리관의 양쪽에 금속판을 설치한 후에

* 그의 아버지 J. J.가 전자를 발견했을 때 그의 다섯 아이들 중 하나인 조지는 그로부터 30년 후에 전자가 파동의 성질을 가지고 있다는 사실을 처음 밝혀낸 사람들 중 한 사람이었다. J. J.와 조지는 모두 자신들의 업적으로 노벨상을 받았다.

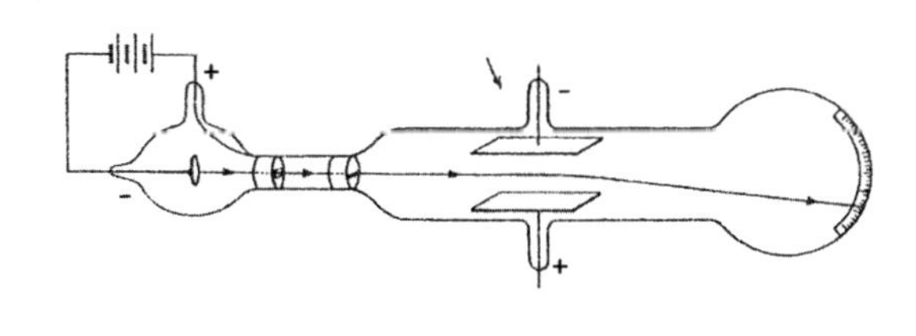

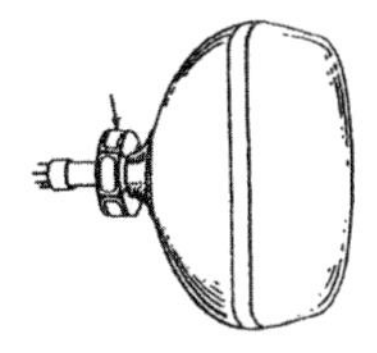

그림 5. J. J 톰슨이 사용했던 음극선관(위)과 지금의 음극선관(CRT)

한 쪽 금속판에는 양전하를 채우고, 다른 쪽 금속판에는 음전하를 채우면, 음전하가 있는 금속판에서 양전하가 있는 금속판으로 일종의 "선(線)"이 흘러가게 된다는 사실을 알고 있었다. 음전하가 채워진 금속판을 음극(cathode)이라고 불렀기 때문에(양전하가 채워진 금속판은 **양극**[anode]이라고 불렀다) 정체를 알 수 없었던 선을 **음극선**(cathode ray)이라고 불렀다. 그는 여러 종류의 유리관(그림 5도 그중의 하나)에 여러 종류의 기체를 서로 다른 압력으로 채운 후에 자기장과 전기장 모두를 이용해서 음극선을 휘어지게 만들었다.*

그는 정교한 실험을 통해서 몇 가지 결론을 얻었다. 선은 실제로 음전하를 가진 입자들이다. 희박한 기체를 쉽게 통과하는 것을 보면 그런 입자는 크기가 작다. 전기장과 자기장에 의해서 분명하게 측정할 수 있도록

* 공교롭게도 오늘날 우리는 음극선관(CRT)을 톰슨이 사용했던 것과 거의 똑같은 방법으로 사용한다. 평면 디스플레이가 일반화되기 전의 텔레비전이나 컴퓨터에 널리 사용되던 CRT에서는 전기장을 이용해서 전자를 빠른 속도로 가속시킨 후에 자기장을 이용해서 화면의 선택된 점을 향해 휘어지도록 만든다. 그림 5에서 설명한 톰슨의 CRT와 정확하게 같은 원리로 만든 현대적 오실로스코프에서는 전기장을 이용해서 전자를 가속시키고, 휘어지게 만든다.

휘어지기 때문에 질량-전하 비율(m/e)의 값이 작을 것이 틀림없다. 그가 작다고 한 것은 (오늘날 단순히 양성자[proton]라고 알려지게 된) 수소 이온의 질량-전하 비율에 비해서 작다는 뜻이었다. 그는 대략 1,000배나 적을 것이라고 예상했다.

마지막 발견에 대해서 톰슨은 "m/e의 값이 작은 것은 m이 작거나, e가 크거나, 아니면 두 가지 모두의 조합에 의한 결과일 수도 있다"고 조심스럽게 설명했다. 오늘날 우리가 알고 있는 사실에 따르면, 그 이유는 m이 작기 때문이다. 사실 전자의 전하 e의 크기는 양성자의 전하와 정확하게 같지만, 전자의 질량은 양성자의 질량보다 거의 2,000배나 작다.

톰슨은 원자 한 개의 크기를 알지 못했다. 그러나 그는 원자의 크기에 상관없이 전자는 훨씬 더 작을 것이라고 추정했다. 오늘날 우리는 전자가 진정한 의미에서 점에 가까울 정도로 매우 작을 것이라고 믿는다. 사실 전자는 크기를 가지고 있지 않다. 전자가 다른 구성요소를 가지고 있지 않은 것도 분명하다. 전자는 오늘날 우리가 복합 입자(composite particle)와 대비되는 기본 입자(fundamental particle)라고 부르는 입자 중의 하나이다. (반대로 양성자는 복합 입자이다.) 입자가 어떻게 질량을 가지고 있으면서도 크기가 없고, 전하를 가지고 있으면서도 크기가 없고, 스핀을 가지고 있으면서도 크기가 없을 수 있느냐는 의문을 가질 수 있다. 존재하면서 어떻게 크기가 없을 수 있을까? 유일한 설명은, 양자물리학에서는 수학적인 점으로 존재하는 대상이 다양한 물리적 성질을 가질 수 있다는 것이다. 양자 전기역학(quantum electrodynamics, QED)* 이라고 부르는 전자와 광

* 리처드 파인만은 *QED : The Strange Theory of Light and Matter*(Princeton, N.J.; Princeton University Press, 1986)이라는 읽기 쉬운 책을 발간했다. 피터 파넬은 훌륭한 과학자였던 파인만에 대해서 「QED」라는 희곡을 썼다. (로스앤젤레스와 뉴욕에서의 공연에서 파인만 역을 맡았던 알란 알다가 놀라울 정도로 사실적인 연기를 했다.)

자에 대한 매우 성공적인 이론에 따르면, 전자가 광자와 상호작용을 하는 것은 시공간의 점에서 일어나는 일이다. 그런 상호작용에서는 전자가 실제로 생성되거나 소멸되고, 그런 일은 한 점에서 일어나게 된다.

그럼에도 불구하고 양자물리학에서는 전자의 크기에 대해서 더 많은 설명이 필요하다. 가상 입자(virtual particle)라고 부르는 쉽게 사라지는 입자들이 끊임없이 생성되고 소멸되기 때문에 전자는 끊임없이 달라지는 수행원들과 함께 움직이게 된다. 수행원을 끊임없이 교체하면서 행진하는 왕과 같은 상황이다. 행진하는 동안에 수행원이 새로 합류하기도 하고, 떠나기도 하고, 수행원의 규모도 끊임없이 변한다. 왕이 혼자 움직이는 것이 허용되지 않는 상황에서는 왕의 "크기"가 실제 물리적인 크기보다 커지게 된다. 그리고 앞에서 이미 설명했듯이 원자에 들어 있는 전자는 원자 전체에 퍼져 있는 확률 파동에 의해서 지배된다. 특정한 운동 상태에 있는 원자에서 전자는 큰 부피 전체에 퍼져 있는 것과 같다.

그럼에도 불구하고 가장 근본적인 수준에서 전자는 크기가 없는 점처럼 보인다. 물리학의 모든 결론이 그렇듯이 이런 결론도 잠정적인 것이다. 실험을 근거로 확실하게 말할 수 있는 것은 전자가 실제로 크기를 가지고 있다고 하더라도, 그 크기는 양성자보다 수천 배나 작거나 원자보다 수억 배나 작다는 것이다. 현대적 이론에서는 전자를 점으로 취급한다. 그러나 양자물리학과 중력을 통일시키겠다는 (99번 질문에서 설명할) 끈 이론(string theory)이 무대에 오를 준비를 마친 상태로 기다리고 있다. 끈 이론에 따르면, 전자를 비롯한 다른 모든 기본 입자들은 점이 아니라 진동하는 끈 조각들이다. 그런 끈의 크기는 상상을 넘어설 정도로 작다. 그런 끈은 1조 개의 100만 배 정도가 모이더라도 양성자 한 개의 크기가 되기 어려울 정도이다.

"우리의 친구, 전자"라고 불러도 좋은 전자의 실용적인 가치에 대한 설명도 필요하다. 태양의 표면이나 소형 형광등 속에서 빛이 방출되는 것은 모두 전자 덕분이다. 우리의 눈에 있는 시신경이 빛을 흡수해서 우리가 사물을 볼 수 있도록 해주는 것도 분자 속에 들어 있는 전자들이다. 고압선과 모터와 발전기와 컴퓨터와 가전제품을 통해서 산업화 시대의 일을 해주는 것도 전자들이다. 그리고 살아 있는 모든 세포에서 생명이 살아 있도록 해주는 것도 역시 서로 주고받는 전자의 교환에 의한 것이다.

제2장

더 깊이 들어가기

8. 원자핵은 얼마나 클까? 그 속에는 무엇이 있을까?

두 번째 질문에서 시작을 하자. 원자핵 속에는 양성자와 중성자가 있다. 양성자는 양전하를 가지고 있고, 중성자는 전기적으로 중성이다(그래서 중성자[中性子, neutron]라는 이름이 붙여졌다). 이 입자들은 전기적으로는 크게 다르지만, 질량과 크기는 비슷하다. 양성자의 질량은 대략 전자의 1,836배이고, 중성자는 전자의 1,839배이다. 두 입자 모두 지름이 10^{-15}미터를 조금 넘는다. 원자보다 10만 배나 작지만, 오늘날 입자물리학 실험에서 관찰할 수 있는 가장 작은 길이보다는 수천 배나 크다. 이 입자들은 기본 입자가 아니라 복합 입자이기 때문에 그렇게 "크다." 1개의 양성자와 1개의 중성자 속에는 몇 개의 글루온과 3개의 (기본 입자인) 쿼크들이 돌아다닌다. 그러나 여기서는 쿼크와 글루온을 무시하기로 한다. 원자핵의 특성은 대부분 **핵자**(核子, nucleon)라고 부르는 양성자와 중성자만으로도 이해할 수 있다.

양성자는 모든 원자의 중심에 원자핵이 존재한다는 사실을 밝혀낸 러더퍼드의 1911년 실험을 통해서 "발견되었다." 가장 간단한 원자인 수소의 원자핵을 **양성자**(proton)라고 부르게 되었던 것이다. 그때부터 20여 년 동

엔리코 페르미(1901–1954)
1938년 12월 미국에 도착할 때 아내 로라와 아이들 기울리오와 넬라와 함께 찍은 것으로 추정되는 사진. 물리학자들의 농담에 따르면, 페르미는 (노벨상을 받았던) 스웨덴에서 고국인 이탈리아로 돌아가려다 길을 잃고 실수로 미국에 도착했다고 한다. 훗날 아내 로라는 『가정에서의 원자들(*Atoms in Family*)』이라는 훌륭한 책을 썼다. (사진 AIP Emilio Segrè Visual Archives, Wheeler Collection 제공)

안, 물리학자들은 원자핵이 양성자와 전자로 구성되어 있고, 양성자가 원자의 질량을 결정하고, 전자는 양성자의 전하를 상쇄시켜주는 역할을 한다고 생각했다. 그런 모형에는 수많은 문제가 있었다. 전자들이 양성자에 단단하게 붙어 있도록 만들어줄 수 있는 힘이 알려져 있지 않았던 것도 문제였다. 더욱이 전자는 파동의 성질 때문에 작은 공간에 갇혀 있으려고 하지 않을 것이다.*

이런 어려움들은 1932년 영국 케임브리지 대학교의 제임스 채드윅이 중성자를 발견하면서 모두 해결되었다. 갑자기 원자핵이 양성자와 중성자로 이루어져 있다는 사실이 분명해졌다. 그렇지만 흠이 없었던 것은 아니었다. 원자핵에 전자가 들어 있지 않다면, 원자핵의 베타 붕괴(beta decay : 방사성 원소의 원자핵이 전자와 감마선을 방출하고 붕괴하는 현상/역주)에서 전자가 어떻게 방출될 수 있는지는 여전히 수수께끼였다. 이런 문제를 해결해준 것은 그로부터 2년 후 로마의 엔리코 페르미였다. 페르미는 전자가 원자핵으로부터 방출되는 순간에 생성된다는 이론을 제시했다. 그의 획기적인 이론은 그 이후 우리가 입자에 대해서 알게 된 모든 것의 기반이 되었다. 모든 입자의 모든 상호작용에는 입자의 생성과 소멸이 관여된다. 겉으로는 안정적으로 보이는 세계는 사실 원자보다 작은 세계에서의 무한에 가까울 정도로 많은 재앙적 사건들을 기반으로 만들어진 것이다.

중성자의 존재가 밝혀진 덕분에 물리학자들은 원자핵에서 전자가 방출되는 것에 대해서는 안도의 한숨을 쉬게 되었다. 그러나 원자핵에 들어 있는 핵자들이 소금 격자에 들어 있는 소듐이나 염소 이온처럼 고정된 위치에 묶여 있는지, 아니면 물방울 속의 H_2O 분자처럼 서로 밀치고 돌아다니는지, 아니면 공기 중의 산소나 질소 분자처럼 제멋대로 날아다니는지에 대한 의문을 해결해야만 했다. 1930년대에 닐스 보어가 지지했던 액체 방울 모형(liquid droplet model)이 당시에 알려져 있던 원자핵의 성질을 설명하기에 가장 적절한 것처럼 보였다. 보어와 프린스턴에 있던 젊은 동료 존 휠러는 액체 방울 모형을 이용해서 1939년에 핵 분열 반응에 대해서 새롭

* 질문 65에 대한 설명이 그 이유를 이해하는 데에 도움이 될 것이다.

게 밝혀진 현상을 설명하는 놀라운 성과를 이룩했다. 그러나 10여 년이 지난 후부터 원자핵의 성질에 대한 새로운 정보가 밝혀지면서, 핵자들도 기체 분자들처럼 원자핵 속에서 움직여 다닐 수 있다는 가능성이 제기되기 시작했다. 그 후부터 힘을 얻게 되어 지금까지도 원자핵에 대한 상당히 좋은 설명으로 알려지게 된 것은 원자핵이 액체와 기체의 성질을 모두 나타낸다는 소위 통일 모형(unified model) 또는 집합 모형(collective model)이다. 양성자와 중성자들이 액체 상태의 물 분자들처럼 서로 가까이 붙어 있으면서도, 옅은 기체처럼 서로 자유롭게 돌아다닐 수 있다는 것이 양자물리학의 이상한 특징 중의 하나이다. 아주 복잡한 칵테일 파티에 참석한 손님들이 신기할 정도로 방을 가로질러 친구에게 다가가거나 음료 테이블을 향해서 똑바로 갈 수 있는 것과 같은 일이다.

이제 "원자핵은 얼마나 클까?"라는 질문에 대해서 살펴보기로 하자. 원자핵의 부피는 단순히 그 속에 들어 있는 핵자의 숫자에 비례한다는 사실이 밝혀졌다. 예를 들면, 100개의 핵자를 가진 원자핵은 50개의 핵자를 가진 원자핵보다 2배의 부피를 가지고, 25개의 핵자를 가진 원자핵보다 4배의 부피를 가진다. 그러나 원자핵의 지름은 부피의 세제곱근에 비례하기 때문에 부피가 2배가 된다고 해도 지름은 대략 25퍼센트가 늘어날 뿐이다. 지름과 부피 사이의 이런 관계 때문에 무거운 원소의 지름은 가벼운 원소의 지름보다 대단히 크지는 않다. 예를 들면, 우라늄 238 원자의 원자핵은 양성자 한 개보다 고작 6배가 클 뿐이다.

마지막으로 원자핵에 대한 짧은 이야기가 있다. 원자핵이 모두 공처럼 둥근 것은 아니다. (미식 축구공처럼) 길쭉한 원자핵도 있고, (팬케이크처럼) 넓적한 원자핵도 있다. 원자핵에 들어 있는 일부 핵자들의 비교적 자유로운 움직임 때문이다. 원자핵에 들어 있는 핵자의 확률 파동이 공 모

로버트 호프스태터(1915–1990). 노벨상 수상 소식이 전해진 1961년 11월 스탠퍼드 대학교에서의 모습. 호프스태터가 1950년 스탠퍼드에서 프린스턴으로 옮긴 덕분에 강력한 선형 가속기를 이용할 수 있게 된 것은 그에게 대단한 행운이었다. 단순히 훌륭한 실험을 하는 일로는 만족하지 못했던 그는 실험의 배경이 되는 이론에도 통달했다. (사진 Hose Mercado, Stanford News Service 제공)

양이 아닌 경우에는 원자핵의 모양도 전체적으로 핵자의 움직임에 맞도록 바뀌는 경향이 있다. 풍선 속에서 작은 쥐가 원형으로 계속 달리고 있는 경우를 상상해보자. 풍선의 모양은 쥐가 원형으로 달릴 수 있도록 변하게 된다.

9. 양성자와 중성자는 얼마나 클까? 그 속에는 무엇이 있을까?

양성자는 양전하를 가지고, 회전하면서 자기장을 만들어내는 공으로 지름은 대략 10^{-15}미터(1미터의 1조 분의 1,000분의 1) 정도이다. 중성자도 대략 같은 크기를 가지고 있고, 역시 회전하면서 자기장을 만들어낸다. 중성자는 전하를 가지고 있지 않지만, 완전히 중성인 것은 아니다. 중성자 속에는 양전하와 음전하가 균형을 이루고 있다.

양성자와 중성자의 내부에 대해서 최초의 중요한 성과를 거두었던 물리학자는 1950년대 중반 스탠퍼드 대학교의 전자 가속기를 이용하던 로버트 호프스태터였다. 그의 실험 방법은 어니스트 러더퍼드가 45년 전에 사용했던 방법과 놀랄 정도로 비슷했다. 러더퍼드는 원자를 향해서 발사한 알파 입자의 휘어지는 정도를 측정해서 원자 내부에 대한 정보를 알아냈다. 호프스태터는 원자핵을 향해서 발사한 전자들이 휘어지는 정도를 측정해서 원자핵의 내부에 대한 정보를 알아냈다. 러더퍼드의 알파 입자는 에너지가 수백만 전자 볼트(MeV)였다.* 기본적으로 그는 초기의 실험에서 한 가지 사실을 알아냈다. 원자의 양전하가 원자 내부의 깊숙한 곳에 자리 잡고 있는 작은 원자핵에 위치하고 있다는 것이었다. 호프스태터는 처음에는 600만eV(600MeV)의 전자를 이용했고, 나중에는 10억eV(1GeV) 이상의 에너지를 가진 전자를 이용해서 훨씬 더 많은 정보를 알아냈다. 그는 원자핵의 크기와 그 내부에 있는 핵자의 크기를 측정했고, 원자핵 속에서 전하와 자기장이 어떻게 분포하고 있는지도 알아냈다. 그림 6은 양성자와 중성자 속에서 전하 밀도의 분포를 나타낸 것이다.

앞으로 설명하겠지만, 모든 입자는 파장을 가지고 있고, 입자의 에너지가 클수록 파장은 짧아진다. 결과적으로 파장이 짧은 입자일수록 작은

---

* 전자 볼트(eV)는 전기 퍼텐셜의 차이가 1볼트인 전기장에 의해서 가속되는 전자가 얻는 에너지를 말한다. 원자핵과 입자의 세계에서 일반적인 단위는 100만eV(MeV, 메가eV)와 10억eV(GeV, 기가eV)이고, 때로는 1조eV(TeV, 테라eV)를 사용한다.

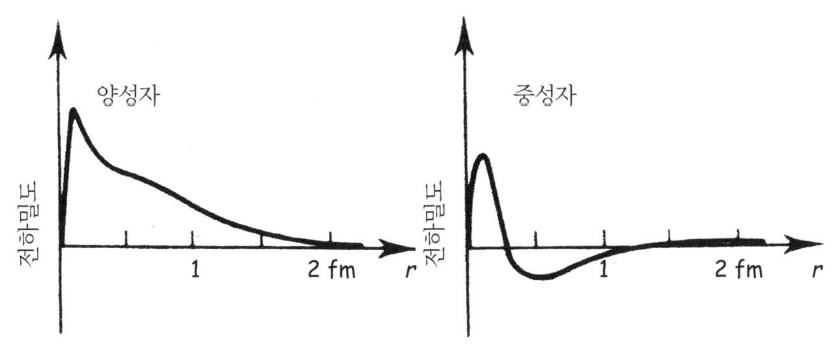

그림 6. 양성자와 중성자 내부에서 입자의 중심으로부터의 거리에 따른 전기 전하의 밀도를 나타낸 그래프. 밀도는 단위 부피가 아니라 지름 거리의 단위로 표시되었다.

공간을 탐색하기가 수월해진다. 보통의 현미경으로 밝힐 수 있는 한계는 사용하는 빛의 파장에 의해서 결정된다. 빛의 파장보다 훨씬 짧은 파장을 가진 전자를 이용하는 전자 현미경은 훨씬 더 강력한 성능을 가지게 된다. 그런 의미에서 스탠퍼드의 전자 가속기는 매우 크고, 매우 강력한 전자 현미경이다. 에너지가 수십억 볼트인 전자의 파장은 양성자 한 개의 지름보다 (훨씬 짧은 것은 아니지만) 짧다. 그런 전자를 이용하면 입자의 내부를 비춰줄 수 있다.

그러나 호프스태터는 오늘날 모든 양성자와 중성자의 내부에 숨어있는 것으로 밝혀진 쿼크의 존재를 알지 못했다. 쿼크는 전자와 마찬가지로 1/2 단위의 스핀을 가지고 있고, 전자와 마찬가지로 물리적인 크기가 없는 점 입자처럼 보이는 기본 입자이다. 쿼크에 대해서는 앞으로 더 설명할 것이다(질문 45 참고). 실험적으로 그 존재가 밝혀지기 전인 1964년에 머리 겔만과 조지 츠바이크라는 두 사람의 젊은 이론학자들이 서로 독립적으로 쿼크의 존재에 대한 가설을 발표했다. **쿼크(quark)**라는 이름은 겔만이 붙인 것이다.

오늘날에는 쿼크의 실재를 알려주는 데이터가 넘쳐난다. 그러나 쿼크를 직접 본 사람은 단 한 사람도 없는 것이 사실이다. 놀라울 정도로 수줍음이 많은 쿼크는 언제나 두 개나 세 개씩 모인 덩어리로만 존재한다. 쿼크를 서로 떼어놓을 수 없는 이유는 (중력이나 전기력과는 전혀 다르게) 쿼크들 사이의 거리가 멀어지면 인력이 더욱 커지기 때문이다. 쿼크들은 자신들을 서로 떼어놓으려는 모든 시도를 거부하기 때문에 한번도 분리된 적이 없다. 어쩔 수 없는 경우에는 새로운 쿼크를 생성시켜버린다. 믿기 어려운 사실이지만, 외계인 베타와 제타가 서로 부둥켜안고 있는 과학공상영화 장면과 비슷하다. 지구인 롭과 봅이 엄청난 힘으로 둘을 떼어놓으려고 했고, 결국 노심초사 끝에 성공을 했다. 아니 성공을 했다고 생각을 했다. 그런데 베타와 제타가 떨어지면서 새로운 베타와 새로운 제타가 생성되었다. 새로운 베타는 과거의 제타에 붙어 있고, 새로운 제타는 과거의 베타에 붙어 있다. 롭과 봅이 씩씩거리면서 노력을 했지만, 베타와 제타를 떼어놓지는 못했다. 그 대신 그들은 한 쌍이 아니라 두 쌍의 베타-제타 짝을 가지게 된다.

10. 플랑크 상수는 무엇이고, 어떤 의미를 가지고 있을까?

베를린 대학교의 교수였던 막스 플랑크가 1900년에 양자 시대의 막을 올렸다. (당시 그는 자신이 혁명을 일으키고 있다는 사실을 알지 못했다.) 그는 이제 곧 설명하게 될 **동공 복사**(洞空輻射, cavity radiation)라고 부르는 것에 대해서 관심이 있었다. 당시에는 고전물리학이 막강한 위력을 발휘하고 있었다. 물리학자들은 역학, 열역학, 전자기학의 위대한 이론으로 물질계를 충분히 이해하고 있다고 생각하면서 우쭐대고 있었다.

막스 플랑크(1958–1947)
쉰 살이 되던 1908년 무렵의 모습. 그는 1914년에 아인슈타인을 베를린으로 유치했고, 두 사람은 악기를 함께 연주하는 친구가 되었다(플랑크는 피아노를 치고, 아인슈타인은 바이올린을 연주했다). 플랑크의 큰 아들인 카를은 제1차 세계대전에 참전했다가 사망했고, 둘째 아들 에르빈은 1944년 7월 20일에 히틀러 암살 혐의로 투옥되었다가 1945년 1월에 게슈타포에 의해서 처형되었다. 플랑크는 나치 입당을 거부했다. 나치에 입당했더라면, 에르빈의 목숨을 구할 수도 있었을 것이다. (사진 AIP Emilio Segrè Visual Archives, Physics Today Collection 제공)

분명히 말하자면, 고전물리학 체계에는 몇 가지 작은 어려움이 있었지만, 대부분의 물리학자들은 고전물리학으로 그런 어려움을 바로잡을 수 있을 것이라고 믿었다. 예를 들면, 원자들이 특정한 진동수의 빛을 방출하는 이유를 아무도 알지 못했다. 새로 밝혀지기 시작했던 방사성(放射性, radioactivity : 방사능[放射能]이라고도 번역한다)을 이해하는 사람도 없었다. 아무도 이 두 가지 문제에 접근하는 방법을 알지 못했다. 그래서 고전물리학을 이용해서 설명할 수 있을 것이라는 가정(또는 기대)도 허용이 되었다. 그러나 물리학자들이 당연히 설명할 수 있어야만 한다고 생각했기 때문에 더욱 골치 아플 수밖에 없었던 물리학 체계의 또 다른 어려움이 있었다. 그것이 바로 동공 복사의 신비였다.

모든 것이 복사(輻射, radiation)를 방출한다. 복사의 세기와 파장 범위는 온도에 따라서 달라진다. 태양이나 캠프파이어의 경우에는 복사를 쉽게 볼 수 있다. 뜨거워지기 시작하는 전열기에서도 붉은 빛을 볼 수 있다. 침실 벽에서 방출되는 복사는 약할 뿐만 아니라 적외선 영역이기 때문에 우리 눈으로 볼 수도 없다. 그러나 정오의 햇볕과 같은 복사도 분명하게 존재한다. 이제 침실 대신 벽의 온도가 일정하게 유지되는 큰 상자를 생각해 보자. 벽은 안쪽을 향해 끊임없이 복사를 방출하고, 끊임없이 복사를 흡수하기도 한다. 동공이라고 생각할 수 있는 상자의 내부에는 다양한 진동수의 전자기 파동이 이리저리 돌아다닌다(그림 7). 플랑크의 연구 결과가 밝혀지기 전까지 과학자들은 동공 속 복사의 세기가 오직 벽의 온도에 의해서만 결정된다고 생각했다. 벽을 구성하는 물질이나 동공의 크기는 상관이 없었다. 동공 복사의 세기가 진동수에 따라 어떻게 달라지는지를 나타낸 것이 그림 8이다.

플랑크의 연구가 시작되기 전까지는 그림 8에 나타낸 세기의 분포를 설명하려는 노력은 모두 실패했다. 고전 이론에서는 동공에서 무한히 강한 세기의 복사가 방출될 것이라는 황당한 결론을 내리기도 했다. 1900년 늦가을에 마흔두 살이던 플랑크는 계속 노력한 끝에 마침내 동공 복사를 설명할 수 있었지만, 스스로 "절망적인 행동"이라고 불렀던 일을 해야만 했다. 그는 동공의 벽에 있는 "공명자들(共鳴者, resonator : 일정한 진동수로 진동하는 전하들)"이 양자(量子, quantum)라고 부르는 덩어리 상태(lumpy)로 방출하거나 흡수한다는 가정을 도입했다. 더욱이 그의 이론에서는 각각의 덩어리, 즉 양자가 진동수에 비례하는 에너지를 가지고 있다고 가정했다. 그는 다음과 같은 방정식을 제시했다.

$$E = hf$$

여기서 E는 공명자에 의해서 방출되는 에너지의 양자화된 덩어리이고, f는 방출되는 복사의 진동수(초당 진동수 또는 헤르츠)이고, h는 새로 도

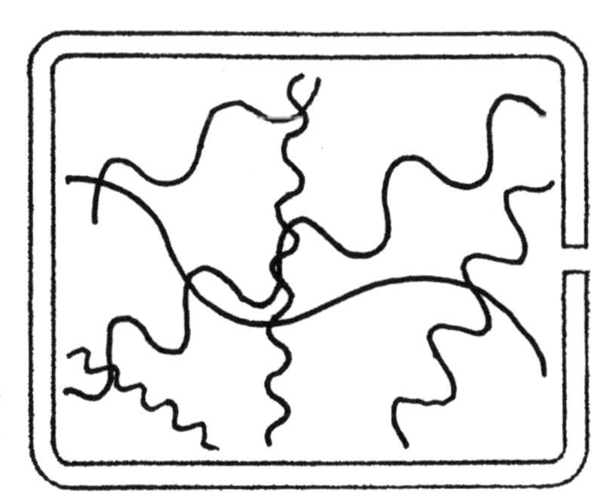

그림 7. 서로 다른 진동수와 파장의 빛이 동공의 내부를 돌아다닌다.

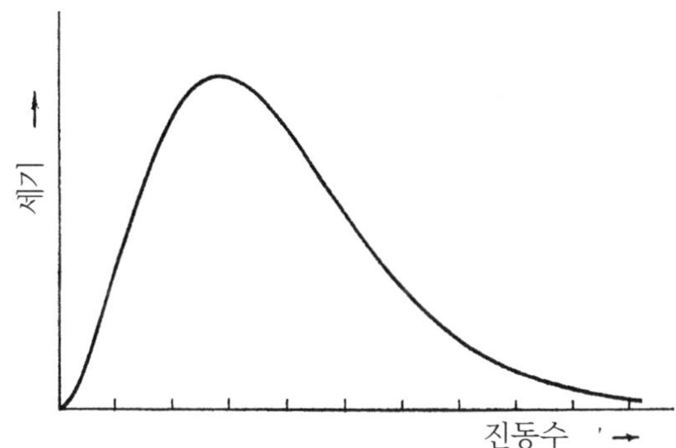

그림 8. 동공 복사의 세기

입한 상수이다. 큰 진동수의 양자는 낮은 진동수의 양자보다 더 큰 에너지를 가지고 있다. 플랑크는 자신의 새로운 상수를 나타내기 위해 h라는 알파벳을 사용했고, 그후 아무도 그 기호를 바꿀 생각을 하지 않았다. h가 플랑크 상수(Planck constant)로 알려지게 된 것은 놀라운 일이 아니다. 플랑크는 동공 복사에 대해서 알려져 있던 사실로부터 h의 값을 비교적 정확하게 계산할 수 있었다. 에너지를 일상적인 줄(joule)의 단위로 표시하고, 진동수를 헤르츠로 나타내면, h는 10^{-33} 정도의 매우 작은 값을 가진다.

양자물리학에 대한 애착을 보여주는 저자의 자동차 번호판. 나는 H BAR가 무슨 뜻이냐는 질문에 대해서 뉴멕시코에 내가 가지고 있는 목장 이름이라고 대답하기도 한다. 내 답변을 확인하고 싶은 사람들은 아이다호에 BAR H BAR (–H–)라는 목장이 있다는 사실을 확인할 수 있을 것이다.

플랑크 상수 덕분에 물리학에서 전혀 새로운 아이디어가 등장했다. 우리 주위의 세계에서 볼 수 있는 작용(action)과 변화(change)가 고전물리학에서 상상했던 것처럼 부드럽고 연속적인 것이 아니라 입자, 즉 "덩어리 상태"와 같다는 것이다. 더욱이 미시적인 양자 세계의 크기를 알려주는 수치적 크기도 알 수 있었다. h가 우리가 알고 있는 것보다 훨씬 더 큰 값을 가지는 가상적인 세계를 생각해볼 수 있다. 그런 세계에서는 양자 효과가 크고 분명하게 나타날 것이다. 반대로 h가 우리의 세계에서보다 훨씬 작은 세계도 생각해볼 수 있다. 그런 세계에서는 양자 효과가 일상의 세계와는 훨씬 더 동떨어진 훨씬 더 작은 영역으로 한정될 것이다. 또는 h가 신비스럽게도 0으로 줄어드는 세계도 생각해볼 수 있다. 그런 세계는 양자 효과가 존재하지 않는 순수한 고전적 세계가 될 것이다. 그런 세계에서는 이 책이 쓸모가 없게 될 것이다. (그런 세계에서는 동공 복사가 모든 것을 구워버리게 될 것이다.)

플랑크 상수에 대한 작은 뒷이야기가 있다. 양자물리학이 정립되고 있던 20세기 초반에 물리학자들은 방정식에 등장하는 h가 언제나 2π로 나눈 형태로 나타난다는 사실을 깨달았다. 예를 들면, 원자에서 전자의 오비탈 운동의 크기(소위 오비탈 각운동량)는 h/2π 또는 2(h/2π) 또는 3(h/2 π) 등의 값을 가진다. 그래서 물리학자들은 줄여쓰기의 방법으로 h/2π을 ħ로 쓰고, 'h 바'라고 읽기 시작했다.*

11. 광자는 무엇일까?

알베르트 아인슈타인이 (특수와 일반) 상대성 이론을 발견했다는 사실은 거의 모든 사람들이 알고 있다. 그러나 그가 양자물리학의 탄생에도 기여했다는 사실을 아는 사람은 그리 많지 않다. 특수 상대성 이론을 통해서 공간과 시간을 통일하고, 에너지와 질량을 통일했던 1905년에 아인슈타인은 빛이 덩어리 상태로 방출되고 흡수될 뿐만 아니라 덩어리 상태로 존재한다고 주장했다. 처음에 물리학자들은 전자기 에너지의 양자를 코퍼슬(corpuscle)이라고 불렀다. 그러나 1926년에 길버트 루이스가 제안했던 광자(photon)라는 이름이 널리 받아들여졌다.

광자의 어미인 "-자"(-on)는 전자, 양성자, 뮤온, 파이 뮤온에서처럼 입자를 뜻한다. 사실 빛과 전자의 상호작용에 대한 이론이 완성되었던 1930년대 초까지도 물리학자들은 광자를 제대로 된 입자로 인정하지 않았다. 물리학자의 입장에서는 명백한 파동성을 가지고 있는 것을 입자라고 생각하기가 쉽지 않았다.† 파동-입자 이중성을 받아들이고 나서도 질량을 가지고 있지 않은 입자를 인정하기가 쉽지 않았다. 그러나 오늘날 우리는 광자를 전자, 뉴트리노(중성미자), 쿼크와 마찬가지로 입자라고 인정

---

* 20세기 초반의 30년 동안 이론 물리학의 중심지였던 독일을 방문해서 아는 척하고 싶었다면 '하-슈트리히(ha-strich)'라고 발음하는 것이 좋았을 것이다.

† 1913년에 아인슈타인을 명예로운 프러시아 과학원의 회원으로 추천했던 플랑크는 "그가 광양자 가설을 제시함으로써……엉뚱한 추론을 제시했다는 사실을 근거로 그를 반대하지는 말아야 한다"고 말했다.

알베르트 아인슈타인(1879–1955)
1920년경의 베를린에서. 자신이 (실제로 1921년에 수상한) 노벨상을 받을 것이라고 확신했던 아인슈타인은 1919년 아내 밀레바와의 이혼 합의서에 자신의 노벨상 상금을 두 아들을 위해서 신탁 펀드에 넣을 것이라고 약속했다. 프린스턴 대학교에서 말년을 보냈던 아인슈타인은 헝클어진 머리, 헐렁한 스웨터에 짝이 틀린 양말을 신고 건망증이 심한 교수였다. (사진 Niels Bohr Archive, Copenhagen 제공)

한다. 다른 입자와 마찬가지로, 광자도 에너지, 운동량, 스핀을 가지고 있고, 생성되거나 소멸되기도 한다. 그럼에도 불구하고 한 가지 다른 점이 있다. 광자는 질량이 없기 때문에 언제나 똑같은 속력으로 움직인다. 다른 입자는 감속을 시키거나 멈추게 할 수도 있지만, 광자는 그렇게 할 수 없다. 광자는 생성되는 순간부터 에너지에 상관없이 언제나 물체가 움직일 수 있는 최대 속도인 **광속**이라는 자연의 제한 속도로 움직인다.

12. 광전 효과는 무엇일까?

자외선(UV)을 금속 표면에 쪼여주면 표면에서 전자가 방출된다. 자외선의 에너지 중 일부를 전달받은 전자가 금속에서 떨어져나와 날아가는 것이다. 이런 현상을 **광전 효과**(photoelectric effect)라고 부른다. 이런 효과는 아인슈타인의 1905년 논문이 발표될 때에 이미 알려져 있었지만, 세부적인 사실은 충분히 밝혀지지 않았다. 방출되는 전자의 수와 에너지가 입사광의 성질, 특히 세기와 진동수에 따라서 어떻게 달라지는지는 알려져 있지 않았다. 아인슈타인은 빛에 대한 자신의 입자 모형을 이용해서 그런 세부 사항을 정확하게 예측했다. 16년 후에 아인슈타인이 노벨상을 받게 된 것은 상대성이 이론이 아니라 바로 광전 효과에 대한 이론 덕분이었다.

고전물리학에서는 빛의 세기가 강해질수록 전자의 에너지가 더 커지고, 빛의 세기가 충분히 크기만 하다면 어떠한 진동수의 빛을 쪼여주더라도 전자가 방출될 것이라고 기대했다. 그러나 그런 기대는 실험으로 확인되지 않는다. 그 대신 방출되는 전자의 에너지는 빛의 세기가 아니라 진동수에 따라서 달라지고, 문턱 진동수(threshold frequency)보다 작은 진동수의 빛을 사용하는 경우에는 빛의 세기에 상관없이 절대 전자가 방출되지 않는다. 광전 효과의 이런 특성은 빛에 대한 아인슈타인의 입자 모형으로 간단하게 설명된다. 입사광을 광자의 흐름이라고 생각해보자. (광자[光子, photon]는 광입자[light particle]의 현대적 용어이다.) 광자 한 개의 에너지는 E = hf 라는 플랑크 식에 의해서 주어진다. 광자의 에너지는 전자에게 완전히 전달될 수는 있다. 그러나 광자의 에너지가 더 작은 조각으로 나눠지거나 광자의 속도가 느려지면서 에너지가 서서히 소진될 수는 없다. (속력이 느려질 수는 없다. 전속력으로 움직이거나 완전히 사라져버린다.) 따라서 광자를 흡수한 전자는 광자의 에너지 전부를 얻게 된다. 전자가 얻은 에너지 가운데 일부는 금속 표면의 전기장 장벽을 극복하는 일에 사용된다. 나머지는 방출된 전자의 운동 에너지로 사용된다. 문턱 진동수보다 작은 진동수에서는 전자에 전달된 에너지가 장벽을 극복하기에 충분하지 않기 때문에 전자가 방출될 수 없다. 빛의 세기에 상관없이 한 개의 전자도 자유를 찾기 위해서 필요한 에너지를 얻을 수 없다. 그러나 빛의 진동수가 문턱 값보다 크면 광자가 전자의 방출에 필요한 에너지를 충분히 전달하게 된다. 표면에서 방출되는 전자의 수는 빛의 세기에 의해서 결정되지만, 방출되는 전자 하나하나의 에너지는 오직 진동수에 의해서 결정된다.

1916년 미국의 물리학자 로버트 밀리컨은 멋진 실험을 통해서 광전 효과에 대한 아인슈타인의 모든 예측이 옳다는 사실을 확인했다. 그로부터 5년 후에 아인슈타인은 "이론 물리학에 대한 기여, 특히 광전 효과 법칙의 발견에 대한 공로"로 노벨상을 받았다. (빛의 양자적 본질에 대해서는 아무 언급이 없었던 점을 주목할 필요가 있다.) 그리고 1923년에 밀리컨 자신도 "전류의 기본 입자와 광전 효과에 대한 공로"로 아인슈타인과 마찬가지로 노벨상 수상자가 되었다.

13. 어떤 입자들이 기본 입자이고, 어떤 입자들이 복합 입자일까?

기본 입자(fundamental particle)의 정의는 매우 간단하다. 다른 입자들로 이루어진 것이 아닌 입자를 뜻한다. 기본 입자는 물리적 크기를 가지고 있지 않고, 시공간의 점에서 상호작용을 한다. 복합 입자(composite particle)는 이름이 뜻하듯이 서로 다른 입자들로 구성되어 있다. 복합 입자는 물리적으로 크기를 가지고 있고, 작은 공간에서 생성되거나 소멸된다. 전자, 광자, 뮤온(muon)은 기본 입자이고, 양성자, 중성자, 파이온(pion)은 복합 입자이다.

물리학자들은 지금까지 24개의 기본 입자를 확인했다. 반(反)입자와 중력을 전달하는 가상 입자인 중력자(重力子, graviton)는 포함되지 않지만, 2012년에 발견 사실이 알려진 힉스 입자(Higgs particle, 질문 98 참고)는 포함된 숫자이다. 복합 입자는 수백 개가 알려져 있고, 복합 입자의 수에는 한계가 없다. (92종의 원소로부터 만들어질 수 있는 화합물의 수에 한계가 없는 것과 마찬가지이다.)

입자는 양자물리학의 완벽한 본보기이다. 입자들이 서로 상호작용을 하거나, 빛을 방출하고 흡수하거나, 특정한 운동 상태에 있거나, 한 상태에서 다른 상태로 바뀌거나, 입자에서 파동으로 바뀔 때마다 입자는 최대한 비(非)고전적인 것처럼 보인다. 따라서 이 책에서도 양자물리학을 설명하기 위해서 입자를 자주 활용할 것이다.

입자물리학(particle physics)은 톰슨이 전자를 발견했던 1897년부터 시작되었다고 할 수 있다. 처음에는 느리고 우아하게 발전하기 시작했다. 1930년에는 양성자와 광자가 전자의 대열에 합류했다. 그후에는 속도가 조금 더 빨라졌다. 1940년에는 중성자와 (훗날 파이온과 뮤온으로 확인된) 몇 개의 중간자(meson)가 합류했고, 뉴트리노의 존재 가능성이 제시되었다. 1940년대 말에는 더 많은 새로운 입자들이 밝혀지면서 더욱 속도가 붙기 시작했고, 심지어 스트레인지(strange)라고 부르는 입자도 등장했다. 1950년과 1960년대에는 새로운 입자들이 홍수처럼 쏟아져 나왔다.

그런 후에야 물리학자들은 소립자(素粒子, elementary particle)라고 부르던 것들이 사실은 기본적인(素, elementary) 것이 아니라는 결론을 얻게 되었다. 기본 입자도 있었지만, 대부분은 복합 입자였던 것이다.

제4장에서는 더 많은 입자와 그 성질에 대해서 소개할 것이다. 우선 경입자(輕粒子, lepton)라고 부르는 전자와 무거운 뮤온, 훨씬 더 무거운 타우(tau), 그리고 전자, 뮤온, 타우*에 대응하는 세 종류의 뉴트리노(neutrino, 중성미자[中性微子])가 있다. 전자, 뮤온, 타우는 음전하를 가지고 있다. 뉴트리노는 전하를 가지고 있지 않는 중성이고, 가장 가벼운 전자보다도 훨씬 더 가벼울 정도로 아주 작은 질량을 가지고 있다. 6개 렙톤의 공통점은 원자핵의 입자들을 강하게 붙잡아주는 강한 핵력(strong force)의 영향을 받지 않는다는 것이다. 경입자는 약한 핵력(weak force)의 영향을 받고, 전하를 가지고 있는 경입자는 전자기력의 영향을 받는다. 경입자의 성질은 부록의 표 A.1에 정리해놓았다. (부록 A의 표 A.2, A.3, A.4와 함께 실었다.)

6개는 소개했고, 이제 18개가 남았다.

다음은 강한 핵력의 영향을 받는 6개의 입자들이다. 쿼크가 바로 그런 입자이다. 경입자와 마찬가지로 쿼크도 1/2의 스핀을 가지고 있고, 약한 핵력과 전자기력의 영향도 받는다. 쿼크의 성질은 표 A.2에 정리해놓았다. 전하의 최소 단위라고 믿었던 크기의 1/3 또는 2/3에 해당하는 전하를 가

* 물리학자들에게는 이들 세 "가족(family)"이 전부라고 믿을 만한 충분한 이유가 있다. 질문 42에서 그런 결론을 얻게 된 이유에 대해서 간단하게 설명할 것이다.

지고 있다는 것이 쿼크의 특이한 성질 중 하나이다. 그러나 앞에서 설명했듯이 쿼크는 둘 또는 셋이 뭉쳐 있는 경향을 가지고 있기 때문에 부분 전하를 가지고 있는 입자는 관측된 적이 없었다.

물리학자들은 처음에 발견했던 두 가지 쿼크에 **업**(up) **쿼크**와 **다운**(down) **쿼크**라는 무미건조한 이름을 붙였다.(방향과는 아무 상관이 없다.) 그후에는 **스트레인지**(strange) **쿼크**와 **참**(charm) **쿼크**라는 멋진 이름을 붙였다. (그렇다. charmed가 아니라 charm이다.) 그후에는 **톱**(top) **쿼크**와 **보텀**(bottom) **쿼크**였다.(나는 이 쿼크들을 **트루스**[truth] **쿼크**와 **뷰티**[beauty] **쿼크**라고 부르고 싶어했던 변덕스러운 물리학자들이 고집을 꺾어야 했던 것을 아쉽게 생각하고 있다.)

지금까지 모두 12개의 입자를 소개했다. 나머지 12개의 기본 입자들은 **보손**(boson)이다(165쪽 참조). 힉스 입자와 힘을 매개해주고, 교환 입자라고 부르기도 하는 11종의 입자들이 있다. 보손의 성질은 (가상적인 중력자의 성질과 함께) 표 A.3에 정리해놓았다. 보손의 하나인 **광자**는 전자기 상호작용을 설명해준다. W와 Z라고 부르는 2개의 보손은 약한 핵력을 설명해준다.* 나머지 8개는 강한 상호작용의 핵 접착제의 역할을 해준다는 이유로 이름이 붙여진 글루온(gluon)이다. 힘 매개자들에 대한 놀라운 사실이 있다. 세계의 모든 상호작용은 경입자와 쿼크의 교환에 의해서 나타난다. 그리고 **교환**(exchange)은 관련된 입자들의 소멸과 생성을 뜻한다. 앞으로 다른 사람의 손을 잡을 때는 그런 접촉을 가능하게 만들어주기 위해서 필요한 원자보다 더 작은 수준에서의 혼돈에 대해서 생각해보기를 바란다.

---

* Z는 전기적으로 중성이기 때문에 흔히 Z^0로 나타낸다. 음전하와 양전하를 가진 W 입자들(W^-와 W^+)은 서로의 반(反)입자들이다.

14. 표준 모형은 무엇일까?

24개의 기본 입자, 기본 입자들로 만들어진 복합 입자, 그것들이 만들어 내는 3가지 힘, 그리고 이런 모든 것을 담고 있는 수학적 상부 구조가 바로 **표준 모형**(standard model)이라고 부르게 된 이론을 구성한다. 그 수명이 끝나가고 있을까? 아무도 모른다. 그러나 언젠가 끈 이론이 힘을 얻게 될 때의 "새로 개선된" 표준 모형에서는 기본 입자의 수가 24개보다 줄어들 것이고, 4번째 힘인 중력도 함께 통합될 것이다.

제3장

작은 것과 빠른 것

15. 양자 거리의 척도는 무엇일까?

나노미터(nm, 10^{-9}미터)는 10억 분의 1미터로 원자와 분자의 영역에서 유용한 단위이다. 10개의 수소 원자를 서로 맞대어 늘어놓으면, 대략 1nm가 되고, 4개 또는 5개의 물 분자도 거의 같은 길이가 된다. 10nm 에서 100nm 정도의 작은 회로나 구조를 나노 규모라고 한다. 양자 세계와 고전 세계의 경계가 바로 그런 정도이다. X-선의 파장이 1nm 정도이다. 우리 눈에 보이는 빛의 파장은 그보다 대략 500배 정도이다(실제로는 400nm에서 700nm이다).

이 책에서 소개하는 현상들은 대부분 나노 규모보다 훨씬 작은 수준에서 일어난다. 원자핵 영역에서 편리한 단위는 페르미(fermi, 약자로 fm라고 쓴다)라고 부르는 펨토미터이다. 펨토미터는 나노미터의 100만분의 1, 즉 10^{-15}미터이다. 제1장에서 설명했듯이 중성자와 양성자는 1fm정도이고, 가장 큰 원자핵의 지름도 10fm에 미치지 못한다.

양성자를 완두콩 정도로 확대하면, 양성자가 들어 있는 원자의 지름은 대략 1마일 정도가 된다. 원자 속에는 정말 많은 공간이 있는 셈이다.

가속기를 이용한 고에너지 실험에서 관측한 가장 작은 길이는 페르미의

1,000분의 1(10^{-18}m) 정도이다. 우리가 확실하게 알고 있는 가장 작은 길이가 그 정도라고 할 수 있다. 확실한 지식의 한계가 그런 정도라고 해서 이론학자들이 훨씬 더 작은 길이에 대해서 상상할 수 없는 것은 아니다. 양성자 한 개의 10억 배의 10억 배의 100배보다 훨씬 더 작은 10^{-35}미터 정도인 소위 플랑크 길이에서는 입자만이 아니라 시공간 자체가 파동과 확률의 양자적 무도(舞蹈)에 참여한다(질문 93). 미국의 물리학자 존 휠러는 시공간의 이런 혼란스러운 수프를 양자 거품(quantum foam)이라고 불렀다.* 그리고 만약 끈(string)이 실제로 존재한다면 그런 끈들이 흔들리면서 우리가 생각하는 입자가 만들어지는 것도 바로 그런 규모에서 일어난다.

16. 입자는 얼마나 멀리 떨어져 있는 입자에게 영향을 "미칠" 수 있을까?

힘이 달라지면 힘이 미치는 범위도 달라진다. 가장 약한 힘인 중력(gravity)에서 시작해보자. 우리 모두를 지구 쪽으로 끌어당기는 중력은 인간의 영역을 훨씬 벗어난 먼 곳까지 영향을 미친다. 달이 지구 주위의 궤도를 회전하게 만들고, 지구가 태양 주위의 궤도를 회전하게 만들고, 은하들을 거대한 회전 바퀴처럼 만든다. 중력은 우주의 한 쪽 끝에서 다른 쪽 끝에까지 영향을 미친다. 양자적 관점에서 보면, 힘 운반자라고 할 수 있는 중력의 "교환 입자"라고 하는 중력자(重力子, graviton)의 질량이 0이기 때문에 그렇다. 그래서 중력은 거리에 따라 세기가 줄어들기는 하지만, 무한히 먼 곳까지 영향을 미친다.

전자기력(electromagnetism)도 역시 질량이 없는 광자에 의해서 전달된

---

* 휠러는 기억에 남을 만한 말을 찾아내기를 좋아했다. 플랑크 길이(Planck length)와 블랙홀(black hole)도 그가 만든 말이다.

1980년대 초 우주에 대해서 강의하는 셀든 글라쇼(1932년 출생). 칠판에 쓴 2×10^{10}광년(LY)은 우주의 지름에 대한 당시의 추정치였던 200억 광년을 뜻한다. 함께 노벨상을 받은 글래쇼와 와인버그는 모두 유대인 이민자의 아들로 1950년 뉴욕의 브롱스 과학고등학교와 1954년 코넬 대학교를 함께 졸업했다. 네 번째 쿼크에 참(charm)이라는 별난 이름을 붙였던 것이 바로 그래쇼였고, 그의 수필집 『물리학의 참(*Charm of Physics*)』에서도 그 이름을 다시 썼다. (사진 AIP Emilio Segrè Visual Archives, Physics Today Collection 제공)

다. 전자기력도 중력자와 마찬가지로 세기가 거리의 제곱에 반비례하면서 무한히 먼 곳까지 영향을 미친다. 대부분의 천체는 전하를 가지고 있지 않기 때문에 중력에 의해서 서로 끌어당기지만, 전기적으로는 서로 끌어당기거나 밀어내지 않는다. 그것이 우주 전체적으로 중요한 차이점이다. 전자기력이 중력보다 훨씬 더 강하지만, 거시 세계에서는 양전하와 음전하가 서로 상쇄되기 때문에 그 효과가 사라져버린다. 그러나 원자의 내부에서는 전자기력이 중력을 압도한다. 원자의 영역에서는 그 차이가 너무 커서 중력은 완전히 무시해버릴 수 있다. 그렇다면 원자에서는 양성자와 전자 사이에 작용하는 전기적 인력의 실체가 어떻게 드러나게 될까? 초(秒)당 몇 조 개의 광자를 방출하고 흡수하는 과정, 즉 생성되고 소멸되는 과정을 통해서 그 모습이 드러난다. 그래서 다른 힘의 경우와 마찬가지로 전자기력도 교환력(exchange force)이라고 할 수 있다.

압두스 살람(1926–1996). 29세 때 뉴욕주 로체스터에서 열린 물리학 학술대회에서의 모습. 살람은 영국에서 박사학위를 받은 후 자신의 고국인 파키스탄으로 돌아가서 3년 동안 수학 교수로 활동했다. 나는 아직도 훗날 런던의 임페리얼 대학교에서 활동하고 있을 때 그의 따뜻한 인품과 강의 중에 입었던 분필가루가 잔뜩 묻은 가운을 기억하고 있다. 그는 후진국에 물리학을 알리기 위해서 열심히 노력했다. 살람은 파키스탄에서 유일한 노벨상 수상자이다. (사진 AIP Emilio Segrè Visual Archives, Marshak Collection 제공)

중력과 전자기력 이외에 질량이 없는 입자의 교환이 관련된 또 다른 힘이 있다. 그런 입자가 바로 글루온이고, 그런 힘이 바로 강력(strong force) 또는 핵력(nuclear force)이라고 부르는 것이다. 그러나 기묘하게도 강력은 중력이나 전자기력처럼 엄청난 거리까지 영향을 미치지 않는다. 강력은 1 펨토미터 정도의 거리까지만 영향을 미친다. 그 거리가 양성자의 크기와 같은 것은 우연이 아니다. 양성자(또는 중성자)의 크기가 그 정도인 것은 글루온이 쿼크를 그보다 더 먼 거리로 떨어져나가지 못하도록 만들기 때문이다. 글루온은 쿼크를 엄격하게 관리하기 때문에 만약 양성자 내부에 들어 있는 세 개의 쿼크들이 서로 멀어지게 되면 훨씬 더 강한 힘에 의해서 다시 끌려 들어오게 된다.*

* 이런 설명에는 조심해야 할 부분이 있다. 가속기에서의 충돌 등에 의해서 양성자에 충분히 큰 에너지가 주입되면 쿼크들이 서로 떨어져 나갈 수는 있지만, 에너지 중 일부가 새로운 쿼크-반(反)쿼크 쌍의 생성에 사용되어 새로운 복합 입자들이 만들어져서 떨어져 나가는 경우에만 그렇게 된다. 쿼크가 개별적으로 방출되지는 않는다.

스티븐 와인버그(1933년 출생). 와인버그에 대한 물리학자들의 인상은 그가 하버드에서 텍사스 대학교로 자리를 옮겼을 때 놀랍게도 미식축구 감독만큼의 보수를 요구했다는 것으로 널리 알려져 있지만 불행하게도 사실이 아닌 소문에 잘 나타나 있다. 이는 사실이 아닌 소문이다. 와인버그는 심오한 이론학자이면서 『최초의 3분(*The First Three Minutes*)』과 다른 저서에서 볼 수 있듯이재능이 뛰어난 저술가이기도 하다. (사진 AIP Emilio Segrè Visual Archives, Physics Today Collection 제공)

힘의 신(神) 중에서 마지막인 네 번째 힘은 약력(weak force)이다. 약력은 전자기력이나 강력보다는 약하지만, 여전히 중력보다는 훨씬 강한 것으로 밝혀졌다. 약력의 교환 입자인 W와 Z는 엄청난 크기의 질량을 가지고 있다. 이들은 양성자 질량의 80배 이상이나 무겁다. 여러 원자핵의 방사성 붕괴와 홀로 떨어진 중성자의 붕괴를 일으키는 약력은 페르미보다 훨씬 작은 거리에서만 영향을 미친다.

물리학자들은 언제나 자연에 대한 설명을 단순화시켜주는 통일의 방법을 찾으려고 한다. 한 가지 매우 만족스러운 통일의 방법은 압두스 살람, 스티븐 와인버그, 셸든 글라쇼에 의해서 1960년대에 밝혀진 약력과 전자기력에 대한 것이었다. 그들의 "전기약 이론(electroweak theory)"에서는 교환 입자의 질량 때문에 약한 상호작용과 전자기 상호작용 사이의 결정적인 차이가 나타난다.* 교환 입자의 역할을 하는 질량이 없는 광자는 인간 크기의 범위 이상에까지 영향을 미친다(구름과 땅 사이에서 일어나는 번개를 생각해보자). W나 Z와 같은 무거운 교환 입자들†은 양성자 한 개보다 더 짧은 거리까지만 영향을 미친다. 파인만 도형을 소개할 제9장에서는 입자의 생성, 소멸, 교환의 수준에서 두 가지 상호작용의 닮은 점에 대해서 소개할 것이다. 그렇지만 두 힘은 무시할 수 없을 정도로 다르기 때문에 아직도 서로 구별되는 힘으로 설명한다. 약한 상호작용은 훨씬 더 약하고, 전자기 상호작용보다 훨씬 더 작은 범위에서만 영향이 나타나고, 훨씬 더 보편적이다. 전기적으로 중성이기 때문에 전자기력의 영향을 받지 않는 입자도 약력의 영향은 받는다.

17. 입자들은 얼마나 빨리 움직일까?

움직이는 속도를 마음대로 선택할 수 없는 입자가 있다. 질량이 없는 입자인 광자는 언제나 움직일 수 있는 최대의 속도인 빛의 속도(c)로 움직인다. 이론적으로 다른 입자들은 기어가는 정도로 감속을 시키거나 완전히 정지시킬 수도 있지만, 실제로는 광자의 속도와 비슷한 속도로 돌아다닐 가능성도 있다. 우주 공간에서 날아오는 우주선(線) 입자들의 속도도 빛의 속도에 아주 가깝다. 방사성 베타 붕괴에서 원자핵으로부터 방출되는 전자도 마찬가지로 빠르게 움직인다. 스탠퍼드 선형 가속기(SLA)에서 방출되는 전자들의 속도는 빛의 속도인 초속 299,792,485미터보다 초속 0.02미터 정도 느릴 뿐이다. 원자 속에 들어 있는 전자들은 빛의 속도의 1

* 이 책에서는 힘(force)과 상호작용(interaction)을 거의 동의어로 사용할 것이다.
† 이 입자들은 살람, 와인버그, 글라쇼가 그 존재를 예측한 후에야 발견이 되었다.

퍼센트에서 10퍼센트 정도에 해당하는 속도로 움직인다.

부피가 큰 것일수록 더 느리게 움직인다. 일상적인 온도에서 공기 분자들은 대략 초속 500미터 정도의 평균 속력으로 느리게 움직인다. 전투기 조종사들은 그 정도의 속도로 공기를 가를 수 있지만 대부분의 사람은 그보다 훨씬 더 느리게 움직인다. 우주 궤도에 진입한 우주인들은 빛이 속도보다 약 4만 배나 느린 초속 7,000미터 정도로 움직인다.

상대성 이론의 놀라운 효과는 움직이는 속도가 빛의 속도에 가까운 경우에만 나타난다. 일상의 생활에서 우리는 상대성 효과를 인식하지 못한다. 우리 자신은 물론 우리가 다루는 물체들이 모두 빛의 속도보다 훨씬 더 느리게 움직이기 때문이다. 우리가 일상적으로 양자 효과를 인식하지 못하는 것과 마찬가지이다. 그러나 우리가 인식하는 일상적인 거리와 시간이 아(亞)원자 영역에서와 크게 다른 것과 고려하면, 우리가 흔히 경험하는 속도도 빛의 속도와 크게 다르지 않은 것이다. 학교에서 우리는 태양에서 출발한 빛이 우리에게 도달하기까지 8분이 걸린다는 사실을 배운다. 그래서 우리는 전등을 켜면 빛이 순간적으로 비춰지는 것처럼 보이는데도 불구하고 천문학적 규모에서는 빛이 한 곳에서 다른 곳에 도달하기까지 어느 정도의 시간이 걸린다는 사실을 알고 있다. 실제로 빛이 태양 다음으로 우리에게 가까운 별에서부터 우리에게 도달하기까지는 4년이 걸린다.

지구에서는 (예를 들면 광섬유 속을 지나가는) 빛이 10분의 1초 이내에 한 곳에서 다른 곳에 도달한다. 그래서 인터넷 웹을 검색하는 사람들은 그런 사실을 알아차리기 어렵다. 그러나 1969년 여름에 우리 지구인들은 빛의 속도(또는 같은 의미에서 라디오파의 속도)를 직접 경험했다. 지구에 있던 NASA의 운항 통제사와 달에 있던 우주인 사이의 대화를 듣고 있었던 우리는 통제사의 질문과 우주인의 답변 사이에 상당한 시간차가 있다는 사실을 알 수 있었다. 라디오파가 달까지 갔다가 다시 돌아오기까지는 2.5초의 추가적인 지연이 발생했다. 정상적인 인간의 반응 시간은 그보다 훨씬 더 짧아서 1초에도 미치지 못한다.

빛의 속도가 정말 자연의 제한 속도일까? 그럴 것이라고 믿어야 할 충분한 이유가 있다. 그러나 과학에서는 절대적인 것이 없다. 물리학자들은 빛의 속도보다 더 빨리 움직이는 (또는 반드시 빛의 속도 이상으로 움직여야 하는) 타키온(tachyon)이라고 부르는 입자를 생각해보기도 했다. 실제로 그런 입자를 찾으려고 노력했지만, 어디에서도 찾지 못했다. 지금까지 빛의 속도는 아무도 넘지 못한 속도의 한계로 남아 있다.

18. 시간의 양자적 스케일은 어느 정도일까?

일상생활에서 우리는 눈을 한 번 깜빡이는 시간(대략 10분의 1초 정도)을 아주 짧다고 생각한다. 그런데 아(亞)원자의 영역에서 그런 정도의 시간은 영원에 가까운 것이다. 전자는 10분의 1초 정도에 원자핵 주위를 1조 번의 1만 배(즉 1경, 10^{16}) 정도 회전할 수 있다. 입자 상호작용에서는 빛이 양성자의 크기에 해당하는 거리를 가로질러 가는 데에 걸리는 시간인 1펨토미터가 유용한 시간 스케일이 된다. 입자의 시계에서 딸깍거리는 시간에 해당한다고 생각할 수 있는 이 시간은 1초의 1조분의 1조분의 3(3×10^{-24}초)에 해당한다. 두 쿼크 사이에서 글루온이 교환되면서 존재하는 시간에 해당하는 시간이다. 물론 그것이 물리학자들이 알고 있는 가장 짧은 시간은 아니다. "플랑크 길이"가 있듯이 "플랑크 시간"도 있다. 그것은 빛이 플랑크 길이를 지나가는 데에 걸리는 시간이다. 상상을 할 수도 없을 정도로 짧은 10^{-43}초에 해당한다. 중력과 양자가 서로 엉키고 나서 양자 거품이 자리를 잡게 되는 시간 규모이기도 하다.

입자와 관련된 시간이라고 해서 모두가 앞에서 이야기한 것처럼 짧은 것은 아니다. 대부분의 입자들은 불안정한 방사성이고, 그중 일부는 실험실에서 상당한 거리를 움직이거나 대기 중의 높은 곳에서 지구 표면에 도달할 수 있을 정도의 시간 동안 존재하기도 한다. 불안정한 입자들 중에서 평균 수명*이 가장 긴 입자는 평균적으로 15분† 정도 존재하는 중성자이다. 2마이크로초(1초의 백만 분의 2)에 지나지 않는 뮤온의 평균 수명도 입자들의 전형적인 평균 수명보다 훨씬 긴 것이다. 10^{-10}, 즉 100억분의 1초 정도의 평균 수명을 가진 입자도 흔하다. 수명이 그 정도로 짧더라도 입자들은 그 동안 몇 센티미터를 움직여서 검출기에 흔적을 남길 수 있다.

19. $E = mc^2$은 무슨 뜻일까?

아인슈타인은 브라운 운동을 설명하고, 상대성 이론을 소개하고, 광자의 개념을 제시했던 1905년에 세계에서 가장 유명해진 $E = mc^2$이라는 방정식을 발표했다. 에너지(E)가 질량(m)과 동등하다는 뜻에서 등호를 사용했다. (핵분열이나 핵융합의 경우처럼) 질량이 에너지로 변환될 수 있고, (큰 에너지의 입자들이 충돌하는 가속기의 경우처럼) 에너지가 질량으로 변환될 수 있다는 뜻이다. 질량과 에너지는 똑같은 것이라는 더 심오한 의미도 가지고 있다. 질량은 단순히 뭉쳐져 있는 에너지이고, 에너지는 (질량을 정의해주는 특징인) 관성을 가지고 있다. 그래서 에너지가 질량이고,

---

* 평균 수명의 의미와 반감기와의 관계에 대해서는 27번 질문에서 설명한다.
† 원자핵 내부에서 안정화된 중성자는 영원히 존재할 수 있다.

질량이 에너지이다.

그런데 광속의 제곱(c^2)은 어떻게 등장하게 되었을까? 질량과 에너지를 가지기 위해서 물체가 움직일 필요도 없고, 더욱이 광속으로 움직여야 할 이유도 없다. 아인슈타인 방정식에 c^2이 포함된 이유를 설명하기 위해서 옷감 가게를 잠깐 들러보기로 하자. 야드 당 5달러인 옷감 3야드를 사면, 그 값이 15달러가 된다는 사실을 알고 있다. 방정식의 형식으로 표현하면 $C = NP$ 가 된다. 옷감의 값 C는 옷감의 길이 N에 야드 당 단가 P를 곱한 것이 된다. 값은 야드 수에 비례한다. 마음이 바뀌어서 2배에 해당하는 옷감을 사면 값도 2배가 된다. (이 경우에) 변하지 않는 것은 야드 당 단가인 P이다. 그런 P를 비례 상수(proportional constant)라고 부른다. 비례 상수는 야드 수 N을 비용 C로 변환시켜준다. 이 방정식의 "핵심"은 C와 N 사이의 비례 관계이고, $C \sim N$이라고 쓴다. 상수 P는 야드 수를 화폐로 변환시켜주는 역할을 한다.

아인슈타인 방정식에서 c^2도 역시 비례 상수이다. 방정식의 핵심은 E가 m에 비례한다는 뜻에서 $E \sim m$이라는 것이다. 상수 c^2은 (질량의 단위인) 킬로그램(kg)의 값을 (에너지의 단위인) 줄(J)의 값으로 변환시킨다. 그리고 일상적인 단위로 표현하면 c^2은 매우 큰 숫자인 킬로그램당 9×10^{16}줄이다. 1킬로그램의 돌덩어리를 초속 10미터의 속도로 던지면 50줄의 운동 에너지를 가진다. 그런 돌이 머리에 맞으면 상당한 부상을 입을 수 있다. 그런 돌덩어리에 들어있는 에너지인 질량 에너지는 운동 에너지보다 100만 배의 10억 배(1,000조 배)가 더 큰 9×10^{16}줄이나 된다. 다른 식으로도 표현할 수 있다. 1킬로그램의 질량에 들어 있는 에너지는 히로시마 원자탄에서 방출된 에너지의 1,500배가 된다. 그 당시의 폭발에서는 1그램도 안 되는 질량이 에너지로 변환되었을 뿐이다.

정확하게 말해서 이것이 실제로 일어났던 일은 아니다. ScienceCartoonsplus.com 제공

질량과 에너지 사이의 변환이 원자핵 영역에서만 일어난다는 뜻일까? 그렇지 않다. 성냥불을 켜거나, 아궁이에 장작을 넣거나, 자동차 엔진에 시동을 걸 때도 그런 일이 일어난다. 그러나 그런 경우에는 질량 손실이 너무 작아서 그 양을 측정할 수가 없다. (늘어나거나 줄어들지 않는다는) 질량 보존은 여전히 확실하게 성립되는 화학 법칙이다. 그러나 더 깊은 수

준에서는 옳지 않다! ("발열 반응"에서) 에너지가 방출될 때마다 질량의 감소가 생긴다. ("흡열 반응"에서) 에너지가 흡수될 때에도 역시 질량의 증가가 생긴다.

c^2이 에너지와 질량을 연결시켜주는 비례 상수라는 사실을 인정하더라도, 광속이 질량-에너지 동등성과 무슨 관계가 있는지 궁금하게 생각하는 것은 당연하다. 그런 의문에 대한 답은, 상대성 이론에서 광속이 공간과 시간을 연결시켜준다는 사실에서부터 시작된다. (속도는 단위 시간 당 거리라는 사실을 주목한다.) 아인슈타인은 과거에는 전혀 상관이 없는 것으로 알려져 있었던 (예를 들면 미터로 측정되는) 공간과 (예를 들면 초로 측정되는) 시간의 개념을 4차원의 시공간(space-time)이라는 하나의 개념으로 통합했다. 과거의 과학자들이 그런 통합을 인식했다면, 아마 그들도 초를 (약 3억 미터를 나타내는) 거리의 단위로 받아들였거나, 미터를 (약 3 나노초를 나타내는) 시간의 단위로 받아들였을 것이다. 그러나 그들은 그런 사실을 인식하지 못했고, 그래서 우리는 여전히 서로 다른 단위로 측정되는 공간과 시간에 매달렸다. 공간과 시간을 하나의 4차원 틀로 통합하기 위해서는 시간(t)에 광속(c)을 곱해야만 한다. 그렇게 되면 미터로 측정되는 ct는 거리 x의 온전한 짝이 될 수 있다. 지금까지 밝혀졌듯이 상대성 이론에서 질량과 에너지, 운동량(모멘텀)과 에너지, 자기장과 전기장 사이의 통합에도 역시 광속이 포함된 비례 상수가 필요하다. 질량과 에너지의 상수가 c가 아니라 c^2인 이유에 대한 임시변통적인 설명은 킬로그램을 줄로 변환시키기 위해서는 $(미터)^2/(초)^2$의 조합이 필요하다는 것이다.

우리의 일상 세계에서 줄은 편리한 단위이다. 양자 세계에서 더 일상적인 단위는 훨씬 더 작은 값을 가지는 전자 볼트이고, 42페이지의 각주에서 설명했듯이 eV로 표시한다. 1eV는 1.6×10^{-19}줄이다. 음극선 텔레비전관의 전자는 대략 1,500eV(1.5keV)의 에너지로 화면에 충돌한다. 스탠퍼드 선형 가속기에서 전자의 에너지는 50GeV까지 도달한다. 페르미 연구소의 테바트론에서 양성자의 에너지는 1TeV에 이른다. 오늘날 최고 기록의 가속기는 스위스의 제네바에 있는 유럽 핵물리연구소(CERN)의 대형강입자가속기(LHC)이다. 이 책을 쓸 때쯤에는 양성자를 3.5TeV의 에너지까지 가속을 시켰고, 앞으로는 7TeV까지 가속시킬 계획이라고 한다(2개의 양성자가 서로 충돌하면 총 에너지는 14TeV가 된다).* (14TeV도 여전히 1줄보다는 훨씬 작은 양이다.)

입자물리학에서는 c^2을 생략하고 질량을 그대로 에너지의 단위로 사용하는 경우도 흔하다. 그래서 전자의 질량은 0.511MeV이고, 양성자의 질량은 938MeV이고, 톱 쿼크의 질량은 (전자의 질량보다 30만 배 이상 더 큰) 대략 172GeV이다. 이런 방식을 사용하는 데는 분명한 이유가 있다. 입자에서 질량-에너지의 전환과 에너지-질량의 전환은 흔히 일어나는 일이다. 질량과 에너지는 끊임없이 서로 뒤섞인다. 예를 들어 불안정한 입자가 붕괴되면, 질량 에너지의 일부는 붕괴 생성물의 질량에 포함되고, 나머지는 서로 떨어져 나가는 붕괴 생성물들의 운동 에너지가 된다. 초기 에너지가 어떻게 나눠지는지는 입자마다 크게 다르다. 중성자가 붕괴될 때는 질량의 99.9퍼센트가 생성된 입자의 질량으로 나타나지만, 뮤온이 붕괴될 때에는 질량의 0.5퍼센트만이 생성물의 질량으로 나타난다. 또한 입자들이 가속기 안에서 서로 충돌할 때에도 질량과 에너지 사이에 상당한 전환이 나타날 가능성이 크다. 흔히 가속되는 입자에 투입되는 에너지의 상당부분이 새로운 질량을 만들어내는 일에 사용된다.

입자의 변환에서 질량의 100퍼센트가 에너지로 전환되는 경우가 있다.

* 매우 크거나, 매우 작은 숫자를 나타내는 약자는 부록 B의 표 B.1을 참조한다.

양전자(반(反)전자)가 전자를 만나면 두 입자가 모두 사라지면서 질량 에너지 전부가 질량이 없는 광자의 운동 에너지로 변환된다. 공상 소설『스타쉽 엔터프라이즈(*Starship Enterprise*)』에서는 반(反)물질의 소멸이 우주선 추진에 필요한 에너지를 공급한다. 불행하게도 그런 동력이 실제로 실현될 가능성은 거의 없다.

20. 전기 전하는 무엇일까?

특정한 사람을 묘사하려면, 무한히 많은 특징을 나열할 수 있을 것이다. 문학적 재능이 있다면, 한 사람을 묘사하는 것만으로도 한 권의 책을 쓸 수 있을 것이다. 그러나 전자를 묘사하는 책을 쓰는 경우에는 한두 쪽만 채우고 나면 더 이상 할 말이 없을 것이다. 전자는 질량(그리고 질량에 수반되는 에너지)을 가지고 있고, 스핀도 가지고 있다. 그것이 전자의 기계적 성질이다. 그리고 전자는 두 종류의 전하를 가지고 있다. 전자기 상호작용의 세기를 결정하는 전하(電荷, electric charge)도 있고, 전자의 약한 상호작용의 세기를 결정하는 전하도 있다.* (색하[色荷, color charge]라고 부르는 한 종류의 전하가 더 있다. 색하는 강한 상호작용을 하는 입자들에게 있고, 전자에는 없다.) 여기서는 흔히 charge(전하)라고 단순하게 표기하는 전기 전하에 집중할 것이다.

전하는 두 가지 특별히 중요한 특징을 가지고 있다. 전하는 **양자화되어** 있고(그래서 덩어리 상태로 존재하고), **보존된다**(그래서 총량은 절대 변하지 않는다). 전하의 단위는 양성자가 가지고 있는 전하의 양에 해당하는

* 이런 "전하들"은 입자가 다른 입자들과 얼마나 강하게 결합하는지를 결정하기 때문에 결합 상수(coupling constant)라고도 알려져 있다.

e이다. 거시 세계에서 전하의 양은 전하를 가진 물체 사이의 인력과 반발력에 대한 법칙을 관찰했던 18세기 말의 과학자 찰스 아우구스틴 쿨롱의 이름을 따라 쿨롱(C)이라는 단위로 나타낸다. 전하의 양자적 단위는 쿨롱보다 훨씬 더 작아서 $e = 1.6 \times 10^{-19}$쿨롱이다. (거꾸로 말하면, 1 쿨롱은 6개의 십억 배의 십억 배, 즉 600경 배에 해당하는 전자의 전하이다.) 양자 세계에서는 흔히 e를 단위로 사용한다. 그런 단위를 사용하면, 전자의 전하는 −1, 알파 입자의 전하는 +2, 우라늄 원자핵의 전하는 +92가 된다. 앞에서 설명했듯이, 이런 단위를 사용하면 실제로 관찰된 적이 없는 쿼크는 −1/3과 +2/3의 부분 전하를 가진다(반쿼크들은 +1/3과 −2/3의 전하를 가진다).

벤저민 프랭클린이 쿨롱의 측정보다 훨씬 앞서 처음 제안했던 전하의 보존은 어떤 변화의 과정에서도 전하의 총량은 변하지 않기 때문에 변화의 전과 후의 값이 같다는 뜻이다. 우리가 아는 범위에서 전하의 보존 법칙은 모든 경우에 성립되는 절대적인 보존 법칙이다. 질문 53과 57에서 그 의미에 대해 설명할 것이다.

전하는 크기는 있지만 방향은 없는 스칼라 양이다. 복합체의 전하는 단순히 구성요소들의 전하를 합한 값이 된다는 뜻이다. 따라서 수소 원자의 전하는 $1 - 1 = 0$이다. 우라늄 원자에서 2개의 전자를 떼어내면 92개의 양성자와 90개의 전자가 남게 되어 전하는 $+92 - 90 = +2$가 된다. +2/3의 전하를 가진 쿼크가 +1/3의 전하를 가진 반쿼크와 결합하면 +1의 전하를 가진 파이온(pion)이 된다. 전하 보존의 법칙이 적용되는 한 가지 예는 다음과 같다. −1의 전하를 가진 전자와 +1의 전하를 가진 반입자인 양전자(positron)가 만나서 소멸되면서 전하가 없는 한 쌍의 광자가 생성되면, 변화의 전과 후의 전하는 모두 0이 된다.

그런데 전하는 무엇일까? 전하는 아무튼 중요한 어떤 것, 말할 수 없이 좋은 어떤 것이라고 말한다. 그리고 그것을 가진 입자들은 서로 잡아당기거나 서로 밀어내는 어떤 것이라고 말한다. 그런 과정에서 전자와 양성자가 결합해서 수소 원자를 만드는 경우처럼 행복한 결합이 만들어지기도 하고, 날아가는 알파 입자가 원자핵 근처를 지나갈 때처럼 직선 경로로부터 휘어지게 만들기도 한다. 더욱이 전하는 입자들에게 광자를 방출하게 만들거나 흡수하게 만드는 불꽃 생성에 참여하기도 한다. 그것이 전하가 무엇인가에 대한 핵심이다. 전하는 전하를 가진 입자들을 "결합시켜" 광자를 만들도록 한다. 다시 말해서 전하는 물질과 복사(輻射)를 연결시켜 준다.

21. 스핀은 무엇일까?

누구나 회전하는 팽이와 돌아가는 회전목마를 보았을 것이다. 지구가 하루에 한 번씩 자전축을 중심으로 회전하고, 일 년에 한 번씩 태양 주위를 공전한다는 사실도 누구나 알고 있다. 사실 자연에는 돌아가지 않는 것이 거의 없다. 피겨 스케이트 선수들도 회전을 한다. 달은 지구 주위를 공전하면서 자전축을 중심으로 회전한다(두 운동이 모두 한 달에 한 번씩 일어난다). 은하도 회전한다. 은하단도 마찬가지다. 그리고 대부분의 기본 입자들도 그렇다.

회전의 "양"은 **각운동량**(angular momentum)으로 측정한다. 각운동량은 얼마나 무거운 질량이 얼마나 빨리 회전하는지와 회전축으로부터 얼마나 멀리 떨어져서 회전하는지에 의해서 결정된다. 각운동량은 크기뿐만 아니라, "오른손 법칙"으로 결정되는 방향도 가지고 있기 때문에 **벡터량**(vector

그림 9. 오른손의 손가락은 회전의 방향을 가리키고, 오른손의 엄지는 각운동량의 방향을 가리킨다.

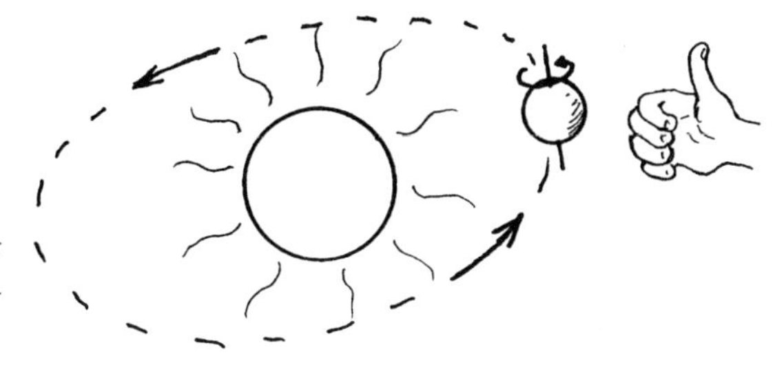

그림 10. 지구는 오비탈 각운동량과 스핀 각운동량을 모두 가지고 있다.

quantity)이라고 부른다(그림 9 참고).

물리학자들은 궤도를 도는 것과 스스로 회전하는 것(또는 오비탈 각운동량과 스핀 각운동량)을 구분한다. 지구에서 관찰되는 하루를 주기로 하는 자전과 1년을 주기로 하는 공전이 두 가지 회전의 예가 된다(그림 10 참고). 입자에서도 역시 자전과 공전을 볼 수 있다. 전자(또는 다른 입자)의 스핀은 입자의 고유한 성질이다. 스핀을 증가시키거나 감소시킬 수 있는 방법은 없다. 스핀은 언제나 존재한다. 그러나 전하를 가진 입자가 다른 입자의 주위를 회전할 때는 상당히 다른 오비탈 각운동량을 가질 수 있다. 0이 되거나 (원자 수준에서) 상당히 큰 값이 될 수도 있다. 예를 들면, 수소 원자에 들어 있는 전자는 가장 낮은 운동 에너지 상태에서는 오비탈 각운동량이 0이지만, 운동 에너지 상태가 더 높아지게 되면 점점 더 큰 값을 가질 수 있다.

각운동량은 개념적으로 전하와 상당히 다른 것이지만 전하의 두 가지 중요한 특징을 모두 가지고 있다. 각운동량도 양자화되어 있고, 보존된다는 것이다. 역사적으로도 각운동량은 전하와 유별난 공통점을 가지고 있다. 최솟값이 처음에 생각했던 것보다 훨씬 더 작은 것으로 밝혀졌다. 쿼크가 발견되면서 전하를 양자적으로 자를 수 있다는 사실이 밝혀진 것이다. 스핀이 발견되면서 각운동량에서도 그런 사실이 밝혀졌다. 수소 원자에 대한 1913년의 기념비적인 연구에서 닐스 보어는 모든 각운동량이 플랑크 상수를 2π로 나눈 최솟값인 h/2π의 정수배가 되어야 한다고 가정했다. 질문 10에서 설명했듯이, 그 양은 ħ로 쓰고, 'h 바'라고 읽는다. 그리고 10여 년이 지난 후에 두 사람의 네덜란드 출신의 젊은 물리학자 사뮤엘 하우트슈미트와 조지 울렌벡이 원자 스펙트럼(원자에서 방출되는 빛의 패턴)과 관련된 몇 가지 수수께끼를 해결하는 방법을 제시했다. 전자가 오비탈 각운동량 이외에도 (1/2)ħ의 정수배에 해당하는 크기의 고유한 스핀을 가지고 있다는 사실을 발견했다. 이제 우리는 보어가 제안했듯이 오비탈 각운동량은 언제나 ħ의 정수배(이거나 0)이고, 하우트슈미트와 울렌벡이 제안했듯이 스핀 각운동량의 최솟값은 (1/2)ħ이라고 알게 되었다. 이제 ħ를 스핀 각운동량의 단위로 사용하는 것이 일반화되었다. 우리는 전자와 쿼크가 스핀 1/2을 가지고 있고, 광자나 W와 Z 입자들은 스핀 1을 가지고 있고, 가상적인 중력자는 스핀 2를 가지고 있다고 한다. 파이온과 가상적인 힉스 입자처럼 스핀 0인 입자도 있다.

짐작할 수 있듯이, 각운동량의 보존은 모든 변화의 전과 후에 각운동량의 총량이 똑같다는 뜻이다. 실제로 어떻게 그렇게 되는지를 이해하려면 서로 다른 각운동량들이 어떻게 합쳐져서 각운동량의 총량이 결정되는지를 이해해야만 한다. (스칼라량인) 전하의 경우에는 단순히 크기를 더하면 되지만, (벡터량인) 각운동량의 경우에는 그렇지 않다. 더욱이 2개 이상의 각운동량이 합쳐진 각운동량도 양자 규칙에 맞아야 하기 때문에 더욱 어려워진다. 고전 세계에서는 동쪽으로 크기가 1인 벡터와 북쪽으로 크기가 1인 벡터를 합치면 크기가 1.41인 벡터가 얻어진다. 실제로 그런 두 벡터는 방향에 따라서 0과 2사이의 어떤 값이라도 가질 수 있기 때문에 무한히 많은 가능성이 생기게 된다. 그러나 양자 세계에서는 그렇지 않다. (ħ의 단위로) 크기가 1인 벡터 각운동량 두 개가 합쳐지면 크기가 0, 1, 2의 3가지 가능성이 생긴다. 오비탈 각운동량이 1이고, 고유한 스핀이 1/2인 전자의 총 각운동량은 1/2이나 3/2의 2가지 가능한 값을 가질 수 있다. 이것도 덩어리 상태의 예라고 할 수 있다.

변화의 과정에서 각운동량 보존의 예는 다음과 같다. 서로에 대해서 오비탈 각운동량을 가지고 있지 않음으로써 오비탈 각운동량이 0이고, 서로 반대 방향을 향한 스핀을 가지고 있음으로써 총 스핀 각운동량이 0인 전자와 양전자를 생각해보자. 그런 전자와 양전자가 소멸되면서 2개의 광자가 만들어질 수 있다. 그렇게 만들어진 광자들의 총 각운동량도 역시 소멸 현상이 생기기 전과 마찬가지로 0이 된다. 그러나 광자는 스핀 1을 가지고 있기 때문에 두 광자의 스핀은 반드시 반대쪽을 향하고 있어야 한다는 결론을 내릴 수 있다. 그래야만 스핀 1 더하기 스핀 1이 0이 될 수 있기 때문이다.

각운동량의 결합에 대한 설명을 완성하기 위해서는 또 하나의 중요한 법칙이 필요하다. 그 법칙은 세 부분으로 구성되어 있다. 첫째, (0, 1, 2, 3 처럼) 정수의 각운동량들이 결합한 결과도 역시 정수의 각운동량이 되어야만 한다. 따라서 2와 3을 결합하면 여러 가능성이 있겠지만 1 또는 4 또는 5가 될 수 있다. 둘째, (1/2, 3/2, 5/2처럼) 홀반정수의 각운동량이 정수의 각운동량과 결합할 때의 결과는 홀반정수가 되어야 한다. 예를 들어 1/2과 2가 결합되면 결과는 3/2 또는 5/2가 될 수 있다. 셋째, 마지막으로 홀반정수의 각운동량 2개가 결합한 결과는 정수의 각운동량이 된다. 1/2의 스핀 2개가 결합되면 총 스핀 각운동량이 0이나 1이 되는 전자-양전자 결합이 그런 예가 된다.

원자보다 작은 세계에서 흔히 사용하는 측정의 크기와 단위는 부록 B의 표 B.2에 정리되어 있다.

제4장

양자 덩어리와 양자 도약

22. 어떤 것이 덩어리일까(어떤 것이 덩어리가 아닐까)?

입자의 모든 고유 성질은 당연히 덩어리 형태이다. 즉 양자화되어 있다. 그런 성질들 중에는 입자의 질량, 전하, 스핀이 포함되고, 지금까지 설명하지 않았던 (또는 언급만 했던) 경입자(렙톤) 수, 바리온 수, 색 전하와 같은 성질도 있다. 입자의 특성을 나타내기 때문에 입자의 성질을 완전히 변화시키지 않고서는 변할 수 없는 모든 것은 양자화되어 있다. 반대로 구속되지 않은 상태로 움직이는 입자는 연속적이고, 양자화되어 있지 않다. 자유롭게 움직이는 입자는 모든 값의 속도나 운동량이나 운동 에너지를 가질 수 있다. 자동차를 생각해보자. 4개의 자동차 타이어는 양자화된 입자의 성질과 마찬가지로 "덩어리 상태" 에 있다고 할 수 있다. 자동차는 3.3이나 4.5개의 타이어를 가질 수 없다. 그렇다면 자동차를 개조해서 바퀴를 3개로 줄이거나 6개로 늘일 수도 있을 것이다. 그렇게 할 수는 있겠지만, 그 결과에서는 본래의 자동차와 아무 유사성도 찾아볼 수 없을 것이다. 그런 일은 전자를 뮤온으로 바꾸는 것과 마찬가지이다. 전혀 새로운 결과가 만들어진다. 더욱이 개조를 한 후에도 타이어의 수는 분수가 아니라 정수가 된다. 그리고 개조 여부에 상관없이 자동차는 고속도로에

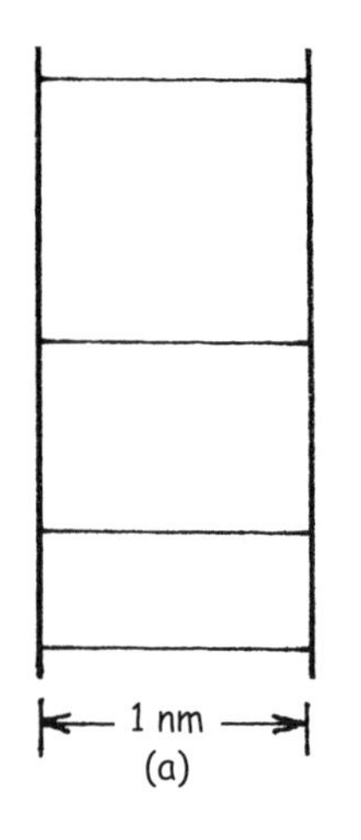

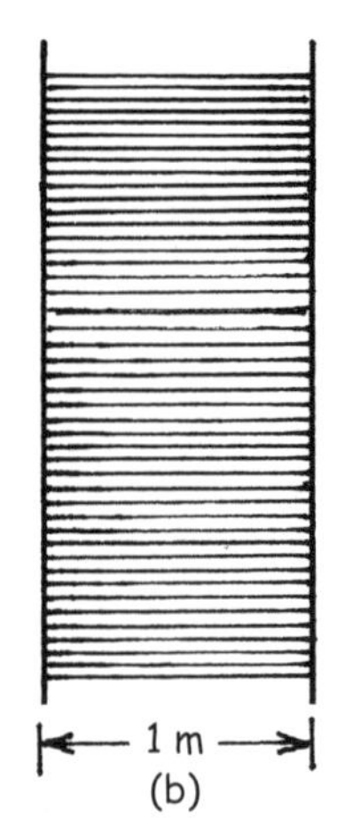

그림 11. 벽 사이에 갇힌 분자의 에너지 레벨. (a) 1나노미터 간격의 벽, (b) 1미터 간격의 벽. 현실적으로 (b)의 경우에는 레벨들을 분리시켜 구분할 수가 없다.

서 어떤 속력으로도 운행할 수 있고, 어떤 거리라도 주행할 수 있다. 속도와 거리는 "연속적인" (비양자적인) 특성을 가지게 된다.

예를 들면, 원자에 들어 있는 전자나 원자핵에 들어 있는 양성자처럼 움직임이 제한되는 경우에는 그런 움직임과 관련된 일부 성질들이 양자화된다. 원자에 들어 있는 전자는 특정한 질량, 전하, 스핀을 가지고 있을 뿐만 아니라, 운동 에너지와 각운동량도 덩어리 형태가 된다. 질문 66에서는 전자의 파동성이 구속된 상태에서 나타나는 덩어리성을 설명할 수 있는지에 대해서 이야기할 것이다. 개방된 도로에서는 어떤 속력으로도 달릴 수 있는 자동차가 타원형의 경주로를 달릴 때는 속도가 특정한 값으로 제한되는 것과 마찬가지이다.

일반적인 법칙에 따르면, (입자의 움직임이 하나의 입자나 작은 공간 영역으로) 구속된 성질들은 덩어리 형태로 양자화가 된다. (자유롭게 움직이는 입자의 속력처럼) 구속되지 않은 성질들은 연속적이어서 양자화되지 않는다. 이제 민감한 경우이다. 정말 구속되지 않은 입자는 존재하지 않는다. 입자의 움직임에는 언제나 어느 정도의 한계가 있다. 그렇다면 입자의 모든 성질은 양자화되어 있다는 뜻일까? 원칙적으로는 그렇지만, 현실적으로는 그렇지 않다.

거실 벽에 의해서 갇혀 있는 공기 속의 산소 분자를 생각해보자. 분자들이 다른 분자들과 자주 충돌한다는 사실을 충분히 고려하지 않는 물리학자는 분자의 허용된(양자화된) 에너지를 계산할 수 있다(그림 11 참고). 에너지 사이의 간격이 너무 좁아서 현실적으로는 허용된 에너지와 다음 에너지의 차이를 구분하는 것이 불가능하다. 가까이 있는 에너지 값들을 통해서 연속적으로 도약하는 경우를 에너지가 연속적으로 변하는 경우와 현실적으로 구별할 수가 없다. 에너지 값이 양자화되어 있다는 사실이 현실적으로는 아무 차이도 만들지 못한다. 분자의 움직임을 설명하는 데는 고전물리학으로써도 충분하다.

거시 세계에서의 예가 더 있다. 초등학생들의 축구 경기에서 사이드라인에 서 있다가 달려가는 학생을 보려고 몸을 돌리는 경우를 생각해보자. 몸을 회전시키면 최솟값이 ħ의 정수배가 되어야만 하는 각운동량이 생긴다. 그렇지만 정수의 값은 얼마나 될까? 아마도 1조의 1조의 십억 배(10^{33})! 물리학을 전공하는 학생이라면, 몸을 돌리는 속도를 아주 느리게 하면 각운동량의 양자적 성질이 드러나게 될 것이라고 생각할 수 있을 것이다. 그러나 가능성이 없는 일이다. 고전적인 세계에 갇혀버렸기 때문이다. 몸은 그냥 두고, 한 시간에 걸쳐서 머리만 왼쪽에서 오른쪽으로 돌리더라도 각운동량은 ħ보다 1조의 1조 배나 더 크게 된다. 각운동량을 1 양자 단위만큼 증가시키거나 감소시키는 일도 불가능하고, 그런 변화를 감지하는 것도 불가능하다.

이런 예에도 불구하고 거시 세계에서도 양자 효과를 느낄 수 있는 경우가 있다. 질문 2에서 설명했던 초전도 현상이 그런 경우이다. 금속에서 전자의 행동이 실용적으로 의미가 있는 중요한 예가 된다. 금속에는 엄청나게 많은 수의 전자들이 개별적인 원자와의 결합에서 해방되어 금속 내부를 자유롭게 돌아다닌다. 앞에서 설명한 거실에 있는 산소 분자와 마찬가지로 전자도 아주 비슷한 성격의 에너지를 가진다. 가능한 에너지 값의 숫자가 엄청나게 많지만, 전자들의 수도 엄청나게 많다. 그런데 질문 25에서 설명하게 될 배타 원리(排他原理) 때문에 (전자의 두 가지 스핀 방향에 해당하는) 두 개의 전자만이 같은 에너지 값을 가질 수 있다. 그래서 전자들은 큰 에너지를 가지면서 "더미로 쌓이게(pile up)" 된다. 인접한 에너지 상태들 사이의 간격은 전자 볼트보다 훨씬 더 작지만, "더미(pile)"의 꼭대기에 있는 전자들은 몇 전자 볼트의 에너지를 가지게 된다. 전기를 쉽게 흘려주는 금속의 성질을 설명해주는 것이 바로 배타 원리에 의해서 큰 에너지를 가지게 되는 전자들이다.

23. "운동 상태"는 무엇일까?

고전역학의 세계에서 물체의 운동에 대한 설명은 그 물체가 어디에 있고, 얼마나 빨리 움직이고, 어떤 방향으로 움직이는지를 밝히는 것이다. 휴대폰을 꺼내 친구에게 전화를 건 후에 "내 운동 상태는 이렇다. 나는 45번가와 매디슨 가의 북서쪽 모퉁이에서 매디슨 가를 따라 북쪽으로 시속 2마일로 움직이고 있다"고 설명할 수 있다. 이야기를 들은 친구는 그런 운동의 운동량과 운동 에너지를 계산할 수 있다. 양자역학의 세계에서는 그런 설명이 허용되지 않는다. 입자의 위치를 정확하게 정할 수도 없고, 운동의 속력이나 방향도 마찬가지이다. 그렇다고 모든 것이 애매한 것은 아니다. 에너지와 각운동량과 어쩌면 스핀 축의 방향처럼 입자의 움직임에 대한 어떤 "전반적인" 성질들은 정확하게 알아낼 수 있다. 그런 전반적인 성질들이 우리가 **운동 상태**(state of motion)라고 부르는 것을 정의해준다. 거시 세계로 되돌아가면, 자동차에서 친구에게 전화를 걸어서 "내 운동 상태는 이렇다. 나는 지금 어퍼 이스트 사이드의 2 블록 구역에서 주차할 곳을 찾으려고 평균 시속 10마일의 속력으로 돌아다니고 있다"고 말하는 것과 같다.

운동 상태의 개념은 닐스 보어가 수소 원자에 대한 1913년의 유명한 논문에서 "정상 상태(定常狀態, stationary state)"를 통해서 제시한 것이었다. "정상"이라고 해서 움직임이지 않는다는 뜻은 아니다. 전자가 그런 운동 상태에 있는 동안에는 에너지와 각운동량과 같은 운동의 일부 성질들이 일정하게 유지된다. 그런 시간은 짧을 수도 있고, 길 수도 있다. 그러나 보어의 이야기에서 전자는 하나의 운동 상태에서 다른 상태로 마음대로 옮겨 다니지 않는다. 전자가 갑자기 다른 상태로 도약을 할 때까지는 그 성질이 고정된 상태로 유지된다.

보어는 원자(그리고 우리가 알고 있듯이 원자핵이나 다른 구속된 시스템) 속에서 에너지가 가장 낮은 상태로 존재한다는 사실도 알고 있었다. 그런 상태를 **바닥 상태**(ground state)라고 부른다. 그런 상태에 있는 입자도 에너지를 가지고 있기는 하지만, 그런 에너지는 쓸모가 없다. 모든 가능한 에너지가 빠져나간 후에도 입자가 여전히 가지고 있다는 뜻에서 **영점 에너지**(zero-point energy)라고 부르기도 한다. 절대 온도 0도에 있는 물체는 영점 에너지 이외에는 다른 에너지를 가질 수 없다. 영점 에너지 때문에 영구 운동과 같은 것이 실제로 존재하기도 한다.

보어는, 바닥 상태에 있지 않은 원자는 더 큰 에너지를 가진 "들뜬 상태

(excited state)"에 있게 된다는 사실도 알고 있었다. 들뜬 상태는 단순히 바닥 상태보다 더 많은 에너지를 가진 운동 상태이다. 원자마다 실제로 무한히 많은 수의 들뜬 상태가 있다. 처음 몇 개의 들뜬 상태는 바닥 상태와 에너지가 충분히 달라서 불연속성이 분명하게 나타난다. 양자적 성격이 분명하게 드러난다는 뜻이다. 그러나 에너지가 커질수록 상태들은 점점 더 가까워져서 결국에는 "연속체(continuum)"처럼 보이게 되고, 고전물리학이 예상하는 것처럼 된다(질문 3 참고).

물질의 파동성이 운동의 정상 상태가 존재하는 이유를 밝히는 데에 도움이 된다. 파동과 정상 상태 사이의 연결을 아주 간단하게 설명할 수 있다. (질문 67에서 더 자세하게 설명할 것이다.) 우리는 피아노나 하프의 줄이나 플루트나 나팔의 공기가 특정한 진동수로 진동하여 특정한 음정을 만든다는 사실을 알고 있다. 더 구체적으로 나팔을 생각해보자. 나팔수는 서로 다른 방법으로 나팔을 불어서 나팔 안에서 서로 다른 파동 패턴이 생기도록 하여 다양한 음정을 만든다. 각각의 음정은 사실상 음악적인 "정상 상태"인 셈이다. 나팔수가 아무 음정이나 만들어낼 수 있는 것은 아니다. 특정한 진동에서 허용되는 음정만을 낼 수가 있다. 마찬가지로 원자의 전자와 관련된 파동도 특정한 방법으로만 진동할 수 있고, 그런 허용된 진동이 정상 상태를 만들어준다.

실제로 나팔과 수소 원자 사이에는 놀라울 정도로 비슷한 점이 있다. 나팔이 낼 수 있는 가장 낮은 음정에 해당하는 "바닥 상태"가 있다. 두 번째 음정은 첫 번째 음정과 충분히 떨어져 있고, 세 번째 음정은 두 번째에서 조금 덜 떨어져 있다. 나팔수가 점점 더 높은 음정을 만들어낼 때마다 음계에서의 간격은 점점 더 비슷해진다. 수소 원자에서 매우 높게 들뜬 상태들이 점점 더 비슷한 에너지를 가지게 되는 것과 마찬가지이다.

24. 들뜬 운동 상태에 있는 수소 원자는 다른 상태에 있는 원자와 같은 원자일까 아니면 전혀 다른 원자일까?

이 문제는 미묘하고, 심오한 것이다. 이 책에서 나는 가끔씩 안전 벨트를 조일 것을 요구할 것이다. 지금이 바로 그런 때이다.

당신은 "글쎄 들뜬 상태에 있는 원자도 여전히 동일한 원자이다. 그 에너지가 변했고, 그 결과로 질량도 아주 조금 바뀌었지만, 여전히 똑같은 전자가 똑같은 양성자 주위를 움직이고 있다"고 말하고 싶을 것이다. 그렇지 않으면, 집에 페인트를 칠했다고 해서 다른 집이라고 부르는 것과 같아져 버린다. 대부분의 물리학자와 화학자들은 실제로 들뜬 원자를 동일한 원자의 다른 상태로 취급해야 한다고 생각할 것이다. 그런 식으로 생각하면 모든 것이 잘 들어맞는다. 그렇게 생각하는 것이 편리하기도 하다. 그러나 심오한 수준에서는, 어느 특정한 면에서 다른 개체와 구별되는 모든 개체는 분명하게 구별되는 개체이다. 원칙적으로 양자물리학에서는 (1) 높은 에너지 상태에서 낮은 에너지 상태로 도약하면서 광자를 방출하는 원자와, (2) 스스로 뮤온으로 변환되는 과정에서 뉴트리노(neutrino, 中性微子)를 방출하는 파이온을 구분하지 않는다. 후자에 대해서는 누구나 파이온, 뮤온, 뉴트리노가 서로 다른 입자이고, 그중 어느 하나가 사라지면(소멸되면), 다른 두 입자가 나타난다(생성된다)는 사실에 동의할 것이다. 수소 원자가 광자를 방출하기 전과 후에 서로 다른 두 개의 상태로 존재한다고 생각하는 것이 아무리 편리하고 "명백하다"고 하더라도, 양자물리학의 논리에서는 실제로 들뜬 상태의 원자와 바닥 상태의 원자와 광자는 분명하게 구별되는 세 가지 개체이고, 들뜬 원자가 사라지면서(소멸되면서), 바닥 상태의 원자와 광자가 등장하게 된다(생성된다).

엄격하게 말해서, 양자물리학에서는 수소 원자가 양성자와 전자로 "구성되어 있다"고 말하는 것조차 허용되지 않는다. 파이온이 뮤온과 뉴트리노로 구성되어 있다고 말하는 것이 허용되지 않는 것과 마찬가지이다. 가상적으로는 양성자와 전자를 빈 상자에 떨어뜨리면, 잠시 후에 상자에 수소 원자가 들어 있게 된다. 그런데 수소 원자의 질량은 본래 입자들의 질량을 합친 것과 같지 않다. 수소 원자의 질량이 조금 작을 것이다. 더욱이 수소 원자에 들어 있는 양성자나 전자와 같은 입자들의 질량을 구분해서 측정할 수 있는 방법이 없다. 이런 이야기가 사소한 것에 지나치게 신경을 쓰는 것이라고 할 수도 있고, 어떤 사람이 걸어 들어간 집은 더 이상 집과 사람이 더해진 것이 아니라 전혀 새로운 대상이 된 것이라고 말하는 이상한 사고방식이라고 생각할 수도 있다. 그런데 양자물리학자는 "실제로 그렇다"라고 할 수밖에 없다. 양자물리학자는 뮤온과 뉴트리노를 가상적인 빈 상자 속에 넣는 경우에 대해서 생각해보라고 할 것이다. 시간이 지나면 상자 속에 파이온이 들어 있을 수 있다. 그러나 파이온의 질량은 두 입자의 질량을 합친 것과는 다를 뿐만 아니라 다른 성질들도 크게 다르기 때문에 우리는 파이온이 뮤온과 뉴트리노로 구성되어 있다고 말하기가 어렵다. 한 사람이 걸어 들어간 집이 집에 한 사람이 더해진 것이 아니라 전혀 새로운 무엇이라고 말하는 것은 상식에는 맞지 않지만, 양자물리학이 상식을 벗어난 것은 그 정도가 아니다.

이 정도로 이야기를 했으니, 이제는 독자들에게 물리학자들이 실제로 수소 원자가 양성자와 전자로 구성되어 있다고 말하고, 들뜬 상태의 원자와 바닥 상태의 원자가 똑같은 것의 두 가지 상태라고 말한다는 사실을 밝혀야만 한다. 모두가 한 상태와 다른 상태 또는 한 개체와 다른 개체 사이의 부분적 변화와 관련된 것이다. 전자와 양성자가 결합해서 수소 원자를 만들거나 원자가 바닥 상태에서 들뜬 상태로 올라갈 때처럼

(예를 들어 질량의) 부분적 변화가 아주 작은 경우에는 원자를 복합체(composite)로 생각하고, 들뜬 상태를 동일한 원자라고 생각하는 것이 유용하고 적절하다. 그러나 한 상태에서 다른 상태로의 변화나 한 개체에서 다른 개체로의 변화가 충분히 클 때는 서로 다른 개체를 다루고 있다는 엄격한 양자적 해석을 받아들이는 것이 더 적절하다.

25. 양자수는 무엇일까? 양자수를 합치는 규칙은 무엇일까?

덩어리 상태로 존재하는 것은 무엇이나 번호를 붙일 수 있다. 만약 자동차가 정확하게 시속 10마일이나 20마일이나 30마일 등으로만 달릴 수 있고, 그 중간의 속도로는 달릴 수 없는 경우에는 속력에 속력 1, 속력 2, 속력 3 등과 같이 번호를 붙일 수 있다. 실제 그런 것처럼 원자에 들어 있는 전자의 오비탈 각운동량은 0, $\hbar$, $2\hbar$, $3\hbar$, $4\hbar$ 등의 값만을 가질 수 있기 때문에 그런 값에 0, 1, 2, 3, 4와 같은 정수로 표지를 붙일 수 있다. 양자화된 성질을 구별해주는 그런 숫자들을 양자수(quantum number)라고 부른다. 사실 오비탈 각운동량이 2 또는 3 또는 다른 어떤 정수라고 말할 때는 각운동량이 그 정수에 $\hbar$를 곱한 것을 뜻한다고 이해하는 것이 상식이다.

오비탈 각운동량 양자수를 나타내는 표준 기호는 ℓ(이탤릭체 l)이고, 0이나 양의 정수라는 것이 규칙이다.

$$\ell = 0, 1, 2, \ldots$$

수소 원자의 바닥 상태의 경우에는 $\ell = 0$으로 밝혀졌다. 첫 번째 들뜬 상태에서 ℓ은 0 또는 1이다. 두 번째 들뜬 상태에서는 ℓ이 0 또는 1 또는

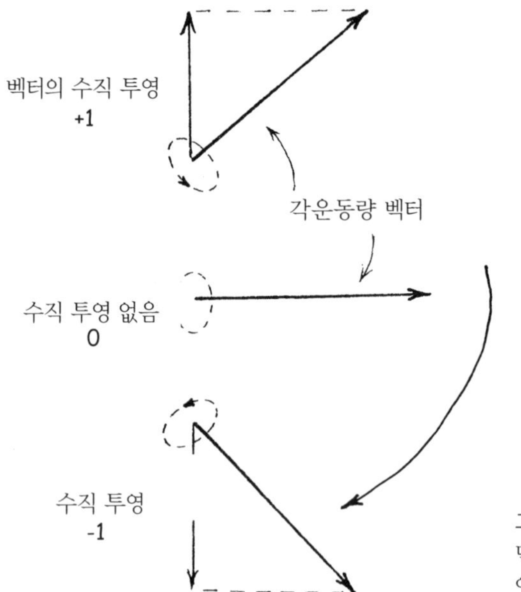

그림 12. 오비탈 각운동량이 1 단위인 경우에는 세 가지 방향이 가능하다.

2가 될 수 있다. ℓ이 얼마나 큰 값이 될 수 있는지에는 한계가 없다. 그 값이 충분히 커지면 대응 원리가 작동해서 양자 행동은 고전적인 행동과 비슷해지기 시작한다. $\ell=1$에서 $\ell=2$로 가면 100 퍼센트의 변화이지만, $\ell=100$에서 $\ell=101$로 가면 1퍼센트의 변화가 되고, 작은 변화 때문에 준(準)고전적인 행동이 나타나게 된다는 사실로부터 그런 사실을 확인할 수 있다.

이제 각운동량의 참으로 독특한 특징에 대해서 살펴보자. 크기만 양자화되어 있는 것이 아니라 방향도 양자화되어 있다. 더 구체적으로 말해서, 각운동량에서 주어진 방향의 성분은 특정한 값만 가질 수 있고, 그런 값들은 정확하게 $\hbar$의 단위만큼씩 다르다. 어떻게 그렇게 되는지는 그림 12에서 볼 수 있다. 전자가 1 단위($\hbar$)의 오비탈 각운동량을 가지고 있으면,

그런 각운동량의 성분은 ħ만큼씩 떨어진 3 가지 값인 ħ, 0, 또는 -ħ이 될 수 있다. 어설프게 말하면, 이 경우에 전자의 각운동량은 위, 아래, 그리고 수평 방향이 될 수 있다. 그림 13에서처럼 각운동량이 2ħ가 되면 다섯 가지 방향이 가능하다. 각운동량 성분도 덩어리이기 때문에 그 성분에도 양자수를 부여할 수 있다. 우리는 그 양자수를 m_ℓ이라고 부른다. 그 값은 ℓ에서 $-\ell$ 사이에서 1 단위의 간격을 가진다. 따라서 각운동량이 1 단위일 때에는 m_ℓ은 1, 0, 또는 -1이 될 수 있다. 각운동량이 2 단위일 때에는 m_ℓ은 2, 1, 0, -1 또는 -2가 될 수 있다.

그런데 물리학자(또는 원자)는 어느 방향이 위인지를 어떻게 결정할까? 누가 또는 무엇이 성분들을 측정하기 위해서 필요한 축을 선택할까? "아무 상관이 없다"는 것이 놀라운 답이다. 어떤 축을 따라 각운동량의 성분을 측정하거나 상관없이 정수의 양자 값이 얻어지기 때문이다. 첫 번째 축과 임의의 각도로 기울어진 다른 축을 따라 측정을 하면, 그 값이 같을 필요는 없지만 또다시 정수의 양자 값이 나타나게 된다. 양자론에 의하면, 측정하지 않을 때에는 그 성분이 무

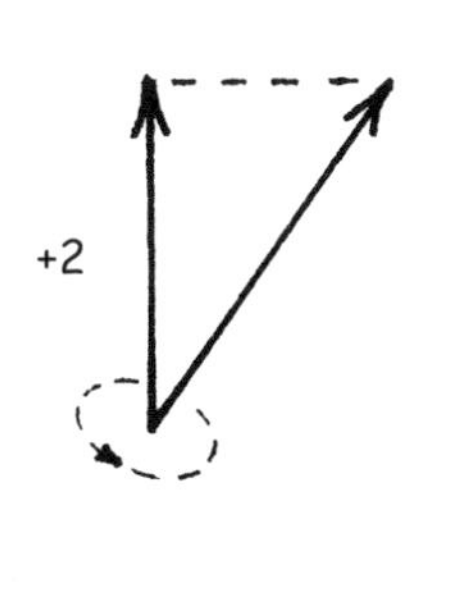

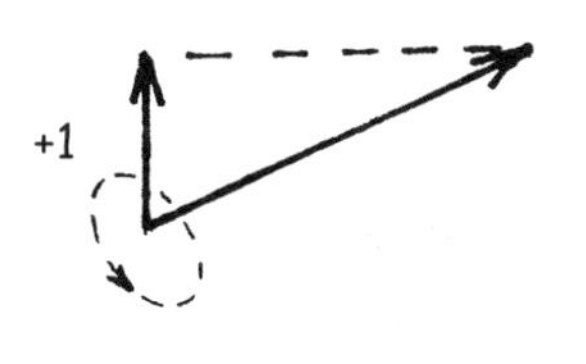

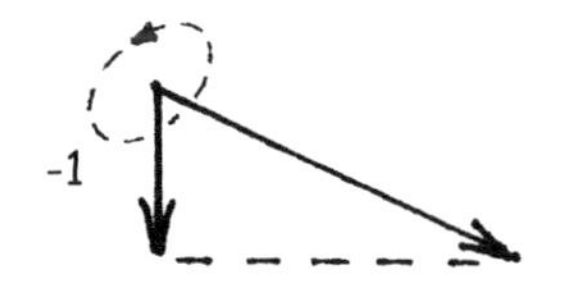

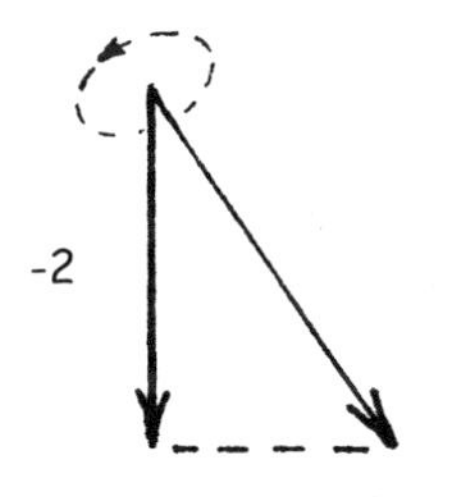

그림 13. 각운동량이 2 단위이면, 1단위씩 떨어진 5가지 방향이 가능하다.

엇인지를 말할 수가 없다. 예측도 불가능하고, 알아낼 수도 없다. 그것은 양자물리학의 모든 아이디어들 중에서 가장 놀라운 것 중 하나인 겹침(superposition)의 결과이다. 시스템은 동시에 둘 이상의 운동 상태로 존재할 수 있다는 것이다. 그런 법칙을 각운동량에 적용하면 지구 주위를 공전하는 인공위성이 적도로부터 다양한 각도로 기울어진 몇 개의 서로 다른 궤도를 따라 동시에 움직인다는 뜻이 된다. 겹침의 아이디어에 대해서는 질문 76에서 더 자세하게 설명할 것이다.

원자에 들어 있는 전자의 경우에는 n으로 나타내고, 주양자수(principal quantum number)라고 부르는 세 번째 양자수가 있다. 아마도 이 양자수는 1913년 보어에 의해서 처음 확인된 최초의 양자수였기 때문에 주양자수라고 부르게 되었을 것이다. 원자의 바닥 상태에는 n=1의 값을 부여했고, 첫 번째 들뜬 상태에는 n=2, 두 번째 들뜬 상태에는 n=3 등의 값을 사용했다. 오늘날 우리는 n의 진정한 의미를 이해하고 있다. 주양자수는 원자에서 안과 바깥쪽(지름 방향)과 둘레 방향(접선 방향)으로 일어나는 전자 파동의 진동 횟수를 나타낸다. 예를 들면, 양자수 n이 20인 경우에는 전자 파동이 지름(원자핵으로부터 안과 바깥) 방향으로는 20번을 진동하지만, 접선 방향(방위각[azimuthal] 방향이라고 부르기도 한다)으로는 진동이 없이 연속적인 운동 상태가 된다. 그런 파동은 연못에 떨어진 돌에서 퍼져나가는 물결과 비슷하게 보인다. 원자핵 주위에 19번 진동하고, 지름 방향으로는 한 번 진동하는 n=20의 상태도 있다. 그런 파동은 수평 방향으로 펼쳐진 로프가 둘레를 따라 19개의 작은 봉우리와 계곡으로 뭉쳐져 있는 경우와 같다고 생각할 수 있다. 그런 두 운동 상태 사이에는 지름 방향과 둘레 방향의 파동성 진동이 다양하게 조합된 18개의 다른 상태가 존재한다. n=20인 경우에 모두 합쳐서 20개의 운동 상태가 있다(각각

1954년 스웨덴의 룬트에서 닐스 보어와 함께 팽이를 내려다보고 있는 볼프강 파울리(왼쪽). 파울리는 날카로운 비판으로 유명했다. 어느 혼란스러운 논문에 대해서는 "옳지 않을 뿐만 아니라 틀리지도 않았다"라고 비판하기도 했다. 파울리는, 나도 알고 있던 괴팅겐의 몇몇 이론학자들의 새로운 아이디어에 대해서 "완전히 말도 안 된다"는 편지를 보냈다가 일주일 후에는 완전히 돌아서서 축하 인사를 보냈다. 괴팅겐 실험실에서는 장비가 분명한 이유도 없이 망가진 이유를 "파울리 효과"라고 부르기도 했다. 실제로 당시 괴팅겐을 지나던 기차에 파울리가 타고 있었던 것으로 밝혀졌다. 중병에 걸려 취리히의 병원에 누워있던 파울리는 자신을 찾아온 조수에게 "내 방 번호를 보았는가? 137이라네"라고 말했다고 한다. (질문 94 참고) (사진 Erik Gustafson; AIP Emilio Segrè Visual Archives, Margrethe Bohr Collection) 제공

에 대해서 각운동량 양자수 ℓ의 고유한 값이 존재한다).

이런 논의에서 알 수 있듯이, 에너지가 가장 낮은 n = 1인 바닥 상태에서의 파동은 단 한 번의 진동으로 구성된다. (실제로는 원자의 한쪽 "가장자리"에서 작은 값으로 시작해서 원자의 중심에서 최대가 되고 다시 원자의 다른 쪽의 "가장자리"에서 줄어든다.) 그것은 대체로 특징이 없는 파동 "방울"이다. 어느 정도 자유롭게 움직일 수 있는 원자핵 안에 있는 양성자와 중성자의 경우도 역시 원자 안에 들어 있는 전자와 똑같은 양자수에 의해서 설명된다는 사실도 밝혀둔다.

보어의 선구적인 연구 이후 12년이 흐른 1925년에 물리학자들은 (비록 전자 상태의 파동성을 알아내지는 못했지만) 지금까지 설명한 n, ℓ, m_ℓ의 세 가지 양자수를 인정했고, 원자에서 전자의 구분되는 운동 상태들이 그

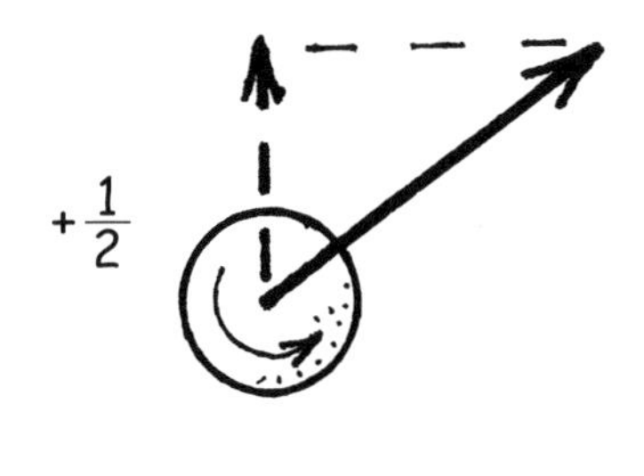

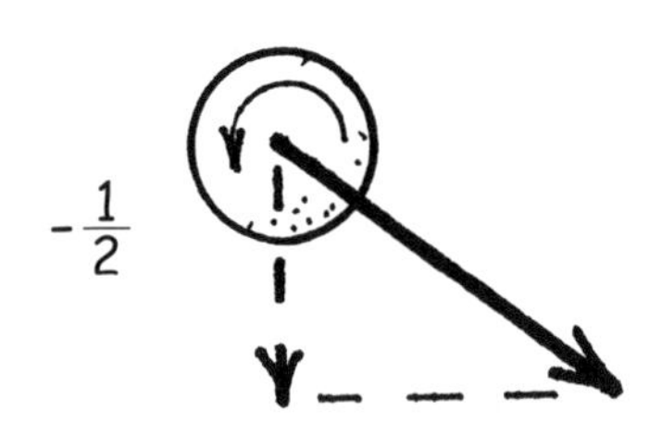

그림 14. 전자의 두 가지 방향은 1 단위만큼 차이가 나는 성분을 가지고 있다.

런 세 가지 양자수의 구체적인 조합으로 나타낼 수 있다는 사실을 이해했다. 그해에 (당시에 독일에서 일하고 있던) 스물다섯 살의 오스트리아 물리학자 볼프강 파울리는 양자 상태와 양자수에 대한 두 가지 놀라운 통찰을 제공했다. 첫째, 그는 2개 이상의 전자가 동시에 주어진 운동 상태를 차지할 수 없다는 가설인 배타 원리(排他原理, exclusion principle)라는 것을 정립했다. 2개의 전자가 동시에 같은 양자수를 가질 수 없다는 것과 같은 것이었다. 둘째, 그는 당시까지 밝혀진 원자 스펙트럼의 모든 것을 설명하기 위해서는 4번째 양자수가 필요하다는 사실을 알아냈다. 그는, 이 새로운 양자수는 켜고 끄는 스위치와 마찬가지로 오직 2개의 값만이 허용되는 이상한 성질을 가지고 있다고 밝혔다.

그 직후에 질문 21에서 소개했던 두 사람의 네덜란드 물리학자인 사무엘 하우트스미트와 조지 울렌벡이 바로 그 4번째 양자수가 무엇을 나타내는지에 대한 과감한 제안을 내놓았다. 바로 스핀, 더 구체적으로는 스핀의 방향이었다. 그들에 따르면, 전자는 1/2 단위의 스핀을 가지고 있어야만 한다. 그러나 각운동량의 성분들은 1 단위만큼씩 변해야 한다는 양자 법칙에 따라서 전자 스핀은 (실제로 1단위만큼 다른) +1/2과 -1/2의 성분에 해당하는 두 가지 방향만 가질 수 있다. 전자의 두 가지 가능한 스핀 방향을 그림 14에 나타냈다. 양자화된 양인 스핀에 양자수를 부여할

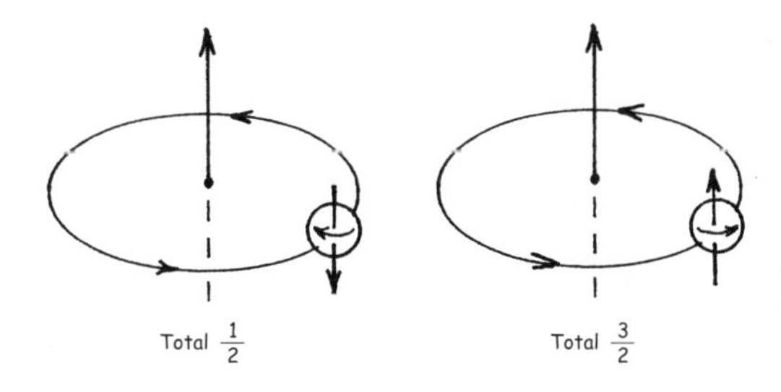

그림 15. 1단위 오비탈 각운동량을 가진 전자의 총 각운동량은 1/2이나 3/2 단위가 될 수 있다.

수가 있고, 우리는 그런 양자수를 s라고 부른다. 그러나 질량이나 전하와 마찬가지로 양자수 s는 전자의 고정된 성질이고, 한 가지 값만 가지기 때문에 굳이 추적을 할 필요가 없다. 그러나 방향 양자수(m_s)는 두 가지 값을 가질 수 있다. 그것이 바로 파울리의 4번째 양자수이다.

따라서 원자 안에서 어떤 특정한 운동 상태를 차지하고 있는 전자는 n, ℓ, m_ℓ, m_s의 4가지 양자수로 표현된다. 원자핵 주위를 움직이는 양성자와 중성자도 역시 1/2 단위의 스핀을 가지고 있기 때문에 같은 세트의 양자수에 의해서 표현된다.

질문 21에서는 각운동량을 결합시키는 법칙에 대해서 설명했다. 그림 15는 그런 법칙 중 하나가 오비탈 각운동량 1과 스핀 각운동량 1/2을 가진 전자에 적용되는 경우를 보여준다. 그런 전자의 총 각운동량은 1/2(두 가지 방향이 가능)이나 3/2(네 가지 방향이 가능)이 될 수 있다.

26. 양자 도약은 무엇일까?

뒤로 돌아가서 1913년에 닐스 보어는, 여전히 사용되고 있으면서 지금도 놀라운 것으로 여겨지고 있는 양자물리학의 가장 중요한 아이디어 몇 가지를 제시했다. 그중 하나가 바로 하나의 운동 상태(보어의 표현에 따르면, 정상 상태)에서 다른 상태로 갑자기 변화하는 양자 도약(quantum jump)의 아이디어이다. "이보다 더 괴상한 것이 무엇이 있을까?"라고 생각할 수도 있을 것이다. 주차할 곳을 찾아 맨해튼의 어퍼 이스트 사이드의 거리를 맴돌던 운전자가 한 곳에서 다른 곳으로 옮겨가지도 않았는데 갑자기 그리니치 빌리지의 워싱턴 스퀘어 주위에서 운전을 하고 있는 자신을 발견하는 것과 같은 일이다. 보어의 논문에서 이런 아이디어를 처음 보았던 보어의 스승 어니스트 러더퍼드는 당연히 몹시 불편하게 느꼈다. 그는 보어에게 "전자가 미리부터 어디에서 멈출 것인지를 알고 있다는 가정을 사용한 것으로 보인다"는 편지를 보냈다.* 러더퍼드는 "언제 도약을 할 것인지도"라는 말을 덧붙일 수도 있었을 것이다. 언제, 어디로 도약할 것인지를 미리부터 알 수는 없다. 보어가 아이디어를 제시한 후 거의 한 세기 동안 물리학자들은 계속해서 양자 도약에 대해서 곱씹어야 했다. 알베르트 아인슈타인도 그 아이디어를 좋아하지 않는다고 반복적으로 지적했고, 다른 물리학자들도 사실상 "글쎄, 우리도 역시 좋아하지는 않지만, 그것이 양자 세계의 현실이다"라고 했다.

양자 도약을 다른 전이와 구별할 수 있도록 해주는 것은 그것이 자발적이라는 사실이다. 아무 원인이 없이 일어난다. 아무것도 그런 도약을 촉발시키지 않는다. 그저 일어날 뿐이다.† 예측할 수 없는 돌발성에도 불구하고 양자 도약은 다른 모든 법칙을 따른다. 특히 에너지와 전하와 각운동량과 같은 다양한 양들이 보존된다. 즉 도약이 일어난 후에도 일어나기 전과 똑같다. 예를 들어, 원자 속에 들어 있는 전자가 높은 에너지의 운

* 당시에 보어는 덴마크에 있었고, 러더퍼드는 영국에 있었다. 당시에는 우편으로 연락을 했고, 큰 바다를 건널 필요가 없는 경우에는 우편이 지금보다 훨씬 더 빨랐다.
† "자극 방출"이 이 법칙의 예외가 된다. 질문 80 참조.

1930년 스위스 호수의 증기선에서 볼프강 파울리와 함께 서 있는 조지 가모프(왼쪽)(1904–1968). 당시 두 사람은 모두 20대였지만, 물리학에 중요한 기여를 했다. 그들의 성격은 옷차림만큼이나 서로 달랐다. (사진 Niels Bohr Archive, Copenhagen 제공)

동 상태에서 낮은 에너지의 운동 상태로 도약을 하면, 에너지 차이에 해당하는 에너지를 가진 광자가 방출된다. (보어 자신은 여전히 아인슈타인의 광자에 대한 개념을 받아들이지 않았지만, 원자의 에너지 손실이 복사에 추가되는 에너지에 의해서 보상된다는 사실은 인정하고 있었다.)

오늘날 우리는 처음 제시되었을 때와는 다른 의미에서 양자 도약을 이해하고 있다. 높은 에너지 상태에서 낮은 에너지 상태를 향해서 일어나는 모든 자발적 도약은 광자 방출에 상관없이 양자 도약이다. 예를 들면, 방사성 원자핵은 갑자기 알파 입자를 방출하면서, 자신은 양성자와 중성자가 각각 2개씩 적게 들어 있는 다른 원자핵으로 변환된다. 초기와 최종 상태의 에너지 차이(실제로는 질량 차이)는 방출된 알파 입자의 운동 에너지(그리고 훨씬 더 작은 정도이지만 튕겨나가는 원자핵의 운동 에너지)가 된다. 불안정한 입자의 붕괴도 역시 언제 그런 일이 일어날 것인지에 대한 예측이 불가능하고, 때로는 붕괴의 결과물이 무엇이 될 것인지도 예측할 수 없는 양자 도약이다. 예를 들면, 파이온이 사라지고, 파이온이 있던 곳에서 뮤온과 중성미자가 떨어져 나가면, 그것도 역시 양자 도약이다.

1928년 당시 코펜하겐에서 일하고 있던 러시아 물리학자 조지 가모프* 와 (각각 영국인과 미국인이었던) 로널드 거니와 에드워드 콘던†은 방사성 알파 붕괴에 대한 이론을 제시하면서 장벽 침투(barrier penetration) 즉 터널 현상(tunneling)이라는 새로운 양자 도약의 개념을 내놓았다. 고전물리학에 따르면, 침투할 수는 없는 장벽이더라도 그것을 통과하는 과정에서 에너지가 방출된다면 홀을 뚫고 자발적인 양자 도약이 일어날 수 있다. 알파 붕괴에서는 바로 그런 장벽 침투가 일어나고, 주사(走査) 터널 현미경(scanning tunneling microscope)이나 터널 다이오드(tunneling diode)와 같은 일부 현대적 디바이스에서도 그런 일이 나타난다.

27. 양자물리학에서 확률의 역할은 무엇일까?

간단하게 답을 하면 "주역(主役)"이다. 양자물리학이 일반 상식과 맞지 않는 경우는 대부분 확률과 관계가 있다. 수소 원자에서 들뜬 상태에 있는 전자를 생각해보자. 그림 16에서 볼 수 있듯이, 전자는 언제 도약을 할 것이고, 더 낮은 에너지 상태가 2개 이상 있을 경우에 어느 상태로 도약

* 나는 1950년 로스 알라모스에서 가모프를 알게 되었다. 그때는 이미 물리학자로서의 명성은 물론 그의 개구쟁이 같은 유머와 독주 음주로 유명했다. 그는 함께 일하던 사람들에게 훌륭한 아이디어와 함께 가벼운 분위기도 제공했다.

† 훗날 콘돈은 워싱턴의 국립표준원의 원장이 되었지만, 조지프 메카시 상원위원과 충돌하여 공직을 떠나 기업 연구소를 거쳐 대학의 교수가 되었다. 언젠가 그가 "어떤 사람들이 있는지를 물어보지 않은 채 내가 인정할 수 있는 목표를 가진 모든 기관에 근무했던 것이 내 문제였다"고 말하는 것을 들은 적이 있다.

할 것인지의 두 가지를 "결정해야" 한다. 두 가지 "결정"이 모두 확률에 의해서 지배된다. 양자 물리학자들은 전자가 더 낮은 두 에너지 상태로 도약할 가능성을 모두 계산할 수 있고, 전자가 도약하기까지 들뜬 상태에 남아 있게 될 평균 시간도 계산할 수 있다. (방사성 원자핵처럼 더욱 복잡한 경우에 대해서는 확률을 계산하는 방법을 알지 못한다. 그러나 우리는 그런 확률이 반드시 존재할 뿐 아니라 앞으로 일어날 일도 지배한다는 사실을 알고 있다.)

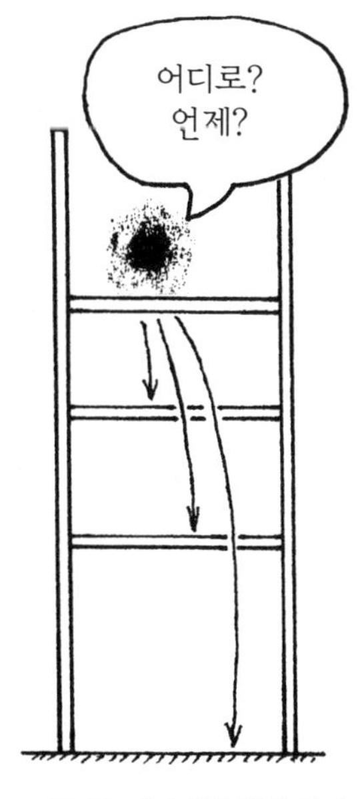

그림 16. 어디에서 언제 양자 도약이 일어나는지는 확률에 의해서 지배된다.

언제 어디로 양자 도약이 일어날 것인지는 확실하지 않지만, 확실한 것이 한 가지 있다. 주어진 들뜬 상태에 있는 같은 종류의 모든 원자들은 그 상태에 있는 다른 모든 원자와 똑같은 확률에 의해서 지배된다는 것이다. 만약 100만 개의 원자들이 모두 특정한 들뜬 상태에 있다면, 그 원자들은 모두 100만 개의 서로 다른 시각에 더 낮은 에너지 상태 쪽으로 도약을 할 것이다. 그러나 그런 원자들 각각은 변할 수 없는 똑같은 확률에 의해서 지배된다. 100만 개 원자들의 수명을 측정해서 평균값을 계산하면 바로 그 특정한 상태의 "평균 수명"을 얻게 된다. 그런 후에 100만 개의 다른 원자들을 이용해서 실험을 반복하고, 다시 수명의 평균값을 계산하면, (아주 비슷할 정도로) 똑같은 평균 수명을 얻게 될 것이다. 평균 수명은 그 상태 속에 내재된 특징이다. 개별적으로는 평균 수명과 정확하게 똑같은 시간 동안 존재하는 원자는 없을 수도 있지만, 특정한 상태로부터 시작되는 양자 도약을 충분히 측정하면 신뢰할 수 있을 정도로 똑같은 평균 수명을 얻게 된다.*

또다른 예로, 중성자나 양성자보다 조금 더 무거운 람다(lambda)라는 입자를 생각해보자. 람다는 전하를 가지지 않은 바리온(baryon, 중입자[重粒子])†으로 평균 수명은 (나노초보다 조금 짧은) 2.6×10^{-10}초이고, 두 가지 주된 경로를 따라서 양성자와 음전하를 가진 파이온이나 또는 중성자와 전기적으로 중성인 파이온으로 붕괴된다.

$$\Lambda \rightarrow p + \pi^{-} \qquad 64\%$$

또는

$$\Lambda \rightarrow n + \pi^{0} \qquad 36\%$$

이들이 바로 람다의 두 가지 주된 양자 도약이다(확률이 훨씬 더 낮은 다른 가능성도 있다). 초기 입자들과 최종 입자들은 전혀 다르지만, 이러한 도약들도 보어가 수소 원자에서 처음 제시했던 것과 똑같은 양자 도약임에는 틀림이 없다. 엄밀하게 정의하면, 양자 도약은 질량이 감소하는 모든 자발적 전이를 말한다. (그렇다. 원자에서 광자가 방출되면 질량이 아주 조금 감소한다.) 원자에서와 마찬가지로, 평균 수명뿐만 아니라 최종 상태의 선택에 대해서도 확률이 역할을 한다. 위에서 설명한 상대적인 퍼센트의 비율(64/36)이 바로 분기비율(分岐比率, branching ratio)라고 부르는 것이다.

---

* 평균 수명과 붕괴 확률은 서로 반비례 관계에 있다. 예를 들면, 특정한 원자핵의 방사성 붕괴의 가능성이 시간당 0.25라면, 그 원자핵의 평균 수명은 4시간이 된다. (4시간이 지나면 모든 원자핵이 붕괴된다는 뜻은 아니다. 1시간이 지나면, 시작할 때에 존재하던 원자핵 중 1/4이 붕괴하고, 3/4은 붕괴하지 않고 남아 있게 된다는 뜻이다. 4시간이 지나면, 처음에 있던 원자핵 중 1/3은 여전히 남아 있게 된다.)

† 중입자의 정의는 질문 44 참조.

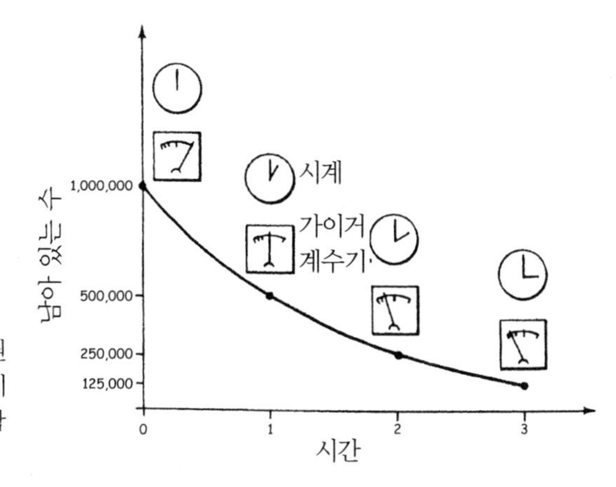

그림 17. 남아 있는 방사성 원자핵의 수와 방사성 원자핵이 붕괴하는 속도가 모두 지수 함수에 의해서 설명된다.

모든 자발적 붕괴에 수반되는 질량 감소는 **내리막 법칙**(downhill rule)이라고 부를 수 있다. 바위 덩어리가 오르막이 아니라 내리막을 굴러갈 때와 마찬가지로 양자 도약도 질량의 입장에서는 내리막을 따라 진행된다. 그러나 에너지 총량은 언제나 보존된다. 언덕을 굴러내려가는 바위의 경우에는 위치 에너지의 감소가 운동 에너지와 열 에너지의 증가와 같게 된다. 붕괴되는 람다 입자의 경우에는, 질량의 손실이 조각난 입자들의 운동 에너지와 같아지게 된다.

붕괴 과정에서의 확률은 개별적 사건의 예측 불가능성과 겉으로 드러나는 무작위성에서도 나타나지만 불안정한 입자들로 구성된 대규모 시료에서 볼 수 있는 전체적인 패턴에서도 드러난다. 시간이 지나면, 붕괴되지 않고 남아 있는 입자의 수는 **지수 함수**(exponential function)로 표현되는 특별한 수학적 법칙을 따라 줄어든다. 그림 17이 바로 그런 함수이다. 백만 개의 방사성 원자핵으로 시작해서 **반감기**(半減期, half-life)라는 시간이 지나면 대략 500,000개가 남는다. **평균 수명**이라고 부르는 조금 더 긴 시간이 흐르면 37퍼센트가 남게 될 것이다.* 흥미롭게도, 붕괴 사건이 일어나는 빈도도 역시 지수 함수 법칙을 따른다.

1899년으로 되돌아가보자. 방사성에 대한 연구를 개척했던 어니스트 러더퍼드는 자신이 연구하고 있던 일부 방사성 원자들이 지수 함수적 붕괴 법칙을 따른다는 사실을 관찰하고, 확률 법칙이 작동하고 있는 것이 확실하다는 사실을 정확하게 깨달았다. 그러나 그는 자신이 관찰하고 있던 것이 근원적인 확률이라는 사실은 눈치 채지 못했다. 어쨌든 확률은 일상생활에서 아주 익숙한 개념이고, 과학에서도 잘 알려져 있었다. 그런 "고전적" 확률은 **무지의 확률**(probability of ignorance)이라고 부를 수 있다. 결과를 확실하게 예측하기 위해서 필요한 것을 충분히 알지 못할 때마다 그런 확률이 나타난다. 축구 경기를 시작할 때 던지는 동전이 앞면으로 떨어질 것인지, 뒷면으로 떨어질 것인지를 예측할 수는 없다. 동전에 작용하는 힘이나 토크, 동전이 올라가는 높이, 떨어지는 동안에 영향을 주는 공기 흐름 등을 포함한 여러 가지 요인들을 정확하게 알지 못하기 때문이다. 그런 정보를 가지고 있지 않기 때문에 고작 말할 수 있는 것은 동전이 앞면이나 뒷면으로 떨어질 가능성이 50 : 50이라는 것뿐이다.

러더퍼드가 각각의 원자에서 자신이 알지 못하는 복잡한 일들이 일어나고 있고, 방사성 붕괴에서 관찰된 확률을 만들어내는 것이 바로 그런 요인들 때문이라고 가정했던 것은 이해가 된다. 보어의 정상 상태(定常狀態)와 양자 도약의 개념이 받아들여지고, 양자물리학이 본격적으로 출범한 후에도 물리학자들은 자신들이 관찰하는 확률이 무지의 확률이라는 생

* 반감기와 평균 수명의 정확한 비율은 0.693이고, 시간이 지나도 붕괴의 가능성이 변하지 않는 양자 도약과 같은 사건에서도 그런 관계가 유지된다. 수명이 확률에 의해서 지배되는 인간에 대해서는 사정이 전혀 다르다. 생존자의 수는 지수 함수 곡선을 따르지 않는다. 2004년 미국인의 경우에 반감기는 대략 77세인 평균 수명보다 긴 81세 정도였다.

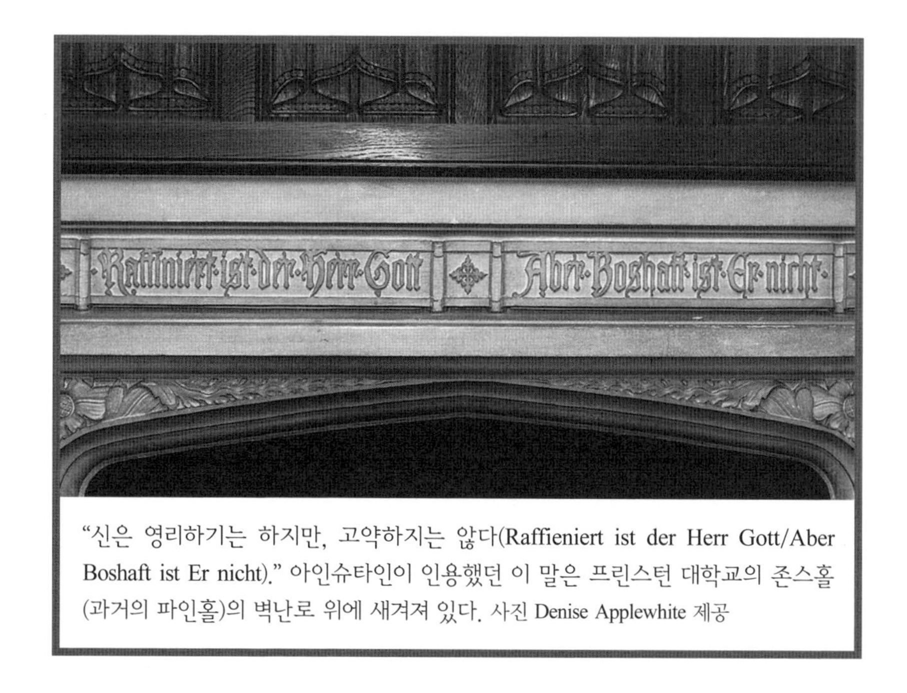

"신은 영리하기는 하지만, 고약하지는 않다(Raffieniert ist der Herr Gott/Aber Boshaft ist Er nicht)." 아인슈타인이 인용했던 이 말은 프린스턴 대학교의 존스홀(과거의 파인홀)의 벽난로 위에 새겨져 있다. 사진 Denise Applewhite 제공

각을 받아들이고 싶어하지 않았다. 1926년에 독일 물리학자 막스 보른이 양자물리학에서 근원적인 확률이 작동하고 있다고 제안한 것은 용감한 결단이었다. 보른이 제안했고, 오늘날 우리가 인정하고 있는 것은 양자 시스템에 대해서 얼마나 많은 것을 알고 있는지에 상관없이 양자적 행동은 여전히 확률 법칙에 의해서 지배된다는 것이다. 특정한 시스템에 대해서 알아낼 수 있는 모든 것을 알고 있다고 하더라도, 그 시스템이 무엇을 하는지는 확실하게 예측할 수 없고, 완전히 똑같은 두 개의 시스템이 서로 다르게 행동할 수 있다는 것은 놀라운 생각이다. 브리지 토너먼트에서 두 팀에게 똑같이 준비한 카드를 주었는데, 나눠지는 카드는 똑같지 않은 것과 같다.

아인슈타인은 일생 동안 양자물리학에 내재된 확률 때문에 고민했다.

그는 신(神)이 주사위 놀이를 한다는 것을 믿을 수 없다고 하면서, 고약한 신(神)만이 자연에 근원적인 확률을 도입하는 일을 할 것이라고 했다.*

28. 양자 세계에서도 확실한 것이 있을까?

간단하게 답을 하면, “확실한 것”이 존재할 뿐만 아니라 그런 경우가 많다는 것이다. 지금까지 소개한 모든 양자수는 확실한 것이다. 어떤 입자이거나 운동 상태에 대해서 일정한 값을 가진 질량, 전하, 스핀, 에너지, 렙톤(경입자) 수, 바리온(중입자) 수를 찾아낼 수 있다. 그리고 역설적이지만 심지어 확률도 확실하다. 예를 들면, 플루오린 18 원자의 방사성 원자핵은 대략 9,500초의 평균 수명을 가지고 있다.† 매초마다, 붕괴의 확률은 9,500분의 1이다. 모든 원자핵 하나하나마다 그렇고, 원자핵이 얼마나 오래 동안 존재했는지에 상관없이 그렇다. 간단히 말해서, 9,500분의 1이라는 확률은 그 원자의 내재되어 있는 확실한 성질이다. 일부 양자 확률은 계산할 수도 있지만, 대부분은 측정을 통해서만 알아낼 수 있다.

거시 세계에서는 신뢰할 수 있을 정도로 명백한 확률이 잘 알려져 있다. 균형이 잡힌 동전이 앞면으로 떨어질 확률은 정확하게 50퍼센트이다. 두 개의 주사위를 던져서 “뱀의 눈”(두 개의 “1”)이 나오게 될 확률은 정확하게 36분의 1이다. 마찬가지로, 양자 세계에서도 불확실성의 확실성은 존재한다.

---

* 아인슈타인이 신(神), 즉 “유일자(the Old One)”라는 말을 자주 했지만, 여러 경우에 자신은 인격으로서의 신은 믿지 않는다는 사실을 밝혔다.

† 양전자, 즉 반(反)전자를 방출하면서 산소 18로 붕괴되는 플루오린 18은 양전자 방출 단층촬영(PET 스캔)에 널리 이용된다.

제5장

원자와 원자핵

29. 선 스펙트럼은 무엇일까? 원자에 대해서 무엇을 알려줄까?

빛은 광자가 존재하기 훨씬 전부터 있었다. 다시 말해서, 과학자들은 빛의 양자적 본질을 깨닫기 훨씬 전부터 빛에 대해서 상당히 많은 것을 알고 있었다. 17세기에 아이작 뉴턴은 프리즘을 이용해서 백색광을 색 성분으로 분리했고, 그런 성분이 펼쳐진 부채꼴을 **스펙트럼**(spectrum)이라고 불렀다. 그후 한 세기 동안 과학자들은 프리즘을 이용해서 햇빛이나 촛불만이 아니라 특정 물질에서 방출되는 빛을 연구했고, 물질에 따라 서로 다른 색 성분의 상대적인 세기가 다르다는 사실을 발견했다. 19세기에는 빛이 파동의 특징을 가지고 있다는 것을 확실하게 보여준 1801년의 토머스 영의 간섭 실험을 비롯해서 수많은 발견들이 쏟아져나왔다.

빛을 색깔의 스펙트럼으로 분해시켜주는 장치를 **분광기**(spectroscope)라고 부른다(그림 18 참고). 1800년대 중엽부터 분광기는 정밀 측정기구로 발전했다. 좁은 슬릿을 통해 분광기로 들어간 빛이 프리즘이나 회절판에 닿으면 서로 다른 파장을 가진 빛이 서로 다른 방향으로 휘어지게 된다.*그

* 보통 유리로 만든 프리즘은 빛의 속도를 파장에 따라 다른 정도로 감소시켜준다. 유리나 금속 판에 새겨진 가는 평행선으로 이루어진 회절판은 빛의 파장마다 서로 다른 회절

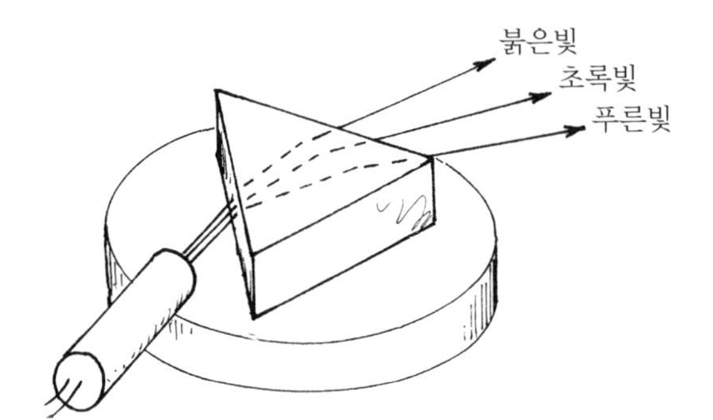

그림 18. 이 분광기에서는 프리즘이 서로 다른 파장의 빛을 서로 다른 방향으로 보낸다.

런 후에 파장을 측정하는 일이 가능해진다. 19세기 말에는 파장이 물리학에서 가장 정확하게 측정할 수 있는 양이 되었다. 파장과 파동의 속도를 알고 있으면(19세기에는 빛의 속도도 점점 더 정밀하게 측정하게 되었다), 과학자나 물리학과 학생들은 파동의 진동수를 계산할 수 있었다. 1900년의 플랑크의 연구 결과가 알려질 때에는 측정의 범위가 적외선과 자외선 영역으로까지 확장되었다.*

조명등의 빛은 "연속 스펙트럼(continuous spectrum)"이다. 연속적인 영역의 진동수가 스펙트럼 전체에 걸쳐 고르게 퍼져 있다는 뜻이다. 태양의 빛은 연속 스펙트럼에 가깝지만, 정확하게 그런 것은 아니다. 햇빛은 "선 스펙트럼(line spectrum)"의 특징도 나타낸다. 1814년 독일의 광학자인 요제프 폰 프라운호퍼는 태양 스펙트럼에서 오늘날 **프라운호퍼 선**(Fraunhofer lines)으로 알려진 검은 선들을 발견했다. 스펙트럼의 "선(line)"은 특정한 진동수(또는 파장)에서 생긴 분광기 입구 틈새의 상을 말한다. 프라운호

패턴을 만들어주는 역할을 한다. 두 경우 모두에서 방출되는 빛의 방향은 파장에 의해서 결정된다.

* 공식적인 기록을 위해서 말해두자면, 가시광선의 파장 범위는 (음악 용어로 표현하면 한 옥타브가 조금 넘는) 대략 400nm에서 700nm이고, 진동수는 대략 4.5에서 7.5×10^{14}헤르츠이다(1헤르츠는 1초에 1사이클이다). 적외선 복사는 가시광선보다 진동수는 더 작고, 파장은 더 길다. 자외선 복사는 가시광선보다 진동수는 더 크고, 파장은 더 짧다.

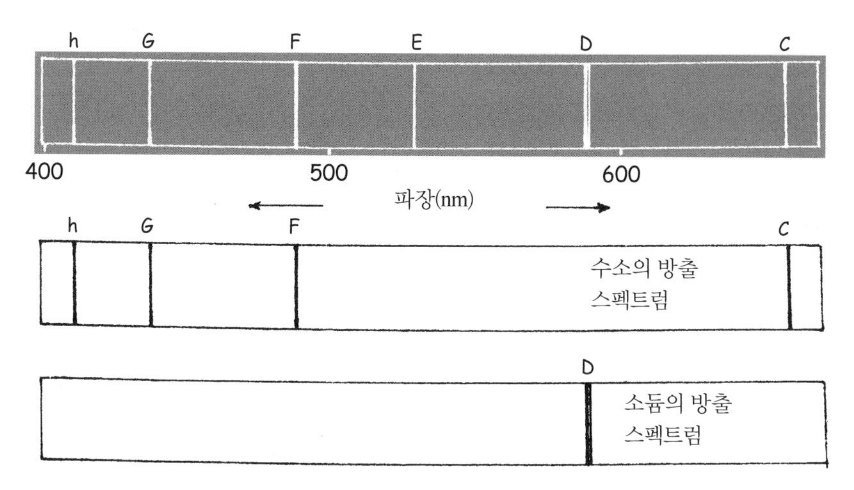

그림 19. 지구에 있는 광원에서 방출되는 스펙트럼 선은 햇빛의 흡수선과 일치한다.

퍼가 관찰했던 어두운 선들은 그 진동수의 빛이 존재하지 않거나, 거의 존재하지 않는다는 사실을 보여준다. 훗날 과학자들은 지구에 있는 실험실의 스펙트럼에서 특정한 진동수의 복사가 증폭되는 것을 보여주는 "방출선"에 해당하는 밝은 선들도 발견했다.

일부 방출선은 프라운호퍼의 어두운 선과 정확하게 일치하는 것으로 밝혀졌다. 다른 증거들과 함께 이런 사실은 물질이 같은 진동수의 빛을 방출하거나 흡수할 수 있다는 것을 확인시켜주었다. 더욱이 모든 원소들은 독특한 스펙트럼 선으로 만들어진 "특징"을 가지고 있다.* 19세기 중엽에는 그런 사실을 이용한 스펙트럼 분석이 화학 분석의 도구가 되었다.

* 어떤 원소의 흡수 스펙트럼과 방출 스펙트럼은 정확하게 일치하지 않는다. 흡수는 주로 원자의 에너지 바닥 상태로부터 "위쪽"으로 일어나지만, 방출은 바닥 상태를 포함한 다른 낮은 에너지 상태를 향해 "아래쪽"으로 일어나기 때문이다.

오늘날에는 천문학자들이 멀리 떨어진 은하나 성운에 존재하는 원소를 확인하는 일도 가능하게 해주었다. 프라운호퍼의 선들은 우주에 존재하는 원소들이 지구에 존재하는 원소와 똑같다는 최초의 증거가 되기도 했다. 이런 선들은 태양의 표면을 떠도는 조금 더 차가운 원자들이 선택된 진동수의 햇빛을 흡수하기 때문에 나타난다. 흥미롭게도 지구에서 확인되기도 전에 햇빛에서 관찰되는 스펙트럼 선을 통해서 발견된 원소가 하나 있다. 1868년의 일식이 일어나는 동안 햇빛을 관찰하던 영국의 천문학자 노만 로키어와 프랑스의 과학자 피에르 장생은 서로 독립적으로 새로운 스펙트럼 선을 찾아냈고, 로키어는 그 선이 새로운 원소에 의한 것이라고 밝혔다. 그는 새로 발견한 원소를 태양의 이름을 따라 **헬륨**(helium)이라고 불렀다.* 그림 19는 몇 가지 방출 스펙트럼과 태양 스펙트럼의 중요한 선들을 나타낸 것이다.

과학에서는 위대한 발전 중에는 서로 관계가 없다고 믿었던 것들의 통합으로 이룩된 경우들이 많다. 뉴턴은 지구에서의 운동을 천체의 운동과 통합시켰다. 아인슈타인은 공간과 시간은 물론 질량과 에너지도 통합시켰다. 19세기 초 덴마크의 교실에서 한스 크리스티안 외르스테드는 전기와 자기의 연결 고리를 밝혀냈다. 19세기 말에는 영국의 물리학자 제임스 클러크 맥스웰이 빛과 전자기학을 통합하는 새로운 연결 고리를 추가했다. 맥스웰은 전하가 진동하거나 가속될 때에는 전자기 복사가 방출된다고 주장했다. 진동수가 10^{14}헤르츠 정도가 되면 그런 복사는 가시광선의 형태가 된다. 더 낮은 진동수에서는 (1886년에 하인리히 헤르츠에 의해서

---

* 지구에서 헬륨을 발견한 것은 1895년이었다. 흥미롭게도 지구의 헬륨은 대부분 방사성 알파 붕괴에 의해서 만들어진 것이다. 알파 입자는 속도가 느려지면, 두 개의 전자를 포획해서 헬륨 원자가 된다. 소량의 헬륨은 결정성 물질에 갇힌 상태로 존재하고, 천연 가스의 성분으로 들어 있는 양은 그보다 훨씬 더 많다.

처음으로 입증되었고, 이제는 우리의 무선 세계를 채우고 있는) 라디오파의 형태가 된다. 더 큰 진동수에서는 X-선과 감마선의 형태가 된다. 진동하는 전하는 에너지를 소비해서 전자기 복사를 만든다. 그 반대로 복사는 에너지를 소비해서 전하를 진동하게 만든다.

맥스웰에 따르면 빛은 그저 또 하나의 전기적 현상일 뿐이다. 예를 들어서 안테나에서 전하가 초당 1백만 번 진동하면, (AM 밴드의 중간에 해당하는) 1메가헤르츠의 진동수를 가진 라디오파가 방출된다. 원자 속의 전자가 예를 들어서 6×10^{14}헤르츠로 진동하면, (가시광선 영역의 중간에 해당하는) 초록색 빛이 방출된다. 그것이 바로 원자의 복사에 대한 고전적 설명이다.

19세기가 끝나갈 때까지는 원자의 존재를 믿었던 물리학자들마저도 선 스펙트럼에 대해서 궁금하게 생각할 이유가 없었다. 기계적인 세계에서진동의 자연 진동수는 잘 알려져 있었고, 그 즈음에는 전기의 세계는 물론이고 라디오 전송 현상을 통해서도 잘 알려져 있었다. 톰슨의 전자 발견 덕분에 전자를 원자의 구성 입자로 시각화하기도 쉬웠다. 과학자들의 입장에서는, 원소가 특정한 진동수의 빛을 방출하는 것은 그 원소의 원자 속에 들어 있는 전자가 바로 그 특별한 진동수로 진동한다고 생각하는 것이 합리적이었다. 전자가 어떤 특정한 진동수로 진동하는 안테나에서 라디오파가 방출되는 것과 마찬가지였다. 라디오파는 안테나에 있는 전자를 진동하게 만들기도 한다. 빛 파동도 역시 원자 속에 있는 전자들을 진동하게 만들 수 있다. 전자들은 특별한 "자연" 진동수로만 진동할 것으로 예상되기 때문에 빛의 방출과 흡수는 특정한 진동수에서만 일어난다는 것으로 선 스펙트럼을 설명할 수 있다.

오늘날 우리는 이 문제를 어떻게 이해하고 있을까? 어떤 면에서는 크게 다르지 않다. 우리는 여전히 원자 속에 들어 있는 전자에 의해서 빛이 방출되고 흡수된다고 생각하고, 전자와 빛 사이에 에너지가 교환된다고 말한다. 그러나 우리의 관점은 아주 중요한 면에서 완전히 달라졌다. 선 스펙트럼에 대한 고전적 설명과 양자적 설명에는 두 가지 핵심적인 차이가 있다. 수소 원자에 대한 보어의 이론에서 한 가지 획기적인 사실은 진동하는 전하의 진동수가 복사의 진동수와 일치해야 한다는 고전적 아이디어에서 과감하게 벗어났다는 것이다. 맥스웰의 이론에 담겨 있는 그 아이디어는 라디오파를 통해서 분명하게 확인되었다. 그러나 보어는 전자가 초기 상태와 최종 상태에서 서로 다른 진동수로 진동하기 때문에 복사광의 진동수가 전자의 진동수와 일치할 수가 없다고 생각했다. 그 대신에 복사광의 진동수는 플랑크의 식인 $E = hf$ 가 뜻하는 것처럼 에너지 변화에 의해서 결정된다고 생각했다. 플랑크의 식을 조금 변형시키면, 아래와 같다.

$$f = \Delta E / h$$

복사광의 진동수 f는 에너지 변화량 ΔE를 플랑크 상수 h로 나눈 것과 같아진다는 것이다. 전자 진동의 진동수는 나타나지 않는다.

또 하나의 중요한 변화는, 방출이 점진적이고 일정하게 일어난다는 생각이 양자 도약에 의해서 복사 에너지의 양자적 덩어리인 광자가 갑작스럽게 방출된다는 생각으로 바뀐 것이다. (보어는 거의 그런 결론에 도달했다. 그는 양자 도약과 복사의 갑작스러움을 인식했지만, 빛이 광자로 방출된다는 사실은 인정하지 않았다.)

그렇다면 선 스펙트럼이 원자에 대해서 어떤 사실을 밝혀주었을까? 모든 원자는 저마다 독특한 에너지 레벨을 가지고 있다는 사실과 빛이 방출되거나 흡수될 때마다 그런 에너지 레벨들 사이에서 양자 도약이 일어난다는 사실이다.

선 스펙트럼이 충분히 단순해서 원자의 에너지 레벨에 대한 이론적인 값과 정확하게 일치시킬 수 있는 경우는 수소라고 부르는 한 가지 원소뿐이다. 전해오는 이야기에 따르면, 원자 구조에 대한 1913년의 논문을 작성하던 보어는 자신의 지도교수였던 어니스트 러더퍼드에게 자신의 이론으로는 수소의 스펙트럼만 설명할 수 있고, 다른 원소의 스펙트럼은 설명할 수 없기 때문에 논문을 발표하고 싶지 않다고 말했다고 한다. 러더퍼드는 "자네가 수소를 설명할 수 있다면, 사람들은 다른 것도 믿을 것이네"라고 말했다고 한다. 실제로 보어에 의해서 도입된 혁명적인 아이디어는 오랜 세월 동안 살아남았고, 간단한 계산으로는 설명할 수 없었음에도 불구하고 다른 모든 원자들에 적용되고 있다.

보어가 설명할 수 있었던 수소의 스펙트럼은, 1885년에 수소 스펙트럼에서 발견한 파장의 역수로부터 단순한 수학적 규칙성을 찾아낸 스위스의 교사 요한 발머의 이름을 따서 발머 계열(Balmer series)이라고 부른다. 진동수는 파장에 반비례하기 때문에 그의 식은 진동수에서의 규칙성을 나타내는 것이었고, 따라서 오늘날 우리가 알고 있듯이 수소의 정상 상태들 사이의 에너지 차이에서의 규칙성을 반영하는 것이기도 했다. 보어는 그 식을 사용했다. 그가 러더퍼드에게 자신이 설명했다고 밝혔던 것도 바로 그것이었다. 그림 20은 수소 원자의 에너지 레벨과 발머 계열을 만들어내는 양자 도약을 나타낸 것이다.

30. 원소의 표는 왜 주기적으로 되어 있을까?

원소의 주기율표는 배타 원리의 놀라운 결과이다. 그것이 어떻게 작동하는지를 보고 싶으면 자신이 세계를 만드는 일에 바쁜 제우스 신이라고 상상해보면 된다. 모든 가능한 원자핵들이 들어 있는 상자와 전자가 가득 채워진 상자를 가지고 있다고 하자. 처음에는 첫 번째 상자에서 가장 가벼운 핵인 1개의 양성자를 꺼내고 1개의 전자를 가까이 가져간다. 음전하를 가진 전자는 전기적으로 양전하를 가진 양성자에 끌리게 된다. 몇 개의 광자가 방출되고 나면 전자가 허용된 양자 운동 상태를 통해서 사다리를 내려가서 바닥 상태에 도달하게 되고, 더 이상의 양자 도약은 불가능해진다. 그렇게 되면 전자는 오비탈 각운동량은 0이 되고, 1/2 단위의 스핀을 가지게 된다. 전자의 파동은 나노 미터의 10분의 1 정도의 크기로 퍼진다. 전자의 에너지는 -13.6eV가 된다. 양성자로부터 전자를 떼어내기 위해서는 그 정도의 에너지가 필요하다는 뜻이다. 13.6eV의 에너지는 결합 에너지(binding energy)라고 부른다. 제우스 신이 1번 원소인 수소를 창조한 것이다.

그림 20. 수소 원자에서는 높은 에너지 상태에서 두 번째 상태를 향한 양자 도약이 발머 계열을 만들어낸다.

이제 2 단위의 전하를 가진 핵을 꺼낸다. 2개의 양성자와 함께 2개의 중성자를 가지고 있는 원자핵이다. 한 개의 전자를 더해주면, 앞의 경우와 마찬가지로 사다리를 타고 내려가서 바닥 상태에 도달하게 된다. 결합 에너지가 4배나 큰 54eV가 된다는 점을 빼고 나면, 수소 원자의 바닥 상태와 매우 비슷하다. 그러나 이런 조합은 양의 순 전하를 가진다. 그런 상태는 원자가 아니라 이온이다. 그래서 전자를 하나 더 꺼내서 더해준다. 그 전자도 역시 에너지 사다리를 내려가서 가장 낮은 운동 상태에 있는 첫 번째 전자와 합쳐진다. 이제 배타 원리가 작동한다. 모든 것의 신인 당신이 원하는 것은 지루하지 않은 흥미로운 세계이기 때문에 2개의 전자가 동시에 똑같은 상태를 차지할 수 없다는 법률을 제정했다. 그런데 이들 두 전자들에게는 탈출구가 있었다. 그 전자들이 똑같은 운동 상태에 있는 것처럼 보이기는 하지만, 실제로는 그렇지 않다. 그 전자들의 스핀이 서로 반대의 방향을 향하고 있기 때문에 오비탈 운동은 똑같다고 하더라도 서로 다른 두 개의 운동 상태가 된다. 그렇게 창조된 헬륨 원자는 0의 각운동량을 가지고 있고, 전자의 스핀이 서로 반대 방향을 향하기 때문에 스핀이 0이 되고, 대략 79eV에 이르는 상당히 큰 결합 에너지(2개의 전자를 떼어내기 위해서 필요한 에너지)를 가진다. 그렇게 만들어진 원자는 수소 원자보다 더 작다. 그 원자는 매우 작고 단단하게 뭉쳐져 있어서 다른 원자와 화학적으로 결합하기 어려운 상태이다.

일을 더욱 흥미롭게 만들기 위해서 (3 또는 4개의 중성자와 함께) 3개의 양성자를 가지고 있는 핵에 3개의 전자를 던져준다. 이 전자들 중 2개는 헬륨 원자 속에 들어간 두 전자의 행동을 흉내낸다. 그 전자들은 낮은 에너지 상태에서 서로 반대 방향을 가진 스핀으로 짝을 짓는다. 그러나 세 번째 전자는 그것들과 함께할 수가 없다. 배타 원리가 그런 일을 용납하지 않는다. 세 번째 전자는 처음 두 전자보다 훨씬 더 큰 에너지(그리고 따라서 훨씬 더 적은 결합 에너지)를 가진 운동 상태에 들어가게 되고, 더 많은 진동 사이클을 가진 파동은 훨씬 더 넓은 영역에 퍼지게 된다. 헬륨 원자보다 훨씬 크고 훨씬 더 느슨하게 뭉쳐져 있는 리튬 원자를 만들어낸 것이다. 세 번째 원소인 리튬은 화학적으로 훨씬 더 활성적인 것으로 밝혀진다. 원자가 전자(原子價電子, valence electron)라고 부르는 최외각(最外殼) 전자는 다른 원자와 쉽게 교환될 수 있다. 이것이 벌써 배타 원리가 세계를 "지루하지" 않고 오히려 "흥미진진하게" 만들어준다는 증거가 된다. 그런 원리가 없다면, 리튬이 가지고 있는 세 개의 전자 모두가 단단하게 뭉쳐진 상태가 될 것이고, 리튬은 헬륨보다 다른 원자와 상호작용하는 것을 훨씬 더 심하게 거부하게 될 것이다. 배타 원리를 제정하지 않았다면, 양성자와 전자의 수가 더 많은 원자일수록 점점 더 단단하게 뭉쳐지게 되고, 화학적 반응성은 점점 더 줄어들게 된다. 그런 세계는 우울했을 것이다.

원소의 주기율표에서 나타나는 주기성을 설명하려면, 원자를 만드는 제우스 신의 역할을 조금 더 따라가볼 필요가 있다. 4, 5, 6, 7, 8, 9, 10번의 원소들을 만들면, 무슨 일이 생길 것인지를 생각해보자. 리튬의 세 번째 전자는 0이나 1 단위의 오비탈 각운동과 1/2 단위의 스핀을 가지고 있기 때문에 실제로 리튬의 전자에게는 모두 8개의 운동 상태가 허용된다. 오비탈 각운동량이 0인 경우에는, 스핀에 2개의 가능한 방향이 있기 때문에 2개의 가능한 상태가 존재한다. 오비탈 각운동량이 1 단위인 경우에는 오비탈 각운동량에 3 개의 가능한 방향이 있고, 각각에 대해서 2개의 스핀 방향이 가능하기 때문에 6개의 상태가 추가된다. 전체적으로 8개의 상태가 가능하게 된다. 더 큰 전하를 가진 원자핵을 선택해서 전자를 추가로 더해주면, 헬륨의 경우보다 전체적으로 8개의 전자를 더 넣을 수 있게 되어 10번 원자인 네온까지 만들 수 있게 되고, 네온은 헬륨과 마찬가지로 전자들이 단단하게 결합되어 화학적 활성을 거의 가지지 않게 된다는 뜻이다. 헬륨에서 2개의 전자는 첫 번째 "껍질(shell)"을 차지한다고 말한다. 3번 원소(리튬)에서 10번 원소(네온)까지의 최외각 전자는 두 번째 껍질에 있게 된다.

한 단계만 더 나가면 전체 과정이 분명해질 것이다. 11개의 양성자를 가진 핵을 선택해서 11개의 전자를 더해주면 어떻게 될까? 처음 2개의 전자는 첫 번째 껍질에 들어간다. 다음의 8개는 두 번째 껍질에 들어간다. 11번 전자는 두 껍질에서는 배제된다. 그 전자는 세 번째 껍질의 시작에 해당하는, 에너지가 너 높고, 덜 단단하게 결합된 상태에 들어간다. 또 하나의 화학적으로 활성을 가진 원소인 소듐이 만들어진 것이다. 소듐은 주기율표에서 화학적으로 활성인 리튬의 바로 아래쪽에 자리를 잡고, 활성이 거의 없는 10번 원소인 네온은 비활성인 2번 원소 헬륨의 아래쪽에 자리를 잡는다.

더 진행하게 되면 8개의 전자 대신 18개의 전자를 가질 수 있는 껍질이 나타나서 사정이 조금 더 복잡해지지만, 기본적으로 전체 주기율표는 배타 원리와 각운동량의 방향에 대한 법칙에 의해서 모양을 갖추게 된다. 이제 씨름을 해야 할 문제는 다음과 같다. 숫자 8이 오비탈 각운동량이 0이나 1 단위인 경우에 가능한 상태의 수에서 온 것이라면, 숫자 18은 어디에서 온 것일까?

31. 무거운 원자의 크기가 가벼운 원자와 거의 같은 이유는 무엇일까?

주기율표를 따라가면 원자의 크기가 달라진다. 예를 들면, 리튬(3번)에서 네온(10번)으로 가면 원자들이 점점 더 작아지다가, 소듐(11번)이 되면 크기가 더 커진다. 그러나 전체적으로 주기율표의 한 쪽 끝에서 다른 쪽으로 가더라도 원자들은 대체로 크기가 비슷하다. 92개의 전자를 가지고 있는 우라늄 원자는 4개의 전자를 가지고 있는 베릴륨과 크기가 거의 비슷하다.

원자 크기의 이상한 균일성의 이유를 자세하게 설명하기 전에 원자 중에서 가장 간단한 수소 원자에 대해서 살펴볼 필요가 있다. 전자가 가장 낮은 에너지를 가진 운동 상태(바닥 상태)에 있으면 일정한 크기를 가지게 되고, 전자가 더 높은 에너지 상태로 들뜨게 되면 크기가 더 커진다. 사실 들뜸 에너지가 증가하면, 원자의 크기는 빠르게 커진다. 첫 번째 들뜬 상태(주양자수[主量子數] n=2)에 있는 수소 원자는 바닥 상태(n=1)에 있을 때보다 지름이 4배 더 커진다. 두 번째 들뜬 상태(n=3)에서는 바닥 상태의 경우보다 지름이 9배나 커진다. 실험실에서는 양자수 n이 40보다 더 큰 수소 원자가 확인된 적도 있다. 보통 크기의 1,600배에 이르는 거대한 원자는 희귀종이다. 그런 원자는 아주 희박한 기체 상태에서도 다른 원자와의 충돌을 견뎌낼 수 있는 여유가 거의 없기 때문이다.

원소의 주기성을 설명해주는 배타 원리 때문에 무거운 원소의 전자는 주양자수 n이 점점 더 큰 상태에 들어가게 된다(전자 껍질의 수치가 더 커진다). 우라늄 원자의 경우에 최외각 전자는 n=7이다. 그런데도 우라늄 원자가 수소 원자보다 49배가 더 크지 않은 이유가 무엇일까? 92개의 양성자를 가지고 있는 우라늄 원자핵은 전자를 매우 강하게 끌어당기기 때문에 전자의 오비탈은 아주 가벼운 원소의 오비탈과 비슷한 크기로 줄어들게 된다.

우라늄 원자의 가장 안쪽에 있어서 헬륨 원자의 바닥 상태에 있는 전자에 대응하는 2개의 전자는 헬륨에서 경험하는 것보다 46배나 더 큰 힘으로 끌리게 된다. 그래서 우라늄의 첫 번째 껍질은 헬륨 원자의 46분의 1 정도가 된다. 결국 다른 전자들은 더 큰 크기의 껍질에 들어가게 되고, 최외각 전자는 원자핵으로부터 가벼운 원자의 전자의 경우와 같은 정도의 거리에 있게 된다.

32. 원자핵 안에서 양성자와 중성자는 어떻게 움직일까?

핵물리학은 어니스트 러더퍼드의 1911년 실험에 의해서 시작되었다고 말할 수 있다. 원자 내부에 아주 작으면서 양전하를 가진 중심부가 있다는 사실이 확인되었다. 그 중심부에 무엇이 있는지는 20여 년 동안 신비에 싸여 있었다. 중성자가 발견되었던 1932년이 되면서 물리학자들은 원자핵의 대략적인 크기를 알게 되었고, 원자핵이 고에너지 충돌을 통해서 서로 반응하면 새로운 원자핵이 만들어진다는 사실도 알게 되었다. 물리학자들은 양전하를 가지고 있는 원자핵 속에 양성자가 들어 있다고 생각했고, 더욱이 확신할 수는 없었지만 원자핵 속에 전자도 함께 들어 있을 것이라고 가정하기도 했다. 그렇지 않다면, 원자핵의 총 질량과 총 전하가 서로 일치할 수가 없었기 때문이다.

8번 질문에서 설명했듯이, 제임스 채드윅의 중성자 발견으로 원자핵 속에 전자가 들어 있을 필요가 없다는 사실이 분명해졌다. 원자핵은 양성자와 중성자의 집합으로 이해할 수 있었다. 물리학자들은 원자핵에서 전자가 사라진 덕분에 안도의 한숨을 쉬었지만, ("핵자[核子, nucleon]"라고 부르는) 양성자와 중성자가 어떻게 원자핵을 구성하는지의 문제가 남게 되었다. 핵자는 과연 고체, 액체, 또는 기체 중 어느 것과 더 비슷하게 행동할까? 질문 8에서 설명했듯이, 10여 년 동안 액체 방울 모델이 잘 맞는 것

J. 한스 다니엘 옌젠(1907–1973). 제2차 세계대전 이후 옌젠은 하이젠베르크의 도움 덕분에 자신이 1930년 대에 나치에 협조했던 것이 신념 때문이 아니라 당시의 형편 때문이었다고 당국을 설득시킬 수 있었다. 전쟁이 끝난 후에 하이델베르크 대학교의 교수였던 그는 독일의 이론 물리학을 지속적으로 활성화시키려고 노력했다. 옌젠은 하이델베르크 외곽의 어떤 마을에서 최고의 과일주를 구할 수 있는지 알고 있었다. (사진 AIP Emilio Segrè Visual Archives, Physics Today Collection 제공)

처럼 보였다. 특히 액체 방울 모델은 1938년 말에 발견되었고, 1939년에 이론적으로 설명이 되었던 핵분열을 설명하는 데에 훌륭한 역할을 했다.

제2차 세계대전이 끝난 후에는 액체 방울 모델에서 몇 가지 문제가 드러나기 시작했다. 물리학자들은 원자핵 속에 있는 양성자와 중성자들이 원자 속에 들어 있는 전자와 마찬가지로 껍질을 차지하고 있다는 증거를 찾아내기 시작했다. 핵자들이 원자핵 속에서 어느 정도 자유롭게 움직이고 있다는 뜻이었다. 특정한 수의 전자를 가지고 있는 원자들과 마찬가지로 특정한 수의 양성자나 중성자를 가지고 있는 원자핵이 특별한 안정성을 보여주었다. 원자의 경우에는 닫힌 껍질(closed shell)의 번호인 2, 10, 18, 36, 54, 86이 그런 경우이다. 이런 번호는 소위 비활성 기체라고 부르는 헬륨, 네온, 아르곤, 크립톤, 제논, 라돈의 원자 속에 들어 있는 전자의 수이다. 이런 원자에서는 껍질이 채워져 있어서 전자가 더 이상 들어갈 자리가 없다. 원자핵에서 닫힌 껍질의 번호(closed shell number)는 전자의 경

마리아 괴퍼트 메이어(1906-1972), 1935년 딸 마리안과 함께. 독일에서 출생하고 성장한 메이어는 학생 시절을 보냈던 괴팅겐에서 만난 미국인 화학자 조지프 메이어와 결혼했다. 친정의 전통에 따르면 그녀는 7대를 연이어 교수가 될 운명이었지만, 당시에는 쉬운 일이 아니었다. 다행히 물리학을 좋아했던 그녀는 명예스러운 직위도 없었고, 봉급을 받지 못했지만 물리학을 계속 연구했다. (사진 AIP Emilio Segrè Visual Archives, Maria Stein Collection 제공)

우와 같지 않았을 뿐만 아니라 처음 보기에는 당혹스러운 것이었다. 그 번호는 2, 8, 20, 28 50, 82, 126이다. 실제로 원자핵의 닫힌 껍질 번호를 처음에는 매직 넘버(magic number)라고 불렀다. 당시 물리학자들의 입장에서는 그 번호가 그렇게 특별한 이유를 알 수 없었기 때문이다. 독립적으로 그런 사실을 설명했던 물리학자가 바로 미국의 마리아 괴퍼트 메이어* 와 독일의 J. 한스 엔젠† 연구진이었다. (핵물리학 분야의 다른 문제를 연

* 몇 년 동안 마리아 메이어는 파트타임이나 비정규직으로 일을 해야만 했고, 그녀의 남편이었던 화학자 조 메이어는 교수 생활을 즐겼다. 1950년대에 핵물리학에 대해서 이야기를 나누려고 그녀를 방문했을 때에 그녀는 아르곤 국립 연구소와 시카고 대학교에서 파트타임으로 일하고 있었다(원자핵의 껍질 구조에 대한 획기적인 성과를 거둔 후였다). 결국 부부는 샌디에고의 캘리포니아 대학교에 교수로 임용이 되었다.

† 한스 엔젠은 미혼으로 하이델베르크 대학교의 물리학과 건물에 있는 아파트에서 살았다. 그를 방문했을 때 그는 신이 나서 자신이 바로 미국 여행에서 돌아왔고, 그곳에서 마티니를 만드는 법을 배웠다고 자랑을 했었다. 나는 자신의 새 기술을 보여주겠다는 그의 제안을 받아들였다. 그는 베르무터와 진을 3 : 1로 섞은 후에 따뜻하게 만들어주었다. 마리아 메이어는 이 분야에서 실력이 훨씬 더 뛰어났다.

구하던 헝가리 출신의 미국 물리학자 유진 위그너와 함께) 그들은 자신들의 통찰력 덕분에 1963년 노벨 물리학상을 공동 수상했다. 원자에서와 마찬가지로 원자핵에서도 배타 원리가 껍질 구조를 만들어내는 기본 이유이지만, 원자핵에서는 스핀과 오비탈 각운동량이 결합되는 법칙이 조금 다르다는 사실이 밝혀졌다.

"매직 넘버"(닫힌 껍질 번호)는 양성자와 중성자에 독립적으로 적용되기 때문에 원자핵은 "이중적으로 신비스러울(doubly magic)" 수 있었다. 다시 말해서 중성자와 양성자들이 모두 껍질을 채우는 것이 가능하다. 이중적으로 신비스러운 원자핵 중에서 가장 가벼운 것은 2개의 양성자와 2개의 중성자로 구성된 헬륨 4의 원자핵이다. 이 원자핵은 너무 단단하게 결합된 구조이기 때문에 방사성 원자핵으로부터 하나의 단위인 알파 입자로 방출될 수 있고, 그런 이유 때문에 우주에 널리 분포되어 있다. 이중적으로 신비스러운 원자핵 중에서 가장 무거운 것은 82개의 양성자와 126개의 중성자로 구성된 납 208의 원자핵이다. 이 동위원소는 자연에서 발견되는 안정된 원자핵 중에서 가장 무거운 것이다.

원자핵이 어떻게 액체 방울처럼 보이면서 동시에 자유로운 핵자로 이루어진 기체처럼 행동할 수 있을까? 그 답은 (궁극적으로 쿼크 사이에서 글루온의 교환으로 나타나는) 핵력의 본질에서 찾을 수 있다. 이 힘은 양성자나 중성자가 원자핵의 한 쪽에서 다른 쪽으로 서로 방해를 받지 않고 미끄러져 갈 수 있도록 해준다. 그러나 핵자는 동료 핵자의 질량으로부터 벗어나려는 경향을 보이면 다시 강한 힘으로 끌어당긴다. 원자핵의 가장자리에서 나타나는 이런 강한 힘이 액체의 표면 장력과 매우 비슷한 것을 만들어낸다. 그래서 원자핵 내부의 입자들은 기체 분자처럼 움직이지만, 원자핵 자체는 전체적으로 액체 방울처럼 흔들리고 진동한다. 원자핵의 이런 이중적 본질은 **통일 모형**(unified model) 또는 **집단 모형**(collective model)이라고 부른다. 통일 모형을 개발했던 닐스 보어의 아들인 오게는 미국인 동료 벤 모텔슨*과 함께 1975년 노벨 물리학상을 수상했다.

33. 원자 번호와 원자량은 무엇일까?

앞으로는 물리량을 정의하면서 기호도 함께 설명할 것이다. 원자핵에 들어 있는 양성자의 총 숫자를 Z로 표시하고, **원자 번호**(atomic number)라고 부른다. Z는 수소에서 1, 헬륨에서 2, 네온에서 10, 철에서 26, 우라늄에서 92 등이 된다. Z가 주기율표에서 원소에 붙이는 표지인 것도 분명하다. 지금까지 확인된 원소 중에서 Z의 값이 가장 커서 최대의 원자 번호를 가진 원소는 118이지만, 아직까지 공식적인 이름도 정해지지 않았다.†

원자핵에 들어 있는 중성자의 수는 N으로 나타내고, 직설적으로 **중성자 수**(neutron number)라고 부른다. 원자핵에 들어 있는 핵자의 총수를 나타내는 Z+N은 A로 나타내고, **질량 수**(mass number)라고 부른다. 그래서 가장 흔한 수소 동위원소의 질량 수 A는 1(Z=1, N=0)이고, 수소의 무거운 동위원소인 중수소와 삼중수소는 질량수가 2(Z=1, N=1)와 3(Z=1, N=2)이다. 탄소의 가장 흔한 동위원소는 Z=N=6이고 A=12인 탄소 12이다. 주기율표의 마지막 부분에 있는 우라늄 238은 Z=92, N=146, A=238이다.

---

* 우연히 나는 1944년부터 벤 모텔슨을 알게 되었다. 우리는 모두 물리학에 관심이 많은 고등학교 학생이었다. 그는 과거에도 그랬고 지금도 그렇듯이 영어를 공용어로 사용하는 보어 연구소가 있는 덴마크에 정착했다. 내가 1950년대에 그곳을 방문했을 때, 그의 아이들이 나에게 "엄마와 아빠가 소통하는 것을 원하지 않을 때는 덴마크어로 말한다"고 알려주었다.

† 임시로 붙인 이름은 운운옥튬(ununoctium, 1-1-8의 라틴어 표기)

한 가지 물리량이 더 있다. 그것은 원자핵의 실제 질량 M이다. 아무것도 없는 원자핵의 질량보다는 전자를 포함한 원자의 "질량"이 훨씬 더 편리한 것으로 밝혀졌기 때문에 질량은 실제로 전자를 포함한 원자 전체에 대한 것이다. 어쨌든 전자는 원자의 질량에서 아주 작은 부분을 차지할 뿐이다. 큰 규모에서 질량의 단위인 킬로그램은 원자의 질량을 나타내기에는 몹시 불편하기 때문에 원자 **질량 단위**(atomic mass unit, amu)라는 새로운 단위가 도입되었다.* 탄소 12 원자는 정확하게 12amu의 원자 질량을 가진다고 정의된다. 이런 정의를 사용하면, 수소 동위원소들의 원자 질량은 1, 2, 3에 가깝고, 산소 16의 원자 질량은 16에 가깝고, 우라늄 238의 원자 질량은 238에 가깝게 된다. 다시 말해서, 질량수에 해당하는 정수 A는 amu로 표시되는 원자의 실제 질량 M과 대체로 비슷하게 된다. 예를 들면, 산소 16의 원자 질량은 15.9949이고, 베릴륨 9의 원자 질량은 9.0122이다. (두 경우 모두 여기에 소개한 것보다 훨씬 더 정밀한 값이 알려져 있다.) 원자 질량과 질량수가 **정확하게** 일치하지 않는 이유는 원자핵의 결합 에너지가 원자핵의 질량에 기여하기 때문이다.

지금까지 **동위원소**(isotope)라는 말을 정확하게 정의하지 않고 사용해왔다. 첫째, **원소**는 모든 원자들이 특정한 숫자의 양성자를 가지고 있는 물질로 정의된다. 다시 말해서 원자 번호 Z가 원소를 정의해준다. 주어진 원소는 원자핵에 들어 있는 중성자의 숫자에 따라서 서로 다른 동위원소를 가질 수 있다. 예를 들면 우라늄의 유명한 두 가지 동위원소는 U 235와 U 238이다. 모든 우라늄 원자는 92개의 양성자를 가지고 있다. 두 동위원소의 원자들은 각각 143개와 146개의 중성자를 가지고 있다. 탄소의 가장 흔한 동위원소인 탄소 12의 원자핵에는 6개의 양성자와 6개의 중성

* 1amu는 1.66×10^{-27}kg이다.

자가 들어 있다. 드물게 존재하는 동위원소로 오래된 유물의 연대를 정하는 일에 사용되는 탄소 14는 6개의 양성자와 8개의 중성자가 들어 있는 원자핵을 가지고 있다. 탄소 14는 방사성이지만, 탄소 12의 원자핵은 그렇지 않다.

중성 원자에 들어 있는 전자의 숫자와 그런 전자들의 배열방법은 원자핵에 들어 있는 양성자의 수에 의해서 결정되기 때문에 원자들의 행동이 중성자 수에 따라 달라지는 경우는 거의 찾아보기 어렵다. 따라서 탄소 12와 탄소 14는 똑같은 화합물을 만들고, 두 동위원소 모두 흑연이나 다이아몬드를 만드는 데에 똑같이 쓸 수 있다. 원소의 정의가 양성자의 숫자만에 의해서 결정되는 것도 그런 이유 때문이다. (동위원소들의 질량 차이가 작은 역할을 할 수도 있기 때문에 화학적 행동이 중성자 수에 전혀 영향을 주지 않는 것은 아니다.) 그러나 원자핵 자체를 분리된 구조로 볼 때에는 동위원소의 차이는 크게 드러난다. 예를 들면, 한 개의 "원자가(原子價)" 중성자를 가지고 있는 납 209는 납 208 원자핵과 상당히 다른 성질을 가지고 있다. 동위원소들 중에서 가장 두드러진 차이는 탄소 12와 탄소 14처럼 방사성이거나 아닌 경우이다. 대부분의 원소들은 한 가지 이상의 동위원소를 가지고 있다. 80여 종의 원소들은 적어도 한 종의 안정적인 동위원소를 가지고 있고, 모든 원소들은 한 종 이상의 불안정한 (방사성) 원자핵을 가지고 있다. 지금까지 알려진 원소들 중에서 3,000종 이상의 동위원소가 확인되었고, 그중에서 256종이 안정하다. 지구 지질학자들이 태양계와 은하를 무시할 수 있는 것과 마찬가지로 이런 원자의 중심부에 관심을 가지고 있는 핵물리학자들은 "멀리 떨어져 있는" 전자와 원자들의 화학은 무시한다.

제6장

원자핵에 대한 더 많은 질문들

34. 주기율표에 끝이 있는 이유는 무엇일까?

주기율표의 끝(현재 알려져 있는 모든 원소들 중에는 Z = 118, 안정적인 원소들 중에는 Z = 82*)은 전자와는 아무 상관이 없고, 원자핵과 관계가 있다. 더 구체적으로는 양성자들 사이의 전기적 반발과 관계된 것이다. 강한 핵력은 양성자와 양성자를, 중성자와 중성자를 잡아당기고, 중성자와 양성자를 서로 잡아당기도록 한다. 간단하게 말해서, 모든 핵자들을 서로 붙여주는 역할을 한다. 그러나 그 영향력이 멀리까지 미치지는 못해서, 큰 원자핵의 한 쪽 끝에서 다른 쪽 끝까지도 미치지 못한다. 강한 핵력은 핵자들이 서로 가까이 있을 때에만 작용한다. 양성자들 사이의 전기적 반발력은 핵력보다는 약하지만, 더 먼 영역까지 미친다. 무거운 원자핵에서는 모든 양성자가 다른 모든 양성자의 반발력을 느낀다.

배타 원리는 양성자들 사이에서도 적용되고, 중성자 사이에도 적용되지만, 양성자와 중성자 사이에서는 적용되지 않는다. 그래서 2개 이상의 양성자는 원자핵에서 똑같은 운동 상태를 차지하지는 못하지만, 1개의 양성

---

* 원자 번호 43과 61(테크네슘과 프로메튬)의 경우에는 안정적인 동위원소가 없다. 그래서 안정적인 원소의 마지막 원자 번호가 82이지만, 실제로 안정적인 원소는 80개뿐이다.

자와 1개의 중성자의 경우에는 그런 제약이 없기 때문에 똑같은 운동 상태를 공유할 수 있다. 전기력이 방해하지 않는다면, 가장 안정적인(stable) 원자핵은 모두 같은 수의 중성자와 양성자를 가지게 된다. 중성자와 양성자는 각각의 껍질에서 배타 원리를 따르지만 서로는 자유롭게 뒤엉킬 수 있다. 안정적인 철 원자핵에는 26개의 양성자와 26개의 중성자가 들어 있다. 안정적인 우라늄 원자핵에는 92개의 양성자와 92개의 중성자가 들어 있다. 그리고 큰 원자핵을 만드는 중성자와 양성자의 수에는 한계가 없다. 원자 번호 548에는 548개의 양성자와 548개의 중성자가 들어 있을 것이다. 원소의 이름을 정하는 국제 기구가 몹시 바빠질 것이다.

이제 양성자들이 서로 밀쳐내는 실제 세계로 돌아와보자. 가벼운 원자핵에서는 양성자 사이의 상호 반발은 상대적으로 덜 중요하다. 그런 원자핵에서는 양성자와 중성자의 수가 같은 경우가 압도적으로 많다. 예를 들면, 헬륨 4에는 2개의 양성자와 2개의 중성자가 들어 있고, 산소 16에는 8개의 양성자와 8개의 중성자가 들어 있고, 네온 20에는 10개씩이 들어 있다. 그러나 양성자의 수가 늘어나면, 양성자들 사이의 상호 반발이 상대적으로 더 중요해져서 중성자와 양성자의 수가 같아야 한다는 경향을 압도하게 된다. 무거운 원소에서는 중성자가 양성자보다 더 많고, 원자핵이 무거워질수록 불균형은 더욱 심해진다. 철의 가장 흔한 동위원소인 철 56에는 양성자 26개보다 15퍼센트나 더 많은 30개의 중성자가 있다. 앞에서 설명했던 우라늄 238의 경우에는 92개의 양성자보다 59퍼센트나 더 많은 146개의 중성자가 있다. 결국에는 양성자들 사이의 반발력이 너무 커지면, 안정적인 원소가 존재하지 못하게 된다. 그리고 안정적인 원자핵이 없어지면, 오랫동안 존재하는 원자도 없어지게 되고, 과학자들이 연구할 수 있는 원소도 없어진다.

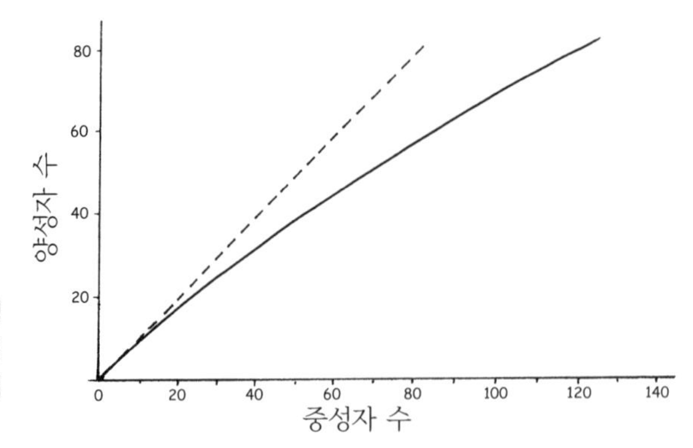

그림 21. 안정적인 원자핵에서의 양성자 수와 중성자 수. "안정성 선"은 휘어지고 끝이 난다.

중성자의 수 N을 수평선으로 하고 양성자의 수 Z를 수직으로 하는 그래프(그림 21)를 만들면, 안정적인 원자핵을 나타내는 선을 그을 수 있다. 양성자들이 서로 반발하지 않는 가상적인 세계에서는 가장 안정적인 원자핵에 들어 있는 중성자와 양성자의 수가 같기(N = Z) 때문에 "안정성 선(line of stability)"이라는 선은 45도의 기울기를 가진 직선이 된다. 그림에서는 그런 선을 점선으로 나타냈다. 실재 세계에서는 양성자 사이의 반발 때문에 그림에서 실선으로 나타낸 안정성 선이 휘어지고, 끝이 있게 된다. 양성자 수 Z와 비교해서 중성자 수 N이 점점 더 커지기 때문에 휘어진다. 어느 한계를 넘어서면, 중성자의 도움이 있더라도 더 많은 수의 양성자를 원자핵에 집어넣을 수가 없기 때문에 안정성 선이 끝나게 된다.

중성자는 양성자들이 가까운 거리에 있도록 해줌으로써 원자핵에 시멘트를 더해주는 것처럼 안정성 선을 확대시키는 역할을 하는 것으로 밝혀졌다. 어떤 의미에서는 중성자가 원자핵의 존재 자체를 가능하게 만들어준다고 볼 수도 있다. 중성자가 없다면 헬륨도 존재할 수 없고, 더 무거운 원소도 존재할 수가 없다. 우주는 수소만으로 채워지게 되고, 행성도 존재할 수 없고, 사람도 존재할 수 없게 된다. 2개의 양성자가 서로 달라붙어 원자핵을 형성할 수가 없기 때문이다. 그래서 (중성자 없이 2개의 양성자로만 만들어진) 헬륨 2는 존재하지 않는다. 전기적 반발은 상대적으로 약하지만, 2개의 양성자가 서로 가까이 존재하지 못하도록 할 만큼은 강하다. 1개나 2개의 중성자가 합쳐져야만 함께 존재할 수가 있다. (2개의 양성자와 1개의 중성자로 만들어진) 헬륨 3와 (2개씩의 양성자와 중성자로 만들어진) 헬륨 4는 안정하고, 어떤 의미에서는 더 무거운 모든 원자핵을 만드는 기반을 제공한다.

몇 가지 간단한 원리와 사실로부터 얻어지는 세계의 신비에 대해서 생각해보라. 중성자가 없으면, 수소 이외의 원소는 존재할 수가 없다. 배타 원리와 각운동량 결합의 법칙이 없으면, 암울할 정도로 비활성적인 원자들만 존재하게 되고, 주기율표도 존재할 수 없고, 생명이나 색깔도 없는 세계가 될 것이다. 양성자의 전하가 없으면, 전자가 더해진 원자도 만들어질 수 없고, 원자핵은 무한히 많이 존재할 수 있겠지만 아무런 쓸모도 없게 된다.

35. 방사성은 무엇일까? 그 형태는 무엇일까?

원자핵이 불안정하면, 그런 원자핵은 스스로 (일정한 반감기를 가지고) 더 안정적인 다른 것으로 변환된다. 그것이 바로 방사성(radioactivity: 방사능이라고도 번역한다)이다. 원자핵의 존재가 알려지기도 전에 그런 현상의 이름이 붙여졌다. 19세기 말에 어니스트 러더퍼드와 마리 퀴리와 같은 과학자들은 일부 무거운 원소들이 자발적으로 "복사(radiation)"를 방출한다는 사실을 발견했다. 복사의 자세한 성질에 대해서 아무 지식이 없었던 러더퍼드는 처음 두 종류의 복사에 그리스 알파벳의 첫 두 글자를 따라 알파(alpha)와 베타(beta)라는 이름을 붙였다. 그 직후에 프랑스 화학자 폴 울리히 빌라르가 세 번째 종류의 복사를 발견했고, 당연히 감마(gamma)라고 불렀다. 과학자들은 곧 이들 "광선(ray)"의 정체를 밝혀냈다. 알파선은 2개의 양성자와 2개의 중성자가 결합되어 만들어진 헬륨 원자핵으로 지금도 알파 입자(alpha particle)라고 부른다. 베타선은 전자이고, 어떤 의미에서는 지금도 베타 입자(beta particle)라고 부른다. 그리고 감마선은 전자기 복사로 이제는 고에너지의 광자(여전히 감마라고 부름)로 알려졌다.

알파와 베타 붕괴에서는 초기와 최종 원자핵이 서로 다른 원소에 속하는 "변환(transmutation)"이 일어난다. 그러나 감마 붕괴에서는 원소가 변하지 않는다. 원자핵의 높은 에너지 상태에서 낮은 에너지 상태로 양자 도약이 일어날 뿐이다. 원자에서 볼 수 있는 전자의 도약과 똑같은 현상이지만, 에너지는 최대 100만 배나 더 크다.

방사성은 왜 나타날까? 어떤 일이 일어날까? 알파와 베타 붕괴를 따로 살펴보자.

알파 붕괴는 거의 대부분 원자 번호 83번 이상의 아주 무거운 원소에서만 일어난다. 알파 붕괴는 사실 원자핵이 양성자를 떼어버리는 과정이다. 그런 일은 원자핵 안에 들어 있는 양성자 사이의 반발 때문에 원자핵이 겨우 안정하거나 불안정한 원소에서만 일어난다. 이제 $E=mc^2$이 아주 흥미로운 방법으로 작동하기 시작한다. 양성자가 너무 많은 원자핵은 양성자를 제거하고 "싶어한다." 그러나 무작정 그렇게 할 수는 없다. 원자핵의 질량은 그 안에 들어 있는 입자들의 질량을 합한 것보다 작다. 서로 잡아당기는 핵력이 결합 에너지를 만들기 때문이다. 사실 원자핵에 들어 있는 핵자들의 질량은 서로에 대한 인력 때문에 자유로운 상태로 있을 때보다 더 작아진다. 양성자 1개가 방출되면, 방출되는 원자핵은 바깥 세계로 마리 퀴리(1867–1934). 시대를 통틀어 가장 유명한 여성 과학자 중 한 사람이고, 노벨상 역사에서 과학 분야에서 2개의 노벨상(1903년 물리학상, 1911년 화학상)을 수상한 세 사람 중 한 사람. 그녀와 남편 피에르는 원소 라듐(원자 번호 88)과 폴로늄(원자 번호 84)을 발견했다. 폴로늄은 자신의 고국인 폴란드를 뜻한다. 그녀 자신의 이름은 원소 퀴륨(원자 번호 96)에 붙여졌다. (Deutscher Verlag: 사진 AIP Emilio Segrè Visual Archives, Brittle Books Collection 제공)

방출된 양성자가 본래의 질량을 회복하도록 추가적인 에너지를 제공해야 한다. 그래서 양성자 하나만을 방출하지는 못한다. 마찬가지로 한 개의 중성자나 한 쌍의 양성자를 방출하는 것도 불가능하다. 그러나 전혀 희망이 없는 것은 아니다. 실제로 원자핵이 양성자를 제거할 수 있는 방법이 있다. 2개의 중성자와 단단하게 결합된 2개의 양성자, 즉 알파 입자를 방출하는 것이다. 알파 입자도 역시 핵자들이 자유로운 상태일 때보다 더 작은 질량을 가지고 있기 때문이다. 그래서 원자핵이 알파 입자를 방출하기 위해서 추가로 에너지를 확보해야 할 필요가 없다. 상당한 정도의 자체 결합 에너지를 가진 단단하게 결합된 구조가 필요할 뿐이다. 핵자들이 보조적인 역할을 해준다. 원자핵은 (조금 의인화하자면) 중성자만을 제거해서는 아무것도 얻을 수 없지만, 양성자 제거라는 목표를 달성하기 위해서는 중성자를 잃어버리는 일을 감수해야만 한다.

무거운 원자핵이 아주 빠른 속도로 알파 붕괴를 일으키지 못하는 유일한 이유는 전기력 장벽 때문이다. 알파 입자가 원자핵의 표면으로부터 벗어나기 위해서는 상당한 양의 에너지가 필요하다. 알파 입자가 핵력에 의해서 뒤로 끌리기 때문이다. 알파 입자가 원자핵으로부터 탈출하려면 원자핵으로부터 상당히 멀리 떨어져서 자유롭게 날아갈 수 있는 곳까지 장벽을 뚫고 "터널을 빠져나가야("tunnel" through the barrior)" 한다. 질문 26에서 설명했듯이, 영국과 미국의 물리학자들은 1928년에 알파 붕괴를 터널 현상으로 설명하는 이론을 개발했다. 모든 것이 확률에 의해서 결정된다. 고전적으로는 알파 붕괴가 절대 일어날 수 없다. 양자역학적으로는 어느 정도의 확률로 일어날 수가 있다. 여러 경우에 그 확률은 매우 낮다. 예를 들면, 우라늄 238의 알파 붕괴 반감기는 우연하게도 지구의 나이와 거의 같은 45억 년이다.

반감기가 짧으면서 잘 알려진 알파 입자 방출 원소는 라듐 226이다. 라돈 222로 붕괴되는 과정은 다음과 같은 반응 방정식으로 나타낼 수 있다.

$$_{88}Ra_{138}{}^{226} \rightarrow {}_{86}Rn_{136}{}^{222} + \alpha$$

화학 기호 왼쪽의 아래 첨자는 원자핵에 들어 있는 양성자의 숫자를 나타내는 원자 번호이다. 기호의 오른쪽에 있는 아래 첨자는 중성자의 숫자를 나타낸다. 위 첨자는 이 두 숫자를 합친 것으로 원자핵에 들어 있는 핵자의 총수에 해당하는 질량수이다. 이 과정에 의한 반감기는 대략 1,600년이다. 붕괴 생성물인 라돈 222는 그 자체가 알파 입자를 방출하는 원소로 반감기가 3.8일이다. 여기에 나타낸 과정은 우라늄 238에서 시작해서 납 206으로 끝나는 방사성 붕괴가 일어나는 긴 연쇄의 일부이다.

베타 붕괴의 물리학은 전혀 다르다. 베타 붕괴의 예는 엄청나게 많다. 베타선을 붕괴하는 것으로 알려진 수백 종의 원소에는 주기율표의 한 쪽 끝에 있는 수소 3(삼중수소)에서부터 다른 쪽 끝에 있는 가장 무거운 "초우라늄족(transuranics)"이 모두 포함된다. 베타 붕괴는 전자와 뉴트리노는 물론이고 중성자와 양성자에서 나타나는 약한 상호작용의 결과이다. 이런 상호작용 때문에 양성자와 중성자의 수가 균형을 벗어난 원자핵에서는 언제나 방사성이 나타난다. 다음의 예를 통해서 균형 붕괴(out of balance)의 의미를 가장 확실하게 설명할 수 있다. 총 14개의 핵자를 가지고 있는 원자핵을 생각해보자. 질량수가 14이면서 가장 안정적인 원자핵은 7개의 양성자와 7개의 중성자로 구성된 원자핵을 가진 질소 14이다. 가벼운 원소가 흔히 그렇듯이 양성자와 중성자의 수가 같은 경우가 좋다. 그런데 같은 질량수를 가진 또다른 원자핵은 6개의 양성자와 8개의 중성자를 가진 탄소 14가 있다. 양성자와 중성자의 전체 수는 탄소 14의 중성자 중 하나가 양성자로 바뀌면, 더 안정적인 원자핵이 만들어질 수 있다는 뜻에서 "균형이 붕괴되었다." 약한 상호작용 덕분에 그런 일이 일어나게 된다. 탄소 14의 베타 붕괴에서는 전자와 반(反)뉴트리노가 방출되고, 중성자는 양성자로 바뀐다. 그런 과정을 반응 방정식으로 나타내면 다음과 같다.

$$_{6}C_{8}^{14} \rightarrow {}_{7}N_{7}^{14} + e^{-} + \bar{\nu}$$

그리스 글자 ν(nu)는 뉴트리노를 뜻하고, 기호 위의 바는 반(反)입자를 나타낸다. 이 과정의 반감기는 5,730년으로 고대 (그러나 너무 오래 되지 않은) 유물의 방사선 연대 측정에 훌륭하게 이용된다. 대기 중에서는 탄소 14가 보충된다. 그러나 나무에서 잘라낸 목재에서는 보충이 되지 않는다. 그래서 목재 유물에서 탄소 14가 감소한 양이 목재가 살아 있는 나무의 일부였던 때로부터 얼마나 지난 것인지를 알려주게 된다.

중성자와 양성자는 다른 쪽으로 균형을 잃어버릴 수도 있다. 원자량이 18인 원자핵이 그런 예가 된다. 이 질량수에서는 중성자가 조금 더 많은 것이 좋다. 8개의 양성자와 10개의 중성자를 가진 산소 18이 9개의 양성자와 9개의 중성자를 가진 플루오린 18보다 조금 더 안정하다. 플루오린-18은 다음과 같이 스스로 산소 18로 (110분의 반감기를 가지고) 변환된다.

$$_9F_9^{18} \rightarrow {}_8O_{10}^{18} + e^+ + \nu$$

뉴트리노와 함께 양전자(반전자)가 방출된다.

양성자가 중성자로 대체됨으로써 원자핵이 더 안정하게 될 때 일어나는 세 번째 종류의 베타 붕괴도 있다. **전자 포획**(electron capture)이라고 부르는 것이다. 플루오린 18의 경우처럼 양전자를 방출하는 대신 원자핵이 원자의 내부로부터 전자를 집어 삼킬 수 있다. (두 경우 모두에서 핵전하가 감소한다는 사실을 주목하라.) 이런 일은, 예를 들면, 아르곤 37이 스스로 염소 37로 변환되는 경우에 일어난다.

$$_{18}Ar_{19}^{37} + e^- \rightarrow {}_{17}Cl_{20}^{37} + \nu$$

원자핵 안에 있는 양성자 사이의 반발이 중요해지기 시작하는 질량수 37에서는 3개의 중성자가 더 들어 있는 염소 37이 1개의 중성자가 더 들어 있는 아르곤 37보다 더 안정하다.* (이런 과정이 일어나고 나면 염소 37 원자는 내부의 전자 하나를 잃어버리게 된다. 그런 원자에서 방출되는 X-선이 이런 과정을 확인할 수 있도록 해준다.)

* 1970년대에 레이먼드 데이비스는 이런 반응의 역반응을 이용해서 처음으로 태양에서 방출되는 뉴트리노를 검출했다(그는 그 공로로 2002년 노벨 물리학상을 받았다). 사우스다코다의 깊은 광산에 넣어둔 10만 갤런의 드라이클리닝 액체(퍼클로로에틸렌)에는 많은 양의 염소 37이 포함되어 있었다. 드물게 일어나는 뉴트리노의 흡수가 일어나도록 두 달을 기다린 후에 그는 액체에서 축적된 극미량이 아르곤 37을 모았고, 반감기가 34일인 염소 37로의 방사성 핵변환을 통해서 이 동위원소를 검출했다.

36. 중성자가 원자핵의 내부에서는 안정적이지만, 혼자서는 불안정한 이유는 무엇일까?

적어도 한 가지 측면에서 중성자는 모든 입자들 중에서 가장 독특한 것이라고 할 수 있다. 중성자는 홀로 있을 경우에는 평균 수명 15분으로 붕괴하지만, 원자핵 안에서는 영원히 존재한다.* 야생에서는 생존하지 못하지만 동물원에 갇혀 있으면 잘 사는 동물과 같은 셈이다.

다른 경우와 마찬가지로 원자핵의 세계에서도 모든 문제가 질량과 에너지에 대한 것이다. 에너지 단위로 중성자의 질량은 939.6MeV이고, 양성자의 질량은 그보다 약 0.1퍼센트에 해당하는 1.3MeV가 적은 938.3MeV이다. 이 정도의 작은 차이도 다음과 같은 반응 방정식으로 나타낼 수 있는 중성자 붕괴를 허용하기에 충분하다.

$$n \rightarrow p + e^{-} + \bar{\nu}$$

전자의 질량은 0.5MeV의 에너지를 빨아들이고, 반뉴트리노의 질량은 훨씬 더 적은 양의 에너지를 흡수한다. 그래서 생성된 3개 입자가 튕겨져 나가는 이런 "내리막" 붕괴에서는 0.8MeV의 에너지가 남게 된다.

이제 중성자와 양성자를 결합시켜서 양성자 다음으로 간단한 중수소의 원자핵인 중양성자(重陽性子, deuteron)를 만들어보자. 이 두 입자의 상호 결합에는 2.2MeV의 결합 에너지가 필요하다. 중양성자가 만들어질 때 2.2MeV의 에너지가 방출되거나, 역으로 중양성자를 중성자와 양성자로 떼어놓기 위해서는 2.2MeV의 에너지를 제공해야만 한다는 뜻이다. ($E = mc^2$ 덕분에) 중양성자가 구성 입자 2개의 질량을 합친 것보다 더 작

---

* 중성자가 없어지는 붕괴가 포함되는 방사성 원자핵이 있기는 하지만, 엄격하게 말해서 그런 경우에 붕괴되는 것은 원자핵에 들어 있는 중성자가 아니라 원자핵 전체이다.

은 질량을 가지고 있다는 뜻이기도 하다. 그리고 중양성자에 들어 있는 중성자가 "야생에서처럼" 붕괴되어 중양성자가 한 쌍의 양성자(와 전자와 반뉴트리노)로 바뀔 수 없을까? 그런 과정이 질량의 "오르막"이기 때문이다. (MeV 단위로) 계산을 해보자.

양성자의 질량	938.3
중성자의 질량	939.6
빼기 결합 에너지	−2.2
중수소의 질량	1875.7

양성자 2개의 질량	1876.6
전자의 질량	0.5
반뉴트리노의 질량	−0.0
가상적 붕괴 생성물의 질량	1877.1

가상적인 붕괴의 생성물은 질량이 중양성자의 질량보다 무거운 1877.1MeV이기 때문에 그런 붕괴는 일어나지 않는다.

지금까지도 한 가지 중요한 문제는 설명하지 않았다. 중양성자 붕괴에서 만들어진 2개의 양성자가 서로 결합해서 "쌍양성자(di-proton)"*가 만들어질 것이라고 생각할 수도 있다. 그런 쌍양성자의 결합 에너지는 위의 두 번째 총 에너지를 감소시켜서 붕괴를 가상이 아니라 실제로 일어나도록 만들 수 있을 것이다. 질문 34에서 알 수 있듯이, 안정적인 쌍양성자는 존재하지 않는다. 두 양성자 사이의 전기적 반발이 핵 인력보다 크기 때문에 두 양성자는 서로 떨어져 날아간다. 그래서 실제로 중양성자는 붕괴할 수

* 쌍양성자가 존재한다면, 그것은 헬륨의 가장 가벼운 동위원소의 원자핵이 될 것이다.

없다. 중양성자 속에 들어 있는 중성자는 안정화되어서 영원히 존재한다. 사실 오늘날 우주에는 대폭발 직후인 수십 억 년 전에 생성된 수없이 많은 중양성자가 존재한다. 양성자를 끌어안고 있는 중성자는 오랜 세월을 견뎌내고 있다.

쌍중성자(di-neutron)도 존재하지 않는 것으로 밝혀졌다. 중성자들 사이에는 전기적 반발이 작용하지 않음에도 불구하고 두 중성자는 서로 붙어 있지 않는다. 그 이유는 한 쌍의 중성자 사이의 핵력은 스핀이 서로 반대 방향으로 있을 때보다 같은 방향으로 있을 때 조금 더 강하기 때문이다. 1개의 중성자와 1개의 양성자의 경우에는 그런 일이 가능하다. 중양성자에서는 두 스핀이 서로 평행이 되어 총 스핀이 1(1/2 + 1/2)이 된다. 그러나 배타 원리에 의해서 가장 낮은 에너지 상태에 있는 한 쌍의 중성자들은 똑같은 스핀 방향을 가질 수가 없다. 그들은 서로 반대 스핀으로 결합을 해야만 하고, 그런 배열에서는 두 중성자 사이의 인력은 서로를 붙들어두기에는 충분하지 않게 된다. 중양성자는 안정성의 칼날 위에 앉아 있는 셈이다.

더 무거운 원자핵의 경우에는 결합 에너지에 의해서 생성되는 질량의 변화가 매우 작기는 하지만, 중양성자의 경우보다는 조금 더 크기 때문에 중성자의 안정화가 더 "확실해진다." 예를 들면, 알파 입자의 결합 에너지는 28MeV로 중양성자의 경우, 핵자당 1MeV보다 훨씬 더 큰 핵자당 7MeV이다. 알파 입자(헬륨 원자핵)보다 더 큰 원자핵에서 핵자 당 결합 에너지는 탄소와 산소 원자핵에서는 약 8MeV까지 커지고, 철과 니켈 원자핵에서는 약 9MeV로 최댓값이 되고, 더 무거운 원자핵에서는 약 7MeV까지 점진적으로 줄어든다.

중성자가 안정되지 않으면 우주는 수소로만 구성된 정말 따분한 곳이 되었을 것이다. 에너지를 방출하고 별을 빛나게 해주는 핵융합도 불가능한 차가운 수소만 존재하게 될 것이다. 만약 중성자가 실제보다 조금 더 무겁거나, 핵력이 조금 더 약했더라면 중성자도 안정화되지 못하고, 우리도 존재할 수 없을 것이라는 사실은 정신이 번쩍 들게 한다.

37. 핵분열은 무엇일까? 왜 에너지가 방출될까?

원자핵 안에서 서로 잡아당기는 핵력과 서로 밀쳐내는 전기력 사이의 경쟁은 복잡한 과정을 통해서 원자핵의 성질과 행동을 설명해준다. 이미 설명했듯이 가벼운 원자핵에 같은 수의 양성자와 중성자가 들어 있는 이유, 무거운 원자핵에서 중성자의 수가 양성자보다 더 많은 이유, 알파와 베타 방사선이 방출되는 이유, 주기율표에 끝이 있는 이유를 알 수 있다. 한 가지 중요한 사실이 더 있다. 무거운 원자핵의 분열과 가벼운 원자핵의 융합이 에너지를 방출하는 이유도 설명해준다. **핵분열**(fission)과 **핵융합**(fusion)은 대체로 그 이름에서 짐작할 수 있는 것을 뜻한다. 핵분열은 무거운 원자핵이 가벼운 조각으로 분열되는 것이다. (다음 질문에서 설명할) 핵융합은 가벼운 원자핵들이 서로 합쳐져서 더 무거운 원자핵으로 융합되는 것이다.

분열과 융합을 이해하기 위해서는 핵자당 질량의 개념을 이용하는 것이 도움이 된다. 질문 36에서 설명했듯이, 결합 에너지는 (중양자의 경우에는 핵자당 1MeV에 불과하지만) 대부분의 원자핵에서는 핵자당 7MeV에서 9MeV 사이의 값이 된다. ($E = mc^2$ 덕분에) 이 결합 에너지는 원자핵의 질량을 감소시키는 역할을 한다. 각각의 핵자는 다른 것과 합쳐지면서 조금씩 가벼워지는 셈이다. 단합을 강조하는 광고에서 중성자는 "나는 체중

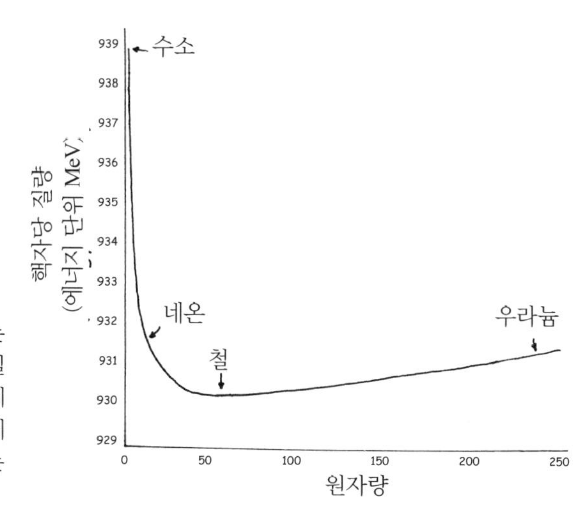

그림 22. 원자핵에서는 "벽돌(핵자)"당 질량은 일정하지 않다. 철의 경우에 최솟값으로 줄어든 후에 더 무거운 원자핵에서는 증가한다.

이 939MeV이었지만, 친구를 만나고 나서는 931MeV가 되었다"고 말하는 것과 같다. 핵자당 평균 질량을 계산하기 위해서 서로 충분히 멀리 떨어져 있는 8개의 양성자와 8개의 중성자를 생각해보자. 총 질량은 어떤 값이 될 것이다. 그 입자들을 모아서 산소 원자핵을 만들면 총 질량이 조금 줄어든다. 그 질량을 16으로 나누면 산소 원자핵의 핵자당 질량을 얻게 된다. 벽돌담의 질량을 벽돌의 수로 나누면 벽돌 한 장의 질량을 얻는 것과 같다. 원자핵의 질량을 "벽돌(핵자)"의 수로 나누면 서로 떨어져 있는 하나의 원자핵 "벽돌"의 질량보다 조금 작은 값이 된다.

그림 22는 수소에서 우라늄에 이르는 원소들의 핵자당 평균 질량을 나타낸 것이다. 수직 눈금은 주기율표의 한 쪽에서 다른 쪽으로 갈 때 나타나는 비교적 작은 변화를 강조하기 위해서 선택한 것이다. 왼쪽의 가파른 봉우리(홀로 떨어져서 전혀 가벼워지지 않은 양성자)에서 원자 번호 26(철) 부근에 있는 "질량 계곡(mass valley)"의 바닥에 이르기까지의 변화는 1퍼센트보다 더 작다. 같은 계곡에서 오른쪽의 원자 번호 92(우라늄)

에 이르기까지의 변화는 0.2퍼센트이다. 이런 변화가 퍼센트로는 작은 것 같지만 사실은 엄청나게 큰 것이다. 그래프의 왼쪽에서 볼 수 있는 것처럼 왼쪽에서 오른쪽으로 기울어진 내리막 때문에 별이 빛나고, 수소 폭탄이 폭발하고, 언젠가는 통제할 수 있는 핵융합 발전소가 실현될 것이다. 그래프의 오른쪽에서 볼 수 있는 오른쪽에서 왼쪽으로 기울어진 내리막 때문에 원자 폭탄이 폭발하고, 원자력 발전소에서 엄청난 양의 전력이 생산된다.

우선 핵분열에 대해서 생각해보자. 그림 22의 오른쪽에 있는 원자핵이 두 개의 작은 조각으로 갈라지면, 조각들은 각각 그래프의 왼쪽에 있는 원자핵이 될 것이고, 핵자 당 질량은 더 작아질 것이다. 그런 변종은 에너지 측면에서도 내리막이고, 그림에서도 말 그대로 내리막이 되어서, 에너지가 방출될 것이다. 그렇다면 의문이 생길 것이다. "왜 그런 일이 그냥 순간적으로 일어나지 않을까?" 사실 일부 매우 무거운 원자핵의 경우에는 실제로 자발적인 핵분열이 일어나지만, 그런 핵분열이 순간적으로 일어나지는 않는다. 반감기는 대부분 몇 년에서 100만 년 정도로 길다. 원자핵이 (확률이 매우 낮은 과정인) 에너지 장벽을 통과하는 터널 현상(tunneling)을 통해서 알파 입자나 그와 비슷한 조각으로 갈라져서 방출될 것이다. 주기율표에서 (방사성 원소인) 우라늄 이상의 원소들 중에는 알파 붕괴가 흔히 일어난다. 자발적 분열이 주된 붕괴 방식인 경우도 있다.

원자핵이 터널 현상으로 에너지 장벽을 통과하는 대신에 뛰어넘도록 만드는 일이 가능한 경우가 한 가지 있다. 우라늄 235 원자핵을 예로 생각해보자. 우라늄 235를 그냥 놓아두면 1억 년의 10억 배에 해당하는 반감기로 자발적 분열이 일어난다.* 만약 에너지 장벽을 훨씬 넘어서는 5Mev

* 자발적 분열이 유일한 붕괴 방식이라면 이것이 반감기가 될 것이다. 그러나 주된 방식인

이상의 에너지를 제공하면, 10억 분의 10억 분(100경 분)의 1초 안에 분열이 일어난다. 그런 에너지를 얻는 한 가지 방법이 중성자를 흡수하는 것이다. 접근하는 중성자가 원자핵으로 "끌려 들어가면", 약 5MeV의 결합 에너지가 방출되고, 생성되는 우라늄-236 원자핵은 들뜬 상태가 된다. 그렇게 들뜬 원자핵의 경우에는 터널 현상이 필요하지 않게 된다. 원자핵이 거의 순간적으로 분열될 수 있고, 그렇게 되면 그림 22의 오른쪽에서 왼쪽으로의 내리막을 따라 도약이 일어난다. 더 작은 질량을 가진 조각으로 분열될 이런 도약은 200MeV 이상의 에너지를 방출한다.

인간의 관점에서는 연쇄 반응이 아니라면 200MeV의 에너지도 큰 의미가 없다. 분열 과정이 일어날 때는 2개의 큰 분열 조각과 함께 2개 또는 3개의 중성자가 방출되는 것으로 밝혀졌다. 이 중성자들이 다른 우라늄 235 원자핵을 만나면, 추가적인 분열 사건이 일어나게 된다. 원자로 내부에서 일어나는 이런 연쇄 과정을 세심하게 통제하면, 순환하는 물이 생성된 에너지를 운반하게 되어 결국 전력을 얻을 수 있다. 연쇄 반응 과정을 통제하지 못하면, 핵 분열의 속도가 지수함수적으로 증가하게 되고, 핵 폭발이 마지막 결과가 된다.

우라늄 238이 아니라 우라늄 235에서만 원자로와 원자폭탄의 분열이 가능한 것에 대한 한 가지 설명이 필요하다. 그 차이는 실제로 미묘한 것이다. 146개의 중성자를 가지고 있는 우라늄 238 원자핵은 143개의 중성자를 가지고 있는 우라늄 235 원자핵보다 아주 조금 더 클 뿐이다. 결과적으로 우라늄 238에 들어 있는 92개의 양성자는 우라늄 235에 들어 있는

알파 붕괴가 훨씬 더 가능성이 크기 때문에 실제 반감기는 "겨우" 7억 년이다. 그러나 확률의 작용 덕분에 우라늄 235에서 자발적 분열 사건은 몇 분이나 몇 시간이나 며칠 만에도 관찰할 수 있다.

92개의 양성자보다 평균적으로 조금 더 멀리 떨어져 있다. 그래서 우라늄 235에서 양성자 사이의 반발이 우라늄 238에서 보다 아주 조금 더 작아지게 된다. 따라서 무거운 동위원소가 아주 조금 더 안정하게 된다. 우라늄 235 원자핵이 "결합하지 않도록" 하는 데에(즉, 에너지 장벽을 뛰어넘는 데에) 충분한 5MeV가 우라늄 238에서 같은 일을 하기에는 충분하지 못하게 된다.* 핵분열 과정에 대한 일반 이론과 함께 이런 차이에 대한 설명은 나치 독일이 폴란드를 침공하여 제2차 세계대전이 시작된 (그리고 핵분열이 발견되고 고작 9개월이 지난) 1939년 9월 1일에 닐스 보어와 존 휠러에 의해서 밝혀졌다.

지구에서 발견되는 자연 우라늄에서는 대략 140개 중 하나(0.7퍼센트)가 우라늄 235 동위원소이다. 우라늄 광석에서 연쇄 반응이 일어나기에는 충분하지 않은 양이다. 1942년에 엔리코 페르미는 우라늄 235 함량이 0.7퍼센트인 천연 우라늄에서 연쇄 반응을 일으키는 데에 성공했지만, 순수한 흑연 속에 우라늄을 넣어서 세심하게 만든 "파일"이 필요했다. 그런 배열은 "자연"에서는 결코 만들어질 수 없는 것이다. 현대적 전력 생산과 실험용 원자로에서의 농축은 2퍼센트에서 약 20퍼센트에 이른다.

그러나 언제나 그런 것은 아니었다. 우라늄 238은 약 45억 년의 반감기로 붕괴된다. 가벼운 형제인 우라늄 235는 7억 년의 반감기로 훨씬 빠른 속도로 붕괴된다. 20억 년 전 지구의 우라늄 광산에서는 대략 27개 중 1개(3.7 퍼센트)가 우라늄 235였다. 자연에서 연쇄 반응이 일어나기에 충분한 수준이었다. 1972년 프랑스의 물리학자 프랑시스 페랭은 거의 20억 년 전

* 더 작기는 하지만, 두 번째 효과도 작용한다. (궁극적으로는 배타 원리의 결과인) "홀수-짝수" 효과 때문에 우라늄 235에 의해서 흡수된 중성자는 우라늄 238에 의해서 흡수된 중성자보다 조금 더 큰 결합 에너지를 제공하고, 그것이 원자핵이 에너지 장벽을 넘어가는 데에 도움이 된다.

오늘날 가봉의 오클로에 있는 우라늄 광산에서 실제로 그런 일이 일어났고, 그런 "자연 원자로"가 십만 년 이상 핵분열 에너지를 계속해서 쏟아냈다는 증거로 찾아냈다.

38. 핵융합 반응은 어떨까?

실제로 핵융합 무기와 미래의 가능한 핵융합 반응로 모두에 중요한 핵융합의 예가 있다. 중양성자(重陽性子, deuteron)와 삼중양성자(三重陽性子, triton)가 합쳐지면 알파 입자와 중성자를 형성한다.

$$d + t \rightarrow \alpha + n$$

원자 번호, 중성자 번호, 질량수를 분명하게 보여주는 기호를 사용하면, 이런 융합 반응은 다음과 같이 쓸 수 있다.

$$_{1}H_{1}^{2} + {}_{1}H_{2}^{3} \rightarrow {}_{2}He_{2}^{4} + {}_{0}n_{1}^{1}$$

반응하는 수소 원자핵에 있던 2개의 양성자는 알파 입자가 된다. 수소 원자핵에 들어 있는 3개의 중성자 중에서 2개는 알파 입자(헬륨 원자핵)가 되고, 나머지 하나는 자유롭게 방출된다. 입자들이 그림 22의 그래프의 왼쪽 내리막을 따라 내려가도록 해주는 것이 바로 알파 입자의 엄청난 결합 에너지이다. 이런 반응에서 방출되는 에너지는 17MeV 이상이고, 그 대부분(14MeV)은 최종 중성자의 운동 에너지로 나타난다.

태양의 핵융합 연료는 대부분 수소의 가장 가벼운 동위원소의 원자핵인 단순한 양성자이다. 일련의 반응을 통해서 태양 중심부의 양성자들이 융합되면 다음 알짜 반응에 따라 알파 입자가 만들어진다.

$$4p + 2e \rightarrow \alpha + 2\nu$$

다시 한번 그림 22의 왼쪽을 보면, 이것이 에너지를 방출하는 내리막 반응(수소에서 헬륨)이라는 사실을 알 수 있다. 전하와 (질문 45와 55에서 설명할) 경입자 수가 보존되기 위해서는 이 순 반응이 2개의 전자를 흡수해야만 하고, 2개의 뉴트리노를 생성해야만 한다. (136쪽의 각주에서 설명했듯이 뉴트리노는 이제 지구에서도 검출되었다.) 원자 번호, 중성자 수, 질량 수가 드러나는 기호를 사용하면, 태양에서 일어나는 알짜 융합 반응은 아래와 같이 쓸 수 있다.

$$4\,{}_{1}H_{0}^{1} + 2\,{}_{-1}e_{0}^{0} \rightarrow {}_{2}He_{2}^{4} + 2\,{}_{0}\nu_{0}^{0}$$

이 반응식을 세심하게 살펴보면, 반응이 일어나기 전과 후에 양성자와 중성자의 수가 똑같지 않다는 사실을 알게 된다. 실제로 2개의 양성자가 2개의 중성자로 변했다. 알짜 반응에는 베타 붕괴를 일으키는 것과 똑같은 상호작용인 약한 상호작용이 관여한다. 어떤 면에서는 약한 상호작용이 태양의 핵융합 반응에 참여하는 것은 좋은 일이다. 태양이 이미 50여 억 년 동안 빛났고, 앞으로도 50여 억 년을 더 빛나게 될 것이라는 사실을 설명하는 데에 도움이 되기 때문이다. 매 초마다 태양은 460만 톤의 질량을 에너지로 변환시킨다.

핵융합에 대해서도 핵분열에서와 똑같은 질문에 대한 답이 필요하다. 핵융합에서도 에너지가 방출된다면, 왜 그런 반응이 순간적으로 일어나지 않을까? 수십억 년 동안 태양의 중심에서 머물던 양성자가 뒤늦게 융합이 되면서 언제나 그곳에 있었던 에너지를 추가적인 질량의 형태로 방출하는 이유는 무엇일까? 미끄럼틀의 꼭대기에 꼼짝도 하지 않고 몇 시간을 앉아 있던 어린아이가 갑자기 미끄러져 내려오는 것과 같은 일이다. 양성자(사실은 모든 원자핵)가 그렇게 시간을 끄는 것은 양성자(또는 원자핵) 사이의 전기적 반발 때문이다. 가속기에서는 양성자 1개가 충분한 에너지를 가진 다른 양성자에 충돌하면 곧바로 핵융합이 이루어진다. 그러나 온도가 수백만 도인 태양 중심부에 있는 양성자라도 움직임이 너무 느리기 때문에 핵반응을 일으킬 정도로 가까이 다가가기보다는 튕겨져나가게 될 가능성이 훨씬 더 크다. 양성자들이 서로 합쳐져서 에너지를 방출하는 핵융합을 일으킬 수 있는 방법은 두 가지뿐이다. 평균보다 훨씬 더 큰 운동 에너지를 가진 양성자가 가끔씩 나타나서 반발을 극복하고 다른 양성자를 삼켜버리는 것이 한 가지 방법이다. 터널 현상이 또 하나의 방법이다. 어떤 면에서는 알파 붕괴에서 일어났던 것과는 정반대로 양성자가 전기적 반발에 의한 에너지 장벽을 터널 현상으로 뚫고 지나갈 수가 있다. 태양에서 일어나는 핵융합은 실제로 두 가지 모두를 통해서 일어나는데, 우리에게는 다행스럽게도 느리고, 느리고, 또 느리다. 미끄럼틀 위에 앉아 있는 어린이에 대한 비유로 되돌아가면, 어린이가 미끄러져 내려가기 전에 넘어야 할 작은 혹이 있는 셈이다. 어린이가 몸을 충분히 빠르게 움직이면 혹을 넘어가서 미끄러지기 시작할 수 있다. 또는 어린이가 양자역학적으로 변해서, 확률은 적지만, 터널 현상으로 그 혹을 뚫고서 미끄럼틀 아래로 미끄러질 수도 있다.

태양에서의 핵융합 반응은 원자핵의 운동 에너지가 커지는 높은 온도에서 일어나기 때문에 열핵융합(thermonuclear)이라고 부른다. (가속기에서 일어나는 경우를 제외하면) 지구에서 일어나는 핵융합도 역시 높은 온도 때문에 일어난다. 소위 수소 폭탄이라고 부르는 열핵융합 무기에서는 핵융합 반응을 점화시킬 수 있을 정도로 높은 온도를 만들기 위해서 핵분열

폭탄, 즉 원자폭탄을 사용한다. 그런 반응이 한 번 시작되면 스스로 유지될 수 있다.* 폭발하는 대신 통제되는 열핵융합 반응을 실현시키기 위한 대형 연구 프로그램이 진행되고 있다. 그 결과는 미래의 핵융합 원자로에 이용될 수 있을 것이다.

* 이 반응에는 98쪽에 소개한 d-t 반응도 포함된다.

제7장

입자들

제5장과 제6장의 질문에서는 원자에서 원자핵에까지 이르는 크기의 수준을 살펴보았다. 제7장과 다음 장에서는 크기의 수준이 입자까지 내려간다. 입자의 이름과 성질이 혼란스러울 정도로 뒤죽박죽으로 보일 수도 있지만 양자 세계의 이상적인 전형이라고 할 수 있다. 첫째, 적어도 지금으로서는 입자가 다른 모든 것의 기반이 되는 물질과 에너지의 궁극적인 조각이고, 둘째, 양자물리학의 핵심 원리가 입자의 성질과 행동에서 어떻게 작동하는지를 분명하게 보여주기 때문이다. 여기에서는 입자에 대해서 설명한 후에 그런 입자에 적용되는 양자 원리를 소개할 것이다.

39. 경입자는 무엇일까? 경입자의 향기는 무엇일까?

부록 A의 표 A.1에서 볼 수 있듯이, 6개의 경입자(輕粒子, lepton)가 있다. 그중 3개(전자, 뮤온, 타우)는 전하를 가지고 있고, 나머지 3개(전하를 가진 3개의 경입자에 "속하는" 뉴트리노[중성미자])는 전하가 없다. 톰슨이 전자를 발견한 1897년부터 일리노이 주에 있는 페르미 연구소의 연구진이 타우 뉴트리노를 발견한 2000년에 이르기까지 한 세기 이상의 시간이 흘렀다. 아래 날짜에서 볼 수 있듯이, 첫 번째 경입자에서 마지막 경입자까지에 이르는 과정은 힘겨운 것이었다.

1897년 J.J. 톰슨이 전자를 발견하다
1930년 볼프강 파울리가 뉴트리노에 대한 가설을 발표하다
1934년 엔리코 페르미의 베타 붕괴 이론으로 뉴트리노에 대한 신뢰가 생기다
1937년 우주선(宇宙線) 실험으로 중간 질량의 입자("중간자[中間子, meson]")를 찾아내다
1947년 세실 파월이 파이 중간자(훗날 파이온)에서 뮤 중간자(훗날 뮤온)을 분리하다
1956년 프레데릭 라이너스와 클라이드 코완 주니어가 전자 뉴트리노를 확인하다
1962년 브룩헤븐 연구진이 뮤온 뉴트리노를 발견하다
1975년 마틴 펄이 타우를 발견하다
2000년 페르미 연구소의 연구진이 타우 뉴트리노를 발견하다

1930년대의 세 날짜는 암시적인 발전이었다. 나머지 날짜들은 6개 경입자의 발견에 대한 것이다.

톰슨의 발견 이후 30년이 지난 1927년에 물리학자들이 알고 있던 기본 입자는 전자, 양성자, 광자의 세 개뿐이었다. 이 시기의 물리학자들은 아인슈타인의 빛 알갱이(광자)의 실제를 받아들이기는 했지만, 대부분은 광자를 전자와 같은 "진정한" 입자라고 생각하지 않았다. 그 이상의 위상으로 올라가기 위해서는 1920년대 말에서 1930년대 초에 등장한 빛과 상

호작용하는 전하를 가진 입자에 대한 양자 이론(양자 전기역학[quantum electrodynamics])이 필요했다. 이 이론은 전자와 마찬가지로 광자도 기본 입자라고 불러야 한다는 사실을 확실하게 보여주었다. 양성자가 유한한 크기를 가지고 있고, 더 기본적인 다른 입자들로 구성되어 있다는 사실은 알지 못했다.

오늘날까지도 계속되고 있는 입자 종류의 증가는 중성자, 양전자(반[反]전자, anti-electron), 중간자(meson : 전자와 양성자 질량의 중간에 해당하는 질량을 가진 입자)가 발견된 1930년대부터 시작되었다. 1940년대 후반에 수행된 연구에서 드러났듯이, 우주선 복사로 지구에 충돌하는 여러 입자들 중에는 실제로 중간 질량을 가진 입자(중간자)도 있고, 양성자보다 무거운 입자도 있었다.* 더욱이 두 종류의 입자, 즉 원자핵과 강하게 상호작용하는 입자와 그렇지 않은 입자가 있었다. 영국 브리스톨에서 활동하던 세실 파월의 연구진은 약하게 상호작용하는 입자들을 가려냈다. 그들은 고감도의 사진 유화액에 남겨진 입자의 궤적을 관찰해서, 조금 무거운 중간자인 파이 중간자(훗날 파이온, pion)가 조금 가벼운 중간자이면서 다시 전자로 붕괴되는 뮤 중간자(훗날 뮤온, muon)로 붕괴된다는 사실을 발견했다. 파이온과 뮤온은 질량이 크게 다르지는 않지만, 분명하게 서로 다른 입자였다. 파이온은 강하게 상호작용하지만, 뮤온은 그렇지 않았다. 파이온은 0의 스핀을 가지지만, 뮤온은 1/2의 스핀을 가진다. 파이온에는 전하를 가진 것도 있고, 전기적으로 중성인 것도 있지만, 뮤온은 전하를 가진 종류만 있다. 그리고 무엇보다 중요한 것은 파이온이 쿼크와

* 우주 공간에서 지구로 들어오는 "일차" 우주선은 비교적 단순하다. 대부분이 양성자이고, 더 무거운 입자와 전자도 들어 있다. 대기 중의 높은 곳에서 일어나는 충돌에서 다양한 종류의 입자가 만들어지고, 그중의 일부는 지표면에 도달하기 때문에 지구에 설치된 실험실에서도 관찰된다.

반쿼크로 구성된 복합 입자(composite particle)인 것과 달리, 뮤온은 기본 입자(fundamental particle)라는 것이다.

그런 사실이 발견된 직후에 물리학자들은 뮤온이 "무거운 전자"라는 사실을 알아냈다. 질량을 제외한 모든 성질이 전자와 똑같았다. (그리고 실제로 전자보다 질량이 훨씬 더 커서 무려 207배나 되었다.) 그러나 양성자보다 7배나 가벼운 뮤온은 전자와 함께 "경량급"으로 분류된다. 전자와 뮤온은 여전히 가상적인 뉴트리노와 함께 "작다" 또는 "가볍다"는 뜻의 그리스어에서 유래된 렙톤(lepton, 輕粒子)이라는 이름으로 분류되었다. 뮤온과 같은 입자가 존재할 것이라는 사실은 아무도 예측하지 못했다. 정말 놀라운 일이었다. 컬럼비아 대학교의 유명한 물리학자인 I. I. 라비는 뮤온에 대해서 "도대체 누가 그런 것을 주문했나?"라고 물었다고 한다. 양자 전기역학 분야의 성과로 노벨상을 받았던 리처드 파인만은 칼텍의 칠판 구석에 "뮤온이 왜 그렇게 무거울까(즉, 왜 그런 질량을 가지고 있을까)?"라는 풀리지 않는 질문을 적어두었다고 한다. 사실 그때까지 아무도 파인만의 질문에 대한 답을 찾지 못했다.

더욱 고약한 것은 뮤온이 "무거운 전자"의 마지막이 아니었다는 것이다. 스탠퍼드 대학교의 마틴 펄이 1960년대 말에 더 무거우면서 전하를 가지고 있는 경입자를 찾기 시작했을 때에는 아무도 그가 성공할 것이라고 짐작하지 못했다. 그러나 그는 스탠퍼드 선형 가속기 센터(오늘날에는 SLAC [국립 가속기연구소]로 이름을 바꾸었다)에서 10여 년을 힘들게 노력한 끝에 마침내 성공했다. 그의 교묘한 실험에 대해서는 자세하게 설명하지 않을 것이다. 전자와 양전자가 충돌하면서 타우-반타우 쌍이 생성되는 과정이 포함된 실험이었다. 전자와 양전자의 총 질량 에너지는 약 1 MeV 정도였다. 그런 SLAC 실험에서 충돌하는 입자의 총 운동 에너지

마틴 펄(1927년 출생). 이 사진을 찍었던 1970년대 초에 펄은 노벨상을 받게 될 연구를 시작했을 뿐만 아니라 미국 물리학회에 과학과 사회에 대한 이슈에도 관심을 가질 것을 촉구했다. 그는 미국 물리학회가 운영하는 물리학과 사회 포럼의 창립자였고, 포럼 소식지의 초대 편집자였다. 80대에 들어선 후에도 펄은 여전히 물리학 분야에서 왕성한 연구를 계속하고 있다. (사진 AIP Emilio Segrè Visual Archives 제공)

는 질량 에너지보다 5,000배나 더 큰 5GeV이었다. 그런 운동 에너지가 새로운 입자의 질량 에너지로 변환될 수가 있었다. 표 A.1에서 알 수 있듯이, 타우와 함께 그것과 똑같이 무거운 반입자가 만들어지기 위해서는 3.5GeV 이상이 필요했다. 그래서 SLAC보다 덜 강력한 가속기로는 그런 연구를 할 수가 없었을 것이다.

전자, 뮤온, 타우는 경입자의 세 가지 향기(flavor)라고 부르게 되었다. 질량이 서로 크게 다르기는 하지만 모두 스핀 1/2을 가지고 있고, 똑같이 약한 상호작용을 한다. 오늘날 이것들은 (더 작은 구성 입자로 만들어지지 않은) 기본 입자이고, 물리적 크기도 가지고 있지 않은 것(즉, 점 입자)으로 생각한다. 세 가지의 경입자 향기를 세대(generation)라고 부르기도 한다. 그런 이름이 어쩌면 더 기술적인 용어처럼 보이기도 하고, 쿼크의 세 가지 세대와 어울리는 것일 수도 있다.

물리학자들이 세 가지 세대가 존재할 수 있는 전부라고 확신하는 이유에 대해서는 질문 42에서 설명할 것이다. (전자와 뮤온의) 두 가지 경입자 세대가 알려져 있었을 때에는 세 번째 세대 또는 끝없이 많은 다른 세대가 존재할 수 있는지에 대해서는 짐작도 할 수가 없었다. 그런데 이제는 놀랍게도 세 가지 세대가 전부라고 생각할 수 있는 충분한 근거가 밝혀졌다.

40. 뉴트리노는 몇 종류나 있을까?

그런 사실을 어떻게 알 수 있을까? 뮤온의 정체가 확인되면서 물리학자들은 뮤온과 함께 존재하는 뉴트리노(중성미자)가 필요하다는 사실을 인식했다. 대부분의 입자와 마찬가지로 뮤온은 방사성이다. 뮤온은 (입자세계에서는 충분히 긴 시간인) 평균 수명 2마이크로초로 하나의 전자, 하나의 뉴트리노, 하나의 반(反)뉴트리노로 붕괴된다. 그런 반응은 다음과 같이 쓸 수 있다.

$$\mu^- \rightarrow e^- + \nu_e + \nu_\mu$$

음전하를 가진 뮤온(기호 μ^-)은 음전하를 가진 전자(e^-)와 반뉴트리노(기호 $\bar{\nu}$)와 뉴트리노(기호 ν)로 붕괴된다. 뉴트리노는 전자 형이고, 반뉴트리노는 뮤온 형이라는 사실을 나타내기 위해서 아래첨자를 사용했다. 그러나 1940년대에 뮤온에 대해서 처음 연구를 시작했을 때에는 두 종류는 말할 것도 없고, 한 종류의 뉴트리노조차 존재한다는 확실한 근거가 없었다. 프레더릭 라이너스와 클라이드 코완 주니어가 1956년의 기념비적인 실험에서 전자 뉴트리노가 존재한다는 사실을 확인했다. 그들의 실험에는 뉴트리노(실제로는 반뉴트리노)를 풍부하게 제공할 수 있는 강력한 원자로가 필요했다.

원자로가 반뉴트리노를 홍수처럼 쏟아내는 이유를 보여주는 예를 들어 보자. 우라늄 235 원자핵이 중성자를 흡수하면, 들뜬 에너지를 가진 우라늄 236 원자핵이 된다. 우라늄 236 원자핵의 입자들이 "서로 떨어질" 때에 일어날 수 있는 여러 가지 가능성 중 하나가 바로 바륨 $_{56}Ba_{86}{}^{142}$(56개의 양성자와 86개의 중성자) 원자핵, 크립톤 $_{36}Kr_{55}{}^{91}$(36개의 양성자와 55개의 중성자) 원자핵, 그리고 3개의 자유 중성자(free neutron : 연쇄 반응이 지속되도록 해준다)가 만들어지는 것이다. 이런 핵분열 생성물들은 주기율표에서 가까이 있는 다른 안정적인 원자핵보다 더 많은 중성자를 포함하고 있는 "중성자 초과" 상태이다. 그래서 바륨 원자핵은 베타 붕괴를 통해서 란타늄(원자번호 57) 원자핵으로 변환되고, 란타늄은 다시 베타 붕괴를 통해서 안정적인 세륨 $_{58}Ce_{84}{}^{142}$ 원자핵이 된다. 이 두 가지 방사성 붕괴의 단계를 거치고 나면, 양성자 2개가 늘어나고, 중성자 2개가 줄어들고, 반뉴트리노 2개가 방출된다. 나머지 핵분열 생성물인 Kr 91은 4개의 연속적인 베타 붕괴가 이어지는 연쇄 반응을 통해서 안정적인 지르코늄 $_{40}Zr_{51}{}^{91}$ 원자핵으로 변환된다. 전체적으로 보면, 하나의 우라늄 원자핵의 핵분열에서 만들어진 6개의 반뉴트리노는 원자핵으로부터 아무런 방해를 받지 않고 방출된다.

그런 사실만으로는 1개의 반뉴트리노를 검출하기 위해서 대단히 많은 수의 반뉴트리노가 필요한 이유를 충분히 설명할 수 없다. 뉴트리노는 "모두 약하기" 때문이다. 입자의 세계(사실 전체 세계)에서 강력, 전자기력, 약력, 중력의 4종류의 상호작용은 세기가 크게 다르다. 양성자와 같은 입자들은 그런 상호작용 모두의 영향을 받는다. 그래서 양성자는 (입자들 사이에 어떤 억제 전기 반발력이 있는지와 상관없이) 다른 많은 입자들과 쉽게 상호작용을 한다. 그러나 전하를 가진 경입자인 전자, 뮤온, 타우는 강한 상호작용의 영향을 받지 않지만, 나머지 세 가지 힘의 영향은 받는다. 그래서 원자에 들어 있는 전자는 원자핵이 가지고 있는 전기 전하의 영향을 받지만, 원자핵 안에서 작용하는 강한 힘은 느끼지 못한다. 가속기에서 전하를 가진 경입자가 다른 입자와 충돌하면, 주로 전자기 상호작용이 이루어진다. 그것만으로도 격렬한 상호작용이 일어나기에 충분하다. 예를 들면, 스탠퍼드 선형 가속기에서는 전자가 양성자와 충돌하면서 엄청나게 많은 다른 종류의 입자가 만들어진다.

지금까지 설명한 입자와 달리 뉴트리노는 약한 상호작용과 훨씬 더 약한 중력의 힘만을 느낀다. 그래서 뉴트리노는 다른 입자와는 거의 상호작용을 하지 않는다. 모든 것이 확률의 문제이다. 에너지가 낮은 뉴트리노는 대부분 휘어지거나 상호작용을 하지 않고 지구 전체(실제로는 몇 광년 정도의 크기를 가진 고체 물질)를 그대로 지나갈 수 있다. 물론 몇 마일이나 몇 미터 정도의 짧은 거리를 지나가면서 상호작용을 하는 경우도 있다. 확률이 매우 낮기는 하지만 몇 센티미터를 지나가면서 상호작용하는 경우도 있다. 새 자동차는 수천 마일을 아무 문제없이 운행할 가능성이 크지만, 전시장에서 한 블록을 운행했는 데도 고장이 나버릴 수 있는 것과 마찬가지이다. 라이너스와 코완은 자신들의 장비를 통과하는 초당 수십억 개 중에서 시간당 대략 3개 정도를 검출하는 분명한 결과를 처음 확인했다.

그후 뉴트리노는 태양이나 고에너지 가속기를 비롯한 다른 곳에서도 검출되었다. 심지어 1987년에는 가까이 있는 은하의 초신성(超新星, supernova : 폭발하는 별)에서도 검출이 되었다.

뮤온에 대한 1940년대와 1950년대의 연구를 통해서 물리학자들은 뮤온과 전자 모두에게 "동료 여행자"의 역할을 하는 뉴트리노가 반드시 존재

리언 레더먼(1922년 출생). 아인슈타인 인형과 함께 찍은 사진. 뮤온 뉴트리노를 발견한 연구진과 함께 연구를 끝낸 레더만은 페르미 연구소의 소장에 취임했고, 중등학교의 과학 교육을 개선하기 위해서 열심히 노력했다. 그는 현재 미국에서 유행하고 있는 (9학년에서 물리를 가르치는) "물리학 먼저"(Physics first) 운동을 활성화시켰다. (사진 AIP Emilio Segrè Visual Archives, W. F. Meggers Gallery of Nobel Laureats 제공)

해야 한다는 사실을 확신하게 되었다. 그런 뉴트리노들이 서로 구별될 수도 있다고 믿을 이유가 있기는 했지만, 하나의 뉴트리노가 전자와 뮤온 모두에게 이중 의무를 수행하는 것은 아니라는 확실한 근거는 없었다. 뮤온 뉴트리노와 전자 뉴트리노가 서로 구별되는 입자라는 분명한 근거가 밝혀진 것은 1962년이었다. 리언 레더먼, 멜빈 슈워츠, 잭 스타인버거가 이끄는 연구진이 요리책 형식으로 정리한 것은 다음과 같았다.

오븐(브룩헤븐 싱크로트론)을 15GeV의 에너지로 예열한다.
싱크로트론의 양성자 빔을 목표에 충돌시켜 파이온을 생성시킨다.
파이온이 짧은 거리를 움직여서 뮤온과 뉴트리노로 붕괴되도록 한다.
뮤온과 다른 전하를 가진 입자를 차단하고 뉴트리노만을 통과시키는 장벽을 세운다(44피트의 철과 콘크리트면 충분하다).
통과한 뉴트리노를 원자핵과 충돌시켜서 무슨 일이 일어나는지 살펴본다.
300시간을 계속한다. 인내를 가져라.

과학자들은 300시간 동안 29개의 뮤온을 발견했지만, 뉴트리노-원자핵 충돌에서 만들어진 전자는 하나도 찾아내지 못했다. 만약 뮤온 뉴트리노가 전자 뉴트리노와 똑같다면, 전자와 뮤온이 거의 같은 수만큼씩 생성되었어야 한다. 그런데 뮤온만 만들어진다는 것은 두 뉴트리노가 서로 다르다는 것을 보여준 것이다.*

마틴 펄이 타우 경입자를 발견했던 1978년에 모든 물리학자들은 타우 입자도 역시 스스로의 고유한 뉴트리노를 가지고 있을 것이라고 믿었다. 시카고 근처에 있는 페르미 연구소의 연구진이 2000년에 타우 뉴트리노가 구별이 된다는 사실을 확인했다. 그들이 사용했던 방법은 거의 40여 년 전 브룩헤븐에서 뮤온 뉴트리노를 확인하는 데에 사용했던 방법과 다르지 않았다. 그러나 타우 경입자의 질량이 훨씬 더 크기 때문에 더 큰 에너지가 필요했다. 800GeV의 양성자가 원자핵과 충돌하면서 만들어지는 타우 뉴트리노 중에는 두꺼운 장벽과 자기장을 통과한 타우 경입자 몇 개가 사진 의 감광 현탁액에 남겨진 궤적이 확인되었다. 아무도 놀라지는 않았고, 모두가 안도의 한숨을 쉬었다. 전하를 가진 경입자에 세 가지 향기가 있듯이 뉴트리노에도 세 가지 향기가 있다.

41. 뉴트리노도 질량을 가지고 있을까? 뉴트리노가 "진동하는" 이유는 무엇일까?

1930년에 (당시에 뉴트론[중성자]이라고 불렀던) 뉴트리노(중성미자)의 존재에 대한 가설을 제시했던 볼프강 파울리는 그 질량이 전자의 질량과

* 레더먼, 슈바르츠, 스타인버거는 그 업적으로 1988년 노벨 물리학상을 공동으로 수상했다.

비슷할 수는 있지만, 양성자의 질량보다는 훨씬 더 작을 것이라고 생각했다. 그후 뉴트리노의 질량이 0일 수도 있다는 사실을 보여주는 베타 붕괴 실험 결과가 얻어졌다. 특히 수소 3의 원자핵인 삼중양성자(triton)의 붕괴를 생각해보자. 반응 방정식 형태로 정리하면 다음과 같다.

$$_1H_2^3 \rightarrow {}_2He_1^3 + e^- + \bar{\nu}_e$$

반감기가 약 12년인 삼중양성자는 헬륨 3 원자핵과 전자와 반뉴트리노로 변환된다. 모든 자발적 방사성 핵변환과 마찬가지로 이 경우도 질량의 내리막 변환이다. 그래서 헬륨 3 원자핵과 전자와 (질량을 가지고 있다면) 반뉴트리노 질량의 합은 삼중양자의 질량보다 작아야만 한다. 그렇지 않으면 붕괴가 일어날 수 없다. 초기 질량과 최종 질량의 합의 차이가 최종 입자들이 떨어져나가는 운동 에너지를 제공한다.

최종 입자가 세 종류이기 때문에 운동 에너지는 다양한 방법으로 구분될 수 있다. 예를 들면, 전자가 아주 작은 운동 에너지로 조금씩 움직이면 뉴트리노는 운동 에너지의 대부분을 가지고 날아갈 것이다. 역으로, 뉴트리노가 조금씩 움직이면(dribble out),* 전자가 운동 에너지의 대부분을 차지할 것이다. 1930년대부터 오늘에 이르기까지 물리학자들은 방출되는 전자의 운동 에너지를 더욱 정밀하게 측정할 수 있게 되었다. 특히 운동 에너지의 최댓값을 정밀하게 측정할 수 있게 되었다. 전자의 운동 에너지는 뉴트리노의 운동 에너지가 아주 작거나 없을 경우에 최대가 된다. 두 원자핵과 전자의 질량은 매우 정확하게 알고 있기 때문에 전자 운동 에너지의 최댓값을 살펴보면, 허용된 에너지의 일부가 뉴트리노의 질량을 만들어내

* 에너지가 아주 작더라도 언제나 빛의 속도로 날아갈 것이기 때문에 "조금씩 움직인다(dribble)"는 표현은 적절하지 않을 수도 있다.

는 데에 사용되는지를 알 수 있다. 그 질량은 에너지 회계 장부의 대차 관계로 나타나게 될 것이다. 가장 최근의 결과를 포함한 모든 결과에서는 에너지가 뉴트리노의 질량에 사용된다는 사실을 확인하지 못했다. 처음에는 전자 뉴트리노가 정말 질량이 없다는 뜻이라고 여겼다. 이미 물리학자들은 질량이 없는 광자에 익숙해져 있었기 때문에 그런 결론을 불편하게 느끼는 사람은 없었다. 더욱이 일부 이론은 정말 질량이 없는 뉴트리노의 경우에 더 잘 적용되기도 했다.

좋든 싫든 오늘날 우리는 세 가지 뉴트리노 모두가 질량을 가지고 있다고 확신한다. 그 질량은 너무 작아서 삼중양성자 붕괴 실험에서는 나타나지 않는다. 전자 뉴트리노의 질량 에너지에 대한 현재의 상한 값은 전자 질량보다 약 25만 배나 작은 2eV이다. 뮤온 뉴트리노와 타우 뉴트리노의 개별적인 질량의 상한 값은 훨씬 더 크지만(표 A.1 참조), 실제 질량은 아마도 상한 값보다도 훨씬 더 작을 것이다. 세 가지 뉴트리노 모두를 합친 총 질량이 0.3eV보다 작다(결과적으로 각각의 평균 질량은 전자 질량이 500만 분의 1을 넘지 않는다)는 우주론적 증거도 있다. 우주론적 증거는 여러 가지 천체 물리학적 측정에서 얻어진 것이다. 너무 복잡하기 때문에 여기서는 자세하게 설명하지 않겠다. 어쨌든 그런 증거들이 모두 우주에는 뉴트리노가 충분히 흔해서, 만약 그들이 상당한 질량을 가지고 있다면,우주의 전체적인 행동 방식에 상당한 기여를 하게 될 것이라는 사실과 관계된 것이었다.

세 가지 뉴트리노 중 어느 것도 실험을 통해서 정확한 질량을 알아내지 못했고, 질량의 한계도 지나칠 정도로 작은 데도 불구하고 우리가 뉴트리노가 질량을 가지고 있다고 확신하는 이유는 무엇일까? 입자나 시스템이 동시에 한 가지 이상의 “상태”에 존재할 수 있다는 것이 양자물리학의 특징 중 하나이다. 서로 다른 상태들이 겹쳐질 수 있다고 한다. 한 고속도로에서는 북쪽으로 운행하면서, 동시에 다른 고속도로에서는 동쪽으로 운행할 수 있는 것과 같은 일이다. 실제로 양자 겹침(superposition, 중첩)은 그보다 조금 더 모호하다. 마치 꿈을 꾸고 있는 것과 같은 상태에 더 가깝다. 대강 북쪽을 향해서 가고 싶어 한다는 사실을 알고 있지만, 레이더 장비를 가진 경찰이 당신의 차를 정지시켜서 북쪽으로 과속을 하는 이유를 묻기 전까지는 당신이 북쪽과 동쪽 중 어느 쪽으로 출발을 했는지를 알 수 없는 것과 같은 상황이다. 양자 세계에서 겹침의 간단한 예가 있다. 전자가 위를 향한 스핀을 가지고 방출된다. 곧 스핀-업(spin-up)의 상태이다. 그런데 스핀-업 상태는 스핀-레프트(spin-left)와 스핀-라이트(spin-right) 상태의 중첩이기도 하다(그림 23 참고). 그래서 전자의 스핀이 왼쪽이나 오른쪽을 향하고 있는지를 알아내기 위해서 측정을 한다면, 전자가 실제로 왼쪽이나 오른쪽을 향하고 있다는 사실을 (고전적으로 생각한다면, 놀랍게도) 알게 될 것이다. 그런 측정을 반복하면, 절반은 스핀-레프트 상태에 있는 것으로 나타날 것이고, 나머지 절반은 스핀-라이트 상태에 있는 것으로 나타날 것이다.

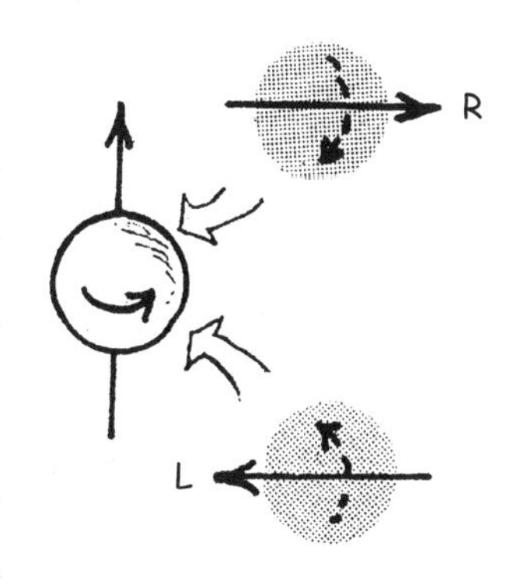

그림 23. 스핀-업 상태의 전자는 스핀-레프트와 스핀-라이트 상태가 똑같이 혼합된 상태이다.

이제 뉴트리노의 경우를 살펴보자. 전자, 뮤온, 또는 타우의 향기-상태 중 어느 하나에 해당하는 뉴트리노는 세 가지 서로 다른 질량 상태의 혼합이다. 그래서 전자 뉴트리노는 명백한 질량을 가진 대신 서로 (조금씩)

다른 질량 상태가 겹쳐진 혼합이 된다.* 실험실이나 태양에서 만들어진 뉴트리노는 사실 분명한 향기 또는 질량 상태가 혼합된 상태로 만들어진다. 예를 들면, 태양은 전자 뉴트리노만을 방출한다. 그리고 뮤온으로 붕괴되는 파이온은 뮤온 뉴트리노만을 방출한다. 더욱이 뉴트리노를 검출하는 방법에는 분명한 향기의 과정이 포함된다. 예를 들면, 레이 데이비스가 사우스다코다 주의 홈스테이크 광산의 지하 동굴에서 수행했던 선구적인 연구에서는 베타 붕괴의 역과정을 촉발시켜서 태양 뉴트리노를 검출했다. 전자 뉴트리노만을 검출했다는 뜻이다.

이제 논리 사슬의 마지막 연결 고리에 대해서 살펴보자. 특정한 질량의 상태는 특정한 에너지를 가지고 있고, 그래서 (광자만이 아니라 모든 시스템에 대해서 적용되는 플랑크-아인슈타인 방정식 $E = hf$에 따라서) 특정한 진동의 진동수를 가지고 있다. 보통, 물질 시스템에 대해서는 그 진동수는 너무 커서 측정 가능한 효과는 나타나지 않는다. 그러나 만약 두세 가지 서로 다른 질량 상태가 혼합되면 음악에서의 비트 음(beat note)과 아주 유사한 현상을 통해서 실제로 측정할 수 있는 효과가 나타난다. 음악의 경우에는 조금 다른 진동수의 두 음이 울리면, "비트 음"이 만들어진다. 두 진동수의 차이에 해당하는 진동수를 가진 음정이 귀에 들리게 된다. 따라서 바이올린의 한 줄이 440Hz로 진동하고, 다른 줄이 442Hz로 진동을 하면, 2Hz로 진동하는 소리가 들리게 된다. 뉴트리노의 경우도 마찬가지이다. 예를 들면, 태양에서 생성된 전자 뉴트리노는 세 가지 서로 다른 진동수로 진동하는 세 가지 서로 다른 질량 상태의 겹침이다. 이 진동이 "비트"를 해서 전자 뉴트리노가 주기적으로 뮤온 뉴트리노, 타

* 짐작할 수 있듯이, 역으로 우리가 분명한 질량을 가진 뉴트리노를 만든다고 해도, 그 뉴트리노는 세 가지 서로 다른 향기 속에 있는 뉴트리노의 중첩이 될 것이다.

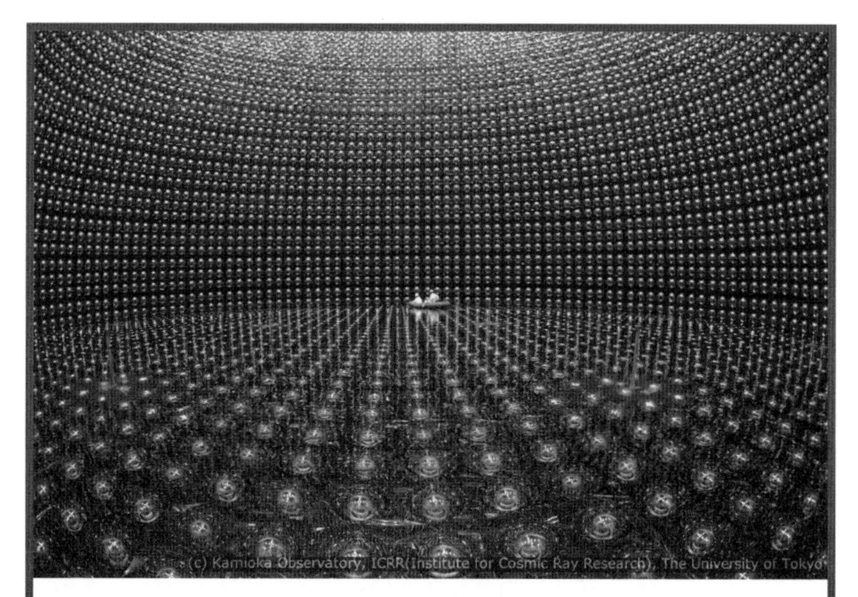

부분적으로 순수한 물로 채워진 1만1,000개 이상의 광전관을 갖춘 슈퍼 카미오칸데(Super Kamiokande) 검출기. (사진 카미오카 관측소, ICRR(우주선 연구원), 도쿄 대학교 제공)

우 뉴트리노로 바뀌게 되고 다시 전자 뉴트리노로 변하는 것처럼 보이는 펄스가 만들어지게 된다. 그런 뉴트리노의 펄스를 뉴트리노 진동(neutrino oscillation)이라고 부른다. 뉴트리노 진동의 측정을 통해서 뉴트리노가 질량을 가지고 있고, 세 가지 질량 상태가 똑같지 않다는 확실한 증거가 드러나고 있다. 만약 뉴트리노가 정말 질량을 가지고 있지 않거나 또는 뉴트리노가 모두 같은 질량을 가지고 있다면, 뉴트리노 진동은 일어나지 않을 것이다.

레이 데이비스가 태양으로부터 자신이 예상했던 양의 3분의 1 정도에 해당하는 전자 뉴트리노만을 발견했다는 사실은 뉴트리노 진동을 증명해주는 것이 아니라 가능성을 제시해준 것이다. (처음에는 아무도 뉴트리노

서드버리 뉴트리노 관측소(SNO) 볼(ball)에 설치된 10,000개의 광전관이 지하 1마일 이상 깊은 곳에 있는 11,000톤의 중수(重水)가 담긴 탱크를 들여다본다. (사진 Ernest Orlando Lawrence Berkeley National Laboratory 제공)

의 수가 모자라는 이유를 설명하지 못했고, 천체 물리학자 존 바콜은 “레이 데이비스가 더 적은 수의 뉴트리노를 찾았다면, 태양이 빛나지 않는다는 사실을 증명한 것이 되었을 것이다”라고 말했다고 한다.) 뉴트리노 진동에 대한 최초의 확실한 증거는 1998년에 지하 검출기인 일본의 슈퍼 카미오칸데에 의해서 얻어졌다. 그곳의 연구자들은 우주선(線) 충돌이 일어나는 대기권의 높은 곳에서 만들어지는 뮤온 뉴트리노에 의해서 생성되는 뮤온을 측정했다. 지구는 뉴트리노에 아무 영향도 미치지 못하기 때문에 카미오칸데 검출기에는 지하는 물론 위와 옆을 포함해서 모든 방향으로부터 뉴트리노가 쏟아져 들어왔을 것이다. 그러나 연구자들은 지구의 가까운 쪽보다 먼 쪽에서 날아오는 뮤온 뉴트리노의 수가 더 적다는 사실을 발견했다. 8,000마일을 지나온 뉴트리노의 수가 100마일 정도를 지나온 뉴트리노의 수보다 훨씬 더 많이 줄어들었다. 더 먼 거리를 날아간 뮤온 뉴트리노가 진동하여 다른 종류의 뉴트리노로 변해버렸기 때문에 검출이 되지 않게 된 증거였다.

그리고 2001년 이후에는 캐나다 온타리오 주의 서드버리에 있는 서드버리 뉴트리노 관측소(SNO)의 정교한 검출기를 통해서 뉴트리노 진동에 대한 더욱 확실한 증거를 찾아냈다.* SNO에서는 태양으로부터 도달하는 뉴트리노가 110만 킬로그램의 중수(重水, heavy water)가 들어 있는 물 탱크에 도달한다. 하나의 양성자와 하나의 중성자로 구성된 중수소의 원자핵인 중양성자의 수는 엄청나다. 만약 태양에서 방출된 뉴트리노에 의해서 중양성자에 들어 있는 양성자가 중성자와 양전자로 핵변환된다면, 그것

* SNO는 니켈 광산에 위치하고 있다. 그보다 앞서 남아프리카에 있는 금광과 사우스다코다 주의 홈스테이크 금광에서도 뉴트리노 실험을 했었다. 광산은 뉴트리노 물리학자들에게 도움이 되었다.

도 역시 뉴트리노가 전자 향기 상태에 있다는 분명한 증거가 된다. 뉴트리노가 단순히 (물리학자들이 산란자라고 부르기도 하는) 중양성자로부터 "튕겨지기만" 한다면, 그 뉴트리노는 다른 향기의 것일 수도 있다. SNO에서 관찰된 결과는 태양으로부터 도달하는 뉴트리노의 총수가 전자 향기의 수보다 3배나 된다는 것이다. (이제는 다른 방법으로도 확인이 된) 뉴트리노 진동은 분명한 사실로 확인되었다.

그리고 만약 그런 진동이 존재한다면, 뉴트리노의 질량이 존재할 것이다. 실제로는 적어도 두 가지 또는 더 가능성이 큰 세 가지 서로 다른 질량이 존재할 것이다. 물리학자들은 사물이 왜 그렇게 존재하는지를 생각하고 싶어한다. 뉴트리노의 질량이 힉스 보손(Higgs boson)에서 만들어진다는 것이 최선의 추측이다(질문 98).

42. 정말 입자의 세 가지 세대만 존재할까?

첫째, 경입자와 마찬가지로 쿼크도 세 가지 세대(generation)로 분류된다. 그리고 각 세대마다 두 종류의 경입자가 있는 것처럼, 쿼크에도 각 세대마다 두 종류가 있다.* 질서와 단순함을 좋아하는 물리학자들은 (뉴트리노 질량과 뉴트리노 진동이 아주 단순하게 보이지는 않지만) 이런 상황에 만족한다. 그러나 4번째나 그보다 더 많은 세대들이 존재하지 않는다는 사실을 어떻게 알 수 있을까? 그렇게 믿는 이유가 무엇일까? 경입자의 두 번째 세대(뮤온과 뮤온 뉴트리노)의 발견도 놀라운 일이었지만, 세 번

---

* 그러나 자연이 경입자의 경우에는 세 가지 향기로 충분하지만, 여섯 종류의 쿼크가 여섯 종류의 서로 다른 향기를 갖도록 만든 것은 물리학자에게 긴장의 끈을 놓지 못하게 만들기 위한 것이라고 볼 수밖에 없다.

째 세대(타우와 타우 뉴트리노)의 발견은 더욱 놀라운 것이었다. 쿼크 이야기도 비슷하다. 양성자와 중성자를 설명하기 위해서는 두 종류의 쿼크만으로 충분하고, 세 번째 쿼크는 소위 스트레인지 입자(strange particle)를 설명하기 위해서 필요했다. 그런데 세 가지 쿼크가 발견된 후에 네 번째의 참 쿼크(charm quark)(2세대의 완성)와 마지막으로 더 무겁고 더 희귀한 톱 쿼크(top quark)와 보텀 쿼크(bottom quark)(3세대)의 존재가 밝혀졌다.

밀림에서 우연히 첫 번째, 두 번째, 세 번째 사원의 유적을 찾아낸 인류학자가 더 많은 유적을 발견하게 될 것이라고 기대하는 것과 마찬가지로 예상하지 못했던 세대의 쿼크를 발견한 물리학자들도 앞으로 더 많은 세대의 쿼크가 등장할 것이라고 기대해야 하지 않을까? 그런 기대를 무너뜨리는 몇 가지 사실이 있다. (레이 데이비스의 실험에서 얻은 과거의 결과와 일치하는) SNO 실험에서 태양으로부터 자신들의 검출 장비를 뚫고 지나간 뉴트리노의 3분의 1이 전자 향기라는 사실이 그중 하나이다. 그런 결과는 모두 세 가지 향기(또는 세대)가 전부라는 뜻이다. 만약 열 가지 향기가 있다면, 태양으로부터 1억5,000만 킬로미터를 이동한 후에는 10개 중 한 개만이 전자 향기를 가지게 되는 진동이 나타나야만 한다.

오직 세 가지 세대만 존재한다는 가장 확실한 증거는 훨씬 더 복잡하지만 놀라울 정도로 설득력이 있다. 양성자보다 거의 100배나 더 무겁고 전하가 없는 Z^0라는 입자는 다양한 쌍의 입자들로 붕괴된다. 전자와 양전자(반전자)나 뮤온과 반뮤온과 같은 입자의 쌍은 전하를 가지고 있고, 검출기와 쉽게 상호작용하기 때문에 실험실에서도 볼 수 있다. 전자 뉴트리노와 그 반입자와 같은 쌍은 전하가 없고, 물질과 아주 약하게 상호작용하기 때문에 검출되지 않는다. 전하를 가진 입자 쌍으로 붕괴되는 다양한 가능성의 확률은 물론 Z^0 입자의 붕괴에 대한 전체 확률도 실험으로 측정할 수 있다. 그 차이로부터 전하가 없는 입자로 붕괴되는 확률도 알아낼 수 있다.

양자물리학의 가장 흥미로운 특징은 (1927년 스물다섯 살의 베르너 하이젠베르크에 의해서 정립된) 하이젠베르크의 불확정성 원리(uncertainty principle)에 담겨 있다.* 시간과 에너지를 동시에 임의의 정밀도로 측정할 수 없다는 것이 불확정성 원리를 설명하는 한 가지 방법이다. 사건이 일어나는 시간을 더 정확하게 알게 되면, 에너지는 덜 정확하게 알게 된다. 에너지가 더 정확해지면, 시간은 덜 정확해진다. (빛이 원자핵의 한 쪽에서 다른 쪽으로 지나가기에도 부족한 시간인) 10^{-25}초에 지나지 않을 정도로 수명이 짧은 Z^0과 같은 입자의 경우에는 불확정성 원리가 직접적인 의미가 있다. 실제로 질량을 뜻하는 입자의 에너지는 수명이 극도로 짧기 때문에 명백한 불확정성이 존재하게 된다. Z^0의 질량을 반복적으로 측정하면 (평균 질량 91GeV를 중심으로) 2.5GeV의 폭을 가진 값이 얻어진다. 불확정성 원리를 이용하면 수명을 짐작할 수 있고, 수명으로부터 모든 가능한 생성물로 붕괴되는 전체 확률을 추정할 수 있다. 그렇게 얻어낸 전체 확률이 전하를 가진 입자로 붕괴되는 확률의 측정값보다 얼마나 큰지를 알아내면, 전하가 없는 입자로 붕괴되기 때문에 측정할 수 없는 확률을 알아낼 수 있다.

Z^0 자료에 대한 분석으로부터 전하가 없는 경입자(즉, 뉴트리노)의 향기 숫자는 2.92라는 놀라운 결과를 얻었고, 그 결과의 불확실성은 약 2퍼센트 정도였다. 이런 결과를 설명할 수 있는 방법은 경입자 향기(또는 세대)의 숫자가 3이라는 한 가지뿐이다.

---

* 질문 74 참고.

43. 모든 전자가 동일하다는 사실을 어떻게 알아낼까?

"그렇다. 전자는 전자일 뿐이다. 물론 모든 전자는 똑같다. 두 입자들이 똑같지 않다면, 물리학자들은 같은 이름으로 부르지 않을 것이다"라고 말할 수는 없다. 그러나 동일한(identical)이라는 단어는 모든 면에서 똑같고, 절대적으로(absolutely) 똑같다는 뜻이기 때문에 그런 질문은 적절한 것이 아니다. 두 가지 사물이 동일한 것이냐는 질문은 심오하고 중요한 것이다. 자연에서 얼마나 많은 추가적 층위가 발견될 것인지와 관계가 있기 때문이다.

우리의 일상 세계에서는 두 가지 서로 다른 사물들이 동일할 수는 없다. 농구공 제작사는 국립농구협회와 그에 속해 있는 팀을 만족시키기 위해서 동일한 농구공을 만들려고 한다. 공장에서는 지름과 질량이 똑같고, 재질도 똑같고, 팽창시킨 부피도 똑같은 제품을 만든다. 그러나 그 공들은 동일한 것과는 거리가 멀다. 원자 수준에서 검사하면, 어떤 공이든지 다른 공과 비교해서 수십억 가지 점에서 다르다. 입자 물리학자의 관점에서는 "동일한" 농구공은 다양성의 만화경이다. "동일한" 쌍둥이의 경우에도 마찬가지이다. 그들이 가지고 있는 DNA 가닥 중 몇 개는 정말 동일할 수 있지만, 쌍둥이 자신들은 수없이 많은 면에서 서로 다르다.

그러나 입자 세계를 들여다보면, 진정한 동일성을 발견한 것처럼 보인다. 우선 전자를 설명하기 위해서 필요한 성질이 몇 가지나 되는지 생각해 보자. 질량, 전하, 스핀, 향기, 자기적 세기, 약한 상호작용의 세기. 그것이 전부이다. 우리의 주변에서 이름을 붙일 수 있는 가장 단순한 것이라도 (원자 수준까지) 완벽하게 설명하기 위해서는 엄청나게 많은 성질에 대한 정보가 필요하다. 그러나 대상이 작아지면 그런 정보는 점점 더 단순해진다. 뻔한 이야기가 아니다. 수없이 많은 층위의 정보를 밝혀내야 한다면,

전자의 경우도 농구공이나 지구 전체만큼 복잡할 수도 있다. 더욱이 전자를 규정하는 몇 가지 성질들은 놀라울 정도로 정밀하게 알려져 있다. 전하, 질량, 자기(磁氣) 모멘트의 경우에는 백만 분의 1보다 더 정밀하게 알려져 있다. 한 연구자가 연구하는 한 뭉치의 전자는 다른 모든 연구자들이 연구하는 다른 모든 뭉치의 전자와 정확하게 동일하다는 뜻이다.

모든 전자의 동일성에 대한 가장 확실한 증거는 모든 전자가 파울리의 배타 원리를 따른다는 것이다. 이 원리의 일반적인 설명은 두 개의 전자가 동시에 똑같은 운동 상태를 차지하지 못한다는 것이다. 더 정확하게 설명하면, 반(半)정수의 스핀을 가진 동일한 입자(동일한 페르미온) 2개는 동시에 똑같은 운동 상태를 차지할 수 없다는 것이다. 이 원리는 (페르미온의 경우에) 동일한 입자들에게만 적용된다. 전자가 예외 없이 이 원리를 따른다는 사실은 전자들이 동일하다는 가장 확실한 증거이다.

그래서 입자 물리학의 가장 심오한 수준에서, 우리는 정말 동일하고, 비교적 적은 수의 성질에 의해서 완전하게 설명되는 대상을 찾게 된 것이다. 우리가 가장 근원적인 바닥을 탐구할 수 있는 것도 그 덕분이다. 우리가 이제 바닥 근처에 있는지 또는 끈 이론가들이 연구하는 훨씬 더 작은 차원에서 바닥을 발견하게 될 것인지는 아무도 확신할 수 없다. 그러나 실제로 바닥이 있을 가능성이 있는 것처럼 보인다.

제8장

그리고 더 많은 입자들

44. 이름, 이름, 이름. 그 모든 것이 무슨 뜻일까?

입자에 대해서 배울 때 어려움 중 하나가 바로 명명법이다. 혼란스러운 이름도 있고, 엉뚱한 이름도 있다. 입자 물리학자들이 사용하는 몇 가지 이름은 다음과 같다. 참고가 될 것이다. 그중 일부는 앞에서 이미 소개했고, 일부는 앞으로 사용하게 될 것이다.

경입자(輕粒子, lepton) 스핀이 1/2이면서 강한 상호작용을 느끼지 않는 기본 입자. −1의 전하를 가진 3종(전자, 뮤온, 타우)과 전하가 없는 3종(전자 뉴트리노, 뮤온 뉴트리노, 타우 뉴트리노)를 포함해서 6종이 있다.

쿼크(quark) 스핀이 1/2이면서 강한 상호작용을 느끼는 기본 입자. 업(up), 다운(down), 참(charm), 스트레인지(strange), 톱(top), 보텀(bottom)의 6종이 있다. 업, 참, 톱 쿼크는 +2/3의 전하를 가지고 있다. 다운, 스트레인지, 보텀 쿼느는 −1/3의 전하를 가지고 있다. 고립된 상태의 쿼크는 관찰된 적이 없다. 2개 또는 3개가 결합되어 강입자(强粒子, hadron)가 된다.

힘 운반자(force carrier) 스핀이 1이면서 상호작용을 중개하는 기본 입자. (양이나 음의 형태로 나타나는) W, 약한 상호작용을 매개하는 Z^0, 전자기 상호작용을 매개하는 광자, 그리고 강한 상호작용을 매개하는 8종의 글루온을 비롯하여 11종의 힘 운반자가 있다. (중력을 매개하는 스핀 2의 이론적인 중력자[graviton])도 있지만, 적어도 지금까지는 입자 세계에서는 아무 역할도 하지 않는 것으로 알려져 있다.) 힘 운반자를 교환 입자(exchange particle)라고 부르기도 한다.

향기(flavor) 서로 다른 종류의 경입자와 쿼크를 정리하기 위해서 사용하는 임의적인 이름. 경입자는 세 가지 향기를 가지고 있다. 전하를 가진 경입자와 뉴트리노가 하나의 향기가 된다. 6종의 쿼크가 다른 향기가 된다. (서로 다른 종류의 기본 페르미온 [fermion]을 구분하기 위해서 족(family) 또는 세대(generation)라는 용어를 쓰기도 한다.)

색깔(color) 각각의 쿼크가 스스로 나타낼 수 있는 서로 다른 형태를 정리하기 위해서 사용하는 임의적인 이름. 관습적으로 적색(red), 녹색(green), 청색(blue)의 세 가지 색깔이 있다.

강입자(强粒子, hadron) 2개 또는 3개의 쿼크로 만들어진 복합 입자. 쿼크와 달리 실험실에서도 단독으로 관찰된다. 서로 강하게 상호작용을 한다.

중간자(meson) 쿼크와 반(反)쿼크로 구성되어 정수의 스핀을 가지고 있는 강입자. 중간자는 보손이다.

중입자(重粒子, baryon) 3개의 쿼크로 구성되어 (1/2, 3/2, 5/2과 같은) 반정수 스핀을 가진 강입자. 바리온은 페르미온이다.

파이온(pion) 가장 가벼운 중간자.

핵자(nucleon) 2종의 가장 질량이 작은 가벼운 바리온인 양성자나 중성자.

페르미온(fermion) (1/2, 3/2, 5/2와 같은)반(半)정수 스핀을 가진 입자. 페르미온은 파울리의 배타 원리를 따른다.

보손(boson) (0, 1, 2와 같은) 정수의 스핀을 가진 입자. 보손은 파울리의 배타 원리를 따르지 않는다.

반(反)입자(antiparticle) 어떤 성질(예를 들면 질량)은 입자와 똑같지만, 다른 성질(예를 들면 전하)은 반대인 입자. 반입자의 반입자는 본래의 입자이다. 대부분의 입자는 분명하게 밝혀진 반입자를 가지고 있다. (광자의 경우처럼) 입자와 반입자가 똑같은 경우도 있다.

45. 쿼크의 성질은 무엇일까? 쿼크는 어떻게 결합할까?

제2차 세계대전 직후 10년 동안 입자 동물원의 입주 동물의 수가 빠르게 늘어났다. 입자의 충돌에서 강한 상호작용에 의해서 빠르게 생성되지만, 약한 상호작용에 의해서 지배되는 것처럼 느린 속도로 붕괴되기 때문에 이름이 붙여진 "스트레인지" 입자가 그렇다. 예를 들면, 양성자(질량 938MeV)와 파이온(질량 140MeV)으로 붕괴되기에 충분한 1,116MeV의 질량을 가진 Λ^0도 스트레인지 입자이다.

$$\Lambda^0 \rightarrow p + \pi^-$$

이 붕괴의 평균 수명인 (10억 분의 1초 보다 짧은) 2.6×10^{-10}초는 "느린" 붕괴에 해당한다. 강한 상호작용에 의한 붕괴이면서 외부의 제약을 받지 않는 경우에는 반감기가 수십억 배나 짧아질 것으로 기대된다.

스트레인지 입자는 이상할 정도로 느리게 붕괴된다. 그래서 머리 겔만과 조지 츠바이크 두 사람이 모두 당시에 칼텍에 있었고, 두 사람이 모두 입자 물리학의 똑같은 수수께끼에 대해서 고민하고 있었지만 서로 다른 방법으로 쿼크에 대한 아이디어를 찾아냈다.

머리 겔만과 조지 츠바이크는 1964년 서로 독립적인 연구에서 강입자가 더 작은 입자들로 구성되어 있을 것이라고 제안했다. 겔만은 그런 입자를 **쿼크**(quark)라고 불렀다. 그들은 **업**(up), **다운**(down), **스트레인지**(strange)의 세 가지 쿼크가 있을 것이라고 가정했고(업과 다운은 공간에서의 방향과는 아무 관계가 없다), 그들은 새로운 입자들이 정말 존재한다면 반드시 부분 전하를 가지고 있어야 한다는 사실을 깨달았다. 업 쿼크의 전하는 +2/3이고, 다운과 스트레인지 쿼크의 전하는 −1/3이다. 양성자, 중성자, 람다와 같은 바리온은 3개의 쿼크로 구성되고, 파이온과 같은 중간자에는 하나의 쿼크와 하나의 반쿼크가 들어 있다. 업을 u, 다운을 d, 스트레인지를 s로 줄여서 쓰면, 겔만과 츠바이크가 가정한(그리고 이제는 확실하게 확인된) 조성은 람다의 경우 uds, 양성자의 경우 uud, 음전하를 가진 파이온의 경우 $d\bar{u}$가 된다. u에 윗줄을 표시한 것은 반(反)쿼크를 나타낸다. 람다 붕괴에 대한 반응 방정식은 다음과 같이 쓸 수 있다.

$$uds \rightarrow uud + d\bar{u}$$

표 A.2를 참고하면, 람다의 경우에는 0, 양성자의 경우에는 +1, 음전하의 파이온의 경우에는 −1이기 때문에 전하가 옳게 조합이 되어 있다는 사실을 쉽게 확인할 수 있다(반쿼크 $\bar{u}$의 전하는 쿼크 u의 전하와 반대인 −2/3이다). 반응 방정식은 새로운 법칙도 보여준다. 입자의 수를 추적할 때에는 반쿼크의 수를 음으로 셈해야 한다는 것이다. 반응 방정식의 왼쪽에는 람다 입자를 구성하는 3개의 쿼크가 있다. 붕괴가 일어난 뒤를 나타내는 오른쪽에는 4개의 쿼크와 1개의 반쿼크가 있다. 반쿼크에 대해서 음의

쿼크의 이름을 붙여준 **머리 겔만**(1929년 출생). 어릴 때부터 천재였던 겔만은 평생 물리학 이외에도 언어학과 고고학에 관심을 가지고 있었다. 그는 열여덟 살에 예일 대학교를 졸업하고, 스물한 살에 MIT에서 박사 학위를 받았고, 서른한 살에 칼텍의 정교수가 되었다. 말년에는 복잡계 분야의 연구에 집중했다. (사진 AIP Emilio Segrè Visual Archives, Physics Today Collection 제공)

입자수를 사용해야만 쿼크의 수가 보존된다. 같은 아이디어를 보여주는 다른 예도 있다. 전자와 양전자(陽電子, positron)가 충돌해서 서로 소멸되면서 2개의 광자가 생기면서, 충돌 후에는 광자가 사라지기 때문에 경입자의 수는 분명히 0이다. 그리고 전자를 +1로 셈하고, 반입자인 양전자를 −1로 셈하면, 충돌 전에 경입자의 수도 역시 0이 된다. 그런 법칙이 임의적이기는 하지만, 입자의 수가 보존되는 경우에는 언제나 적용되고, 이론적인 근거도 있다.

위에 주어진 반응 방정식에서 반응의 전과 후에 쿼크의 총 수효 대신에 구체적인 종류의 쿼크의 수를 살펴보면 아주 흥미로운 사실을 알 수 있다. 위의 쿼크의 수는 전과 후가 똑같지만(전에는 +1이고, 후에는 +2 − 1 = 1), 다운 쿼크의 수는 (1에서 2로) 1이 늘어나고, 스트레인지 쿼크의 수는 (0에서 1로) 1이 줄어든다. 붕괴 과정에서 스트레인지 쿼크가 다운 쿼크로 바뀐 것 같다. 그런 해석이 실제로 일어나는 일에 대한 훌륭한 설명이고, 붕괴의 과정이 느리게 되어 수명이 거의 10억 분의 1초까지 늘어나게 되는 것도 바로 쿼크의 변환 때문이다. 스트레인지 입자의 이상한 특성은 바로 "부분적으로 보존되는" 성질 때문이다. 강한 상호작용에 의해서는 변환되지 않지만, 약한 상호작용의 영향을 받게 된다. (질문 60에 더 많은 이야기가 있다.)

지금까지 설명한 세 가지 쿼크는 오늘날 우리가 알고 있는 쿼크의 절반일 뿐이다. 나머지 세 가지 쿼크가 어떻게 예측되었고 확인되었는지에 대한 역사적 이야기는 생략할 것이다. 참 쿼크는 1974년에 확인되었고, 보텀 쿼크는 1977년, 그리고 톱 쿼크는 1995년에야 확인되었다. 쿼크에 대한 지식이 경입자의 발견과 정확하게 일치하지는 않지만, 나란히 밝혀진 것은 사실이다. 첫째, 뮤온이 전자와 그 뉴트리노와 결합해서 3종의 경입자가 만들어지듯이 스트레인지 쿼크가 업과 다운 쿼크와 합쳐져서 3종이 되었다. 뮤온 뉴트리노 때문에 경입자의 종류가 4종이 된 것과 마찬가지로 참 쿼크 때문에 쿼크의 종류도 4종이 되었다. 그리고 경입자와 쿼크 모두의 경우에 마지막 쌍(경입자에 속하는 타우와 타우 뉴트리노, 그리고 쿼크에 속하는 톱과 보텀)이 확인되어 각각 6개가 되면서 그림이 더욱 풍성해졌고, 이제 우리는 그 숫자가 아마도 한계라고 믿을 수 있다고 생각하게 되었다.

앞에서 설명했듯이, 6개의 향기를 가진 6개의 쿼크는 3가지 경입자 세대와 마찬가지로 3가지 세대로 구분된다. 업과 다운 쿼크가 제1세대이고, 스트레인지와 참 쿼크가 제2세대, 보텀과 톱 쿼크가 제3세대가 된다. 크게 다른 질량(표 A.2 참조)은 그런 세대의 위계를 반영하는 것이다. 경입자도 마찬가지로 2종씩으로 구성된 3세트로 구분된다. 그러나 경입자의 경우에는 실제로 세대를 구분하는 이름이 향기를 구분하는 이름과 일치한다.

쿼크는 향기 이외에 색깔(color)이라는 또다른 양자적 성질을 가지고 있다. (말할 필요도 없이 쿼크의 색깔은 우리의 거대한 세계의 색깔과 아무 상관이 없다.) 6종의 쿼크 모두가 적색(red), 녹색(green), 청색(blue)이라고 부르는 세 가지 상태 중의 하나에 있을 수 있다. 양성자, 파이온, 중성자 또는 람다와 같이 관찰된 대상들은 "무색"이다. 무색(colorless)은 실제로 세 가지 색깔이 똑같이 혼합된 것이고, 어느 순간이나 양성자를 구성하는 세 가지 쿼크가 세 가지 서로 다른 색깔 상태에 있다는 뜻이다. 하나는 적색, 하나는 녹색, 하나는 청색이다. 더욱이 반쿼크는 반(反)적색, 반(反)녹색, 반(反)청색이 될 수 있다.

쿼크가 색깔을 가지고 있다는 사실은 그것들을 함께 묶어주는 글루온도 특별한 방법으로 색깔을 가지고 있다는 뜻이다. 각각의 글루온은 하나의 색깔과 하나의 반(反)색깔을 가지고 있다. 그래서 글루온은 적색-반녹색과 청색-반적색처럼 설명할 수 있다. 쿼크에 의해서 글루온이 방출되거나 흡수되면, 쿼크는 색깔을 바꿀 수 있지만, 언제나 "거대한" 복합 입자가 무색으로 바뀌게 된다. 글루온이 색깔을 가지고 있다는 사실이 글루온의 숫자를 설명해준다. (세 가지 색깔과 세 가지 반(反)색깔의 단순 조합은 9종이 되지만) 실제로는 모두 8종이 있다.

흔히 뉴트리노의 정체가 불확실하다고 한다. 상호작용이 약하고, 몇 마일의 단단한 물질을 마치 빈 공간인 것처럼 뚫고 지나가는 능력 때문이다. 어떤 면에서 쿼크의 정체는 훨씬 더 불확실하다. 쿼크가 강하게 상호작용하는 것은 확실하지만, 우리가 실제로 보는 입자 속에 단단하게 숨겨진 상태로 존재한다. 실험실에서 독립된 쿼크가 관찰된 적은 한번도 없었다. 그 이유는 질문 9에서 이미 설명했다.

46. 복합 입자는 무엇일까? 몇 종이나 있을까?

두 개 이상의 기본 입자들이 서로 결합해서 만들어진 입자를 복합 입자(composite particle)라고 부른다. 경입자들은 좁은 공간에서 서로 결합할 수 있도록 해주는 강한 힘을 느끼지 않기 때문에 복합 입자는 모두 쿼크(그리고 반[反] 쿼크)로 이루어진다.* (더 심오한 설명이 나올까? 언젠가 쿼크 자체도 복합 입자로 밝혀질까? 그럴 것처럼 보이지는 않지만, 누가 알겠는가?)

중간자는 쿼크와 반쿼크의 쌍으로 이루어진다. 그런 중간자는 부록 A의 표 A.4에 정리했다. 바리온은 3개의 쿼크로 이루어진다.† 그중 몇 개를 표에 정리를 했다. 6종의 서로 다른 쿼크를 둘이나 셋씩 배열하는 방법은 한정되어 있기 때문에 복합 입자의 수도 제한적일 것이라고 생각할 수 있다. 그러나 자연은 그런 기대를 외면해버렸다. 원자의 경우처럼 쿼크의 조합은 바닥 상태와 들뜬 상태로 존재할 수 있다. 실제로 핵자의 경우에는 수많은 들뜬 상태가 알려져 있다. 그런 입자들은 들뜬 상태의 원자가 마찬가지로 광자를 방출하는 대신에 대부분은 파이온을 방출하면서 핵자로 다시 붕괴된다. 그렇게 들뜬 복합 입자의 수명은 지극히 짧다. 그리고 그 종류는 엄청나게 다양하다. 그래서 "얼마나 많은 종류의 입자가 있는가"라는 질문에 대한 답은 "무한히 많다"이다.

오메가 마이너스(Ω^-)는 3개의 스트레인지 쿼크로 구성되어 "삼중으로

---

* 우리가 복합 입자에 가장 가까이 갈 수 있는 경우가 전자와 양전자가 전기적 인력에 의해서 결합된 입자인 포지트로늄(positronium)이다. 수소 원자보다 더 큰 공간을 차지하는 이 입자는 당연히 포지트로늄 입자(particle)가 아니라 포지트로늄 원자(atom)라고 부른다.

† 2003년부터 여러 과학자들이 4개의 쿼크와 1개의 쿼크로 구성된 바리온인 "펜타쿼크(pentaquark)"에 대한 근거를 보고했지만, 최근에는 그런 입자를 찾는 일에는 실패했다. 만약 그런 입자가 존재한다면 반감기가 매우 짧을 것이고, 정확하게 확인하는 일도 지극히 어려울 것이다.

기묘하기(strange)" 때문에 흥미로운 바리온이다. 그 존재는 (쿼크의 존재를 제안하기도 전에) 머리 겔만에 의해서 예견되었고, 브룩헤븐 국립연구소의 니콜라스 사미오스 연구진에 의해서 1964년에 확인되었다. 발견 당시에 물리학자들은 3개의 쿼크가 있고, 업, 다운, 스트레인지 쿼크로 만들어질 수 있는 입자에 대한 설명이 잘 마무리되었다고 믿었다. Ω^-는 색깔이 쿼크의 성질이라는 증거가 되기도 했다. Ω^-를 구성하는 3개의 스트레인지 쿼크가 모두 똑같다면, 파울리의 배타 원리 때문에 똑같은 운동 상태를 차지할 수가 없게 된다. 쿼크들이 결합되면 그중 하나는 리튬 원자의 세 번째 전자의 경우처럼 훨씬 더 큰 에너지를 가지게 된다. (처음의 두 전자는 서로 반대 방향의 스핀을 가지고 있기 때문에 같은 에너지 상태를 공유할 수 있다.) Ω^-의 에너지(질량)가 비교적 작다는 사실은 그것을 구성하는 3개의 쿼크가 실제로 같은 운동 상태에 있다는 뜻이다. 쿼크가 색깔(color)이라고 부르는 양자적 성질을 가지고 있기 때문에 그런 일이 가능하다. 지금까지 관찰된 모든 입자와 마찬가지로 Ω^-는 "무색"이기 때문에 그것을 구성하는 3개의 쿼크는 어느 순간에나 적색, 녹색, 청색이어야만 한다.

Ω^-의 주된 붕괴 경로는 표 A.4에 주어진 것처럼 람다 입자(Λ^0)와 음의 카온(kaon)이다.

$$\Omega^- \rightarrow \Lambda^0 + K^-$$

쿼크로 표현하면, 위의 반응 방정식은 다음과 같이 쓸 수 있다.

$$sss \rightarrow uds + \bar{u}s$$

스트레인지 쿼크의 수가 3에서 2로 줄어들었고, 다운 쿼크의 수는 0에서 1

로 늘어난 것을 알 수 있다. 그래서 Λ^0의 붕괴처럼 스트레인지 쿼크가 다운 쿼크로 변환되었고, 그것이 바로 Ω^-가 오래 존재할 수 있는 이유를 설명해주는 스트레인지의 변화이다. (이 붕괴에서 업 쿼크의 수는 0으로 변하지 않는다는 점을 주목할 필요가 있다. 붕괴가 끝난 후에는 하나의 업 쿼크와 하나의 안티업 쿼크가 생긴다.)

Ω^-의 붕괴에서 만들어지는 카온은 스트레인지 중간자의 예이다. 카온은 스트레인지 쿼크와 안티업 쿼크로 만들어진다. 그 붕괴도 역시 약한 상호작용에 의해서만 진행되는 스트레인지니스(strangeness)의 변화 때문에 느리게 일어난다. 전하를 가진 카온은 주로 뮤온과 뮤온 향기를 가진 반뉴트리노로 붕괴된다.

$$K^- \rightarrow \mu^- + \bar{\nu}_\mu$$

쿼크로 표현하면, 그런 붕괴는 다음과 같이 쓸 수 있다.

$$\bar{u}s \rightarrow \text{쿼크 없음}$$

붕괴의 전과 후 모두 쿼크의 수는 0이다. 사실 모든 중간자는 쿼크의 수가 0이고, 모두가 불안정하다.

복합 입자의 크기는 다양하지만, 대부분의 복합 입자는 대체로 양성자나 중성자와 같은 크기로 약 10^{-15}미터 정도이다. 그런 크기는 전형적인 원자의 크기보다 수십만 배나 더 작은 것으로 정말 작은 것처럼 보인다. 실제로 작은 것이 사실이다. 그러나 그 크기는 몇 개의 쿼크와 글루온이 모여서 격렬하게 움직이기에는 충분하다.

복합 입자는 주로 고에너지 가속기에서 만들어진다. 오랫동안 고에너지의 선두주자는 시카고 근처에 있는 페르미 연구소의 테바트론(Tevatron)

4마일 길이의 테바트론 링과 조금 작은 주입 링(앞부분)은 시카고 서쪽의 부지에 묻혀 있다. (사진 페르미 연구소 제공)

이었다. 그곳에서는 각각 1TeV의 에너지를 가진 양성자와 반양성자가 정면으로 충돌해서 2TeV 또는 2,000GeV 또는 200만 MeV의 에너지로 새로운 입자를 만들어낸다. 이런 에너지 수준에서는 하나의 양성자–반양성자가 충돌할 때마다 열 개에서 수백 개의 입자들이 만들어진다고 해도 놀랄 일이 아니다. 스위스 제네바의 CERN의 대형 강입자 충돌기(Large Hadron Collider)가 2012년부터 정상적인 출력으로 가동되면, 가장 강력한 가속기의 기록이 깨지게 된다. 이 책을 읽을 즈음에는 7TeV의 양성자가 7 TeV의 양성자와 충돌해서 총 에너지가 페르미 연구소의 그것보다 7배나 커질 것이다.*

* 안타깝게도 초전도 슈퍼 충돌기(Superconducting Super Collier)는 1993년 미국 의회에 의

스위스와 프랑스 지하에 있는 17마일 길이의 대형 강입자 가속기 터널의 일부. 대형 터널에는 빔의 방향을 조절하는 자석이 들어 있다. 앞쪽은 나란히 설치된 빔 튜브와 양성자 빔(가는 흰색 선)의 상상도. (사진 © CERN)

캘리포니아와 일본에 건설 중인 두 개의 가속기는 많은 수의 B 중간자를 만들어내는 "B 공장"의 기능을 하게 될 것이다. 5GeV 이상의 질량은 약한 상호작용의 미묘한 특성을 연구하기에 적절한 것으로 밝혀졌다. 안티보텀 쿼크와 1세대 또는 2세대 쿼크(업, 다운, 스트레인지, 참 쿼크)로 구성되어 있는 B 중간자는 수많은 붕괴 경로를 가지고 있다. 그런 경로 중 하나가 바로 B 중간자의 안티보텀 쿼크가 안티참 쿼크로 바뀌는 것이다. 다른 경로에서는 경입자-반경입자 쌍이 방출된다. 모든 경우에 붕괴

해서 폐기되었다. 텍사스 웍서해치 근처에 있는 55마일의 둘레를 가진 터널 속에서 양성자들이 20 TeV의 에너지로 가속되어 40 TeV의 에너지를 제공할 계획이었다.

는 약한 상호작용에 의해 유도되기 때문에 B 중간자의 반감기는 10^{-12}초 정도가 된다. B 붕괴에서 나타나는 약한 상호작용의 특별한 특징은 CP 보존(conservatio)의 위반을 확인시켜준다(질문 61).

47. 모든 입자가 페르미온이나 보손이어야만 할까? 무엇이 이 두 부류를 구별할 수 있도록 해줄까?

사실 모든 입자들(적어도 물리학자가 입자라고 부르는 모든 것)은 페르미온이거나 보손이다. 그러나 모든 것이 페르미온이거나 보손인 것은 아니다. 농구공이나 조립 라인에서 생산되는 자동차나 모래알은 그중 어느 것도 아니다. 그 모든 것이 동일성(identity)과 관계가 있다. 두 개 이상의 물체가 모든 면에서 완전히 동일하다면, 그런 "물체들"은 페르미온이나 보손이어야만 한다고 생각할 이유가 있다. 그러나 농구공, 자동차, 또는 모래알이 완전히 똑같을 수는 없다. 그런 것은 페르미온-보손 분류의 대상이 아니다. 반면에 모든 전자는 다른 모든 전자와 동일하다. (또는 우리가 그렇게 믿고 있고, 그것이 사실이라는 충분한 증거가 있다.) 전자는 모두 페르미온이다. 그리고 모든 파이온은 다른 모든 파이온과 동일하다는 증거가 있다. 파이온은 모두 보손이다.

페르미온이나 보손이 되기 위해서 "그것"이 전자나 파이온만큼 작아야만 하는 것은 아니다. 원자나 분자처럼 거대할 수도 있다. 예를 들면, 루비듐 85의 원자는 보손이다. 원자가 보손인지 페르미온인지를 알아내기 위한 법칙이 있다. 구성 입자들 중에서 페르미온의 수를 센다. 그 수가 짝수인 원자는 보손이다. 그 수가 홀수인 원자는 페르미온이다. 모든 원자와 분자들의 기본 구성 입자는 페르미온이다. 전자, 양성자, 중성자나 한

층 더 내려가서 전자와 쿼크가 모두 그렇다. 어떤 경우이거나 홀수-짝수의 산술은 똑같다. 루비듐은 원자번호가 37인 원소이기 때문에 루비듐 85의 원자는 37개의 양성자, 48개의 중성자, 37개의 전자를 포함해서 모두 122개의 페르미온을 가지고 있고, 그런 입자들이 결합하여 만들어지는 원자는 보손이 된다. (255개의 쿼크와 37개의 전자로 구성된 원자에서도 페르미온의 수는 292개로 짝수가 된다.) 반대로 우라늄 235 원자는 원자핵에 235개의 핵자와 주변의 전자 구름에 92개의 전자를 가지고 있어서 홀수개의 페르미온를 가지고 있고, 그래서 우라늄 235 자신도 페르미온이다.

"이름 짓기 기회"를 제공하는 것 이외에 이런 이야기가 얼마나 중요할까? 바로 그런 질문 때문에 양자물리학이 필요하다. 두 개의 입자 이외에는 아무것도 들어 있지 않은 작은 상자를 생각해보자. 예를 들면, 입자 1은 A라는 운동 상태에 있고, 입자 2는 B라는 운동 상태에 있다. 입자들을 구분할 수 있다면, 그런 입자들이 결합된 운동에 대해서는 더 이상 설명할 것이 없다. 그러나 두 입자가 동일하다면 어떨까? 그렇게 되면 입자 1이 상태 A에 있고, 입자 2가 상태 B에 있는지, 아니면 입자 2가 상태 A에 있고, 입자 1이 상태 B에 있는지를 알 수가 없다. 실제로 어느 경우인지를 알 수가 **없다**. 두 입자가 동일하기 때문에 어떤 입자가 어떤 상태에 있는지를 확실하게 알 수 있는 방법이 없다. 양자물리학적 답은 두 입자 **모두**가 두 상태 **모두**에 있다는 것이다. 서로 겹친 상태로 존재한다. 예를 들어, 헬륨 원자에서 한 전자는 바닥 상태에 있고, 다른 전자는 들뜬 상태에 있다고 생각해보자. 각 상태에 한 개씩의 전자가 있는 것은 알지만, 어느 전자가 어느 상태에 있는지는 알지 못하고, 알 수도 **없다**.

양자론에서, 한 입자나 시스템의 상태는 "파동 함수(wave function)"로 표현된다. 고전물리학에서는 질량이나 속력이나 전기장이나 자기장을 비롯한 많은 양처럼 물리적으로 의미를 가진 모든 것은 측정을 할 수 있다. 그런 양 하나하나가 "관찰량(observable)"이다. 그러나 양자론에서는 그렇지 않다. 파동 함수는 중요하고, 의미가 있는 것이지만, 관찰량이 아닌 예이다. 오히려 관찰되는 것은 파동 함수의 제곱이다.* 제곱의 양이 특정한 상태나 특정한 곳에 있는 입자를 발견할 확률을 알려준다. 고전물리학과 양자물리학의 이런 미묘한 구분이 보손과 페르미온의 행동에 특히 중요하다.

이제 더 이상의 혼동을 피하기 위해 약간의 수학을 쓸 수밖에 없다. 입자 1이 상태 A에 있고, 입자 2가 상태 B에 있으면, 그런 상황을 나타내는 파동 함수는 아주 도식적으로 A(1)B(2)이라고 쓸 수 있다. 그러나 앞에서 설명했듯이, 입자의 동일성 때문에 1과 2를 서로 교환해도 아무것도 바뀌지 않는다. 파동 함수 A(2)B(1)도 똑같은 상태를 나타내야만 한다. 양자론 학자들은 이런 모호함을 해결하기 위해서 상태 A와 B에 있는 두 개의 동일한 입자를 나타내는 파동 함수를 다음과 같이 합으로 표시한다.

$$A(1)B(2) + A(2)B(1)$$

이런 조합에서는 1과 2를 교환해도 아무것도 변하지 않는다. 그러나 다른 가능성도 있다. 상태 A와 B에 있는 동일한 입자의 결합 상태를 나타내는 파동 함수는 다음과 같이 차이로 표현할 수도 있다.

$$A(1)B(2) - A(2)B(1)$$

이제 1과 2를 교환하면 파동 함수의 부호가 달라진다. 그러나 물리적으로

* 기술적으로 측정할 수 있는 것은 파동 함수의 절대 제곱이다. 파동 함수 자체는 수학적으로 실수부와 허수부 모두를 가지고 있는 복소수(複素數)이다. 파동 함수 자체가 측정할 수 있는 양이 아니기 때문에 그런 표현이 가능하다.

의미가 있는 양인 관찰량은 파동 함수의 제곱이고, 어떤 양의 제곱과 부호를 바꾼 양의 제곱은 똑같기 때문에 아무 문제가 없다.

합과 차이의 두 가능성이 결합된 파동 함수를 만들 수 있는 가능성의 전부는 아니지만, 자연은 바로 그 두 가지 가능성을 선택한 것처럼 보인다. 결합된 파동 함수가 두 항의 합으로 주어지는 입자는 **보손**(boson, 보스 입자)이라고 부른다. 결합된 파동 함수가 두 항의 차이로 주어지는 입자는 **페르미온**(fermion, 페르미 입자)이라고 부른다. 우리가 알기로는 수없이 많은 똑같은 복사품으로 존재하는 모든 입자는 보손이나 페르미온으로 존재한다.

수학적 설명에 대해서 마지막으로 중요한 문제가 있다. 상태 A와 B가 동일하면 어떻게 될까? 입자가 동일할 뿐만 아니라 그런 입자가 차지하고 있는 운동 상태도 동일한 경우이다. 보손의 경우에는 위에서 주어진 합의 파동 함수가 다음과 같이 된다.

$$A(1)A(2) + A(2)A(1)$$

아무 문제가 없다. 2A(1)A(2)와 마찬가지이다. 반면에, 페르미온의 경우처럼 음의 부호를 가진 파동 함수는 다음과 같이 된다.

$$A(1)A(2) - A(2)A(1)$$

심각한 문제가 된다. 이 조합은 0이다. 두 개의 동일한 페르미온은 동일한 운동 상태를 차지할 수가 없다. 처음으로 전자의 배타 원리를 제시했던 볼프강 파울리는 이런 생각을 하지 못했다. 그는 단순히 원자 구조의 특징을 설명하려고 애썼을 뿐이다. 파동 함수로 배타 원리를 설명하는 것은 나중에 알게 되었다. 사실 그가 처음 제안을 하고 나서 15년 가까이 지난 후에 파울리 자신이 홀수의 반(半)정수 스핀을 가진 (전자나 양성자와 같은) 입자는 페르미온이고, 배타 원리가 적용되지만, 정수의 스핀을 가진 (광자나 파이온과 같은) 입자는 배타 원리를 따르지 않는 보손이라는 사실을 보여주는 수학적 증거를 제시했다.

관찰할 수 없는 양에서 마이너스 부호처럼 단순한 것이 주기율표의 전체 구조를 만들어내는 전자의 배타적 행동과 우리 모두가 깊이 고민하는 문제를 설명해준다는 사실은 놀라운 것이다.

48. 보스-아인슈타인 응축은 무엇일까?

우라늄 원자에 들어 있는 92개의 전자는, 고층 아파트 건물의 입주자 92명 모두가 가능하면 1층에 가까이 살고 싶어하는 (전자의 경우에는 가능한 한 낮은 에너지를 "가지고 싶어한다"는 뜻) 경우와 비교할 수 있다. 건물주가 아파트의 각 집의 입주자 수를 최대 1명으로 제한하는 "배타 원리"를 강요한다면, 1층으로부터 92호 집까지의 집에는 입주자가 살고, 92호 집 이상의 집들은 비게 될 것이다. 물론 아파트가 운동 상태에 해당한다. 에너지가 더해져서 원자가 "들뜨게" 되면, 전자는 일시적으로 높은 에너지 상태로 도약한다. 활기에 찬 아파트 입주자가 저층에 대한 선호도에도 불구하고 일시적으로 보다 상층에 있는 빈 집들 중 하나로 이사를 가는 것과 같다.

금속에 들어 있는 전자의 경우에는 아주 작은 금속 조각에서도 전자의 수가 수를 헤아릴 수 없을 정도로 많고, 에너지 레벨 사이의 간격이 거의 무한히 작다는 사실을 제외하면 사정이 거의 비슷하다. 그렇지만 전자의 수가 엄청나게 많고, 에너지 레벨 사이의 간격이 엄청나게 작음에도 불구하고, 배타 원리가 거침없이 적용된다. 전자는. 마지막 전자가 가장 높은 점유 레벨을 차지하고, 그 아래쪽의 모든 상태는 점유되고, 그 위의 모든 상태는 비어 있도록 "쌓이게" 된다.

적어도 온도가 절대 온도 0도이거나 그 부근에서는 실제로 점유 상태와 비점유 상태가 분명하게 구분된다. 그러나 유한한 온도에서는 전자의 열에너지도 고려해야만 한다. 그러면 에너지 "더미"의 꼭대기 근처에 있는 몇 개의 전자는 더 높은 상태로 올라가서 아래쪽의 몇 개의 상태가 비점유 상태로 남게 된다. 아파트의 경우에 부분적으로 입주한 몇 개 층이 일종의 "전이 구역(transition zone)"으로 변하게 되는 셈이다. 이 구역 위에 있는 모든 아파트는 비게 된다. 그 아래쪽에는 모든 아파트가 완전히 입주한 상태가 된다.

아파트의 입주자가 페르미온이 아니라 보손이라면 어떻게 될까? 입주자가 모두 지상층의 아파트에 모일 수가 있다. 실제로 보손은 같은 상태를 점유할 수 있을 뿐만 아니라 그렇게 하는 것을 선호하기도 한다는 사실이 밝혀졌다. 실제로 모두가 가장 낮은 운동 상태에 함께 모여들게 된다는 뜻이다. 그러나 이 경우에도 역시 열운동이 작용을 하게 된다. 보손은 각 입자에 허용되는 에너지가 지극히 작은 경우에만 함께 모일 수 있고, 실제로 바닥 상태라는 하나의 상태를 공유하게 된다. 그렇지 않으면, 열에 의한 흔들림 때문에 몇 개의 보손은 서로 뭉치는 성향을 벗어나서 더 높은 에너지 상태에 남게 된다.

질문 47에서 소개했던 루비듐 85와 같은 보손으로 만들어진 기체를 절대 온도 0도에 가깝게 냉각시키면, 실제로 많은 원자들이 가장 낮은 운동 상태를 차지하게 되고, 원자들이 서로 구별하기 어려울 정도로 완전히 겹쳐지거나 서로 침투하는 방울로 뭉쳐지게 된다. 아파트 주민이 모두 저

루비듐 원자의 기체에서 보스-아인슈타인 응축을 만드는 데에 성공한 다음 해인 1996년 콜로라도 주 불더에서 환하게 웃고 있는 **칼 비만**(1951년 출생)과 **에릭 코넬**(1961년 출생). 비만은 물리학 연구에 대한 노벨상뿐만 아니라 물리학 교육에 대한 기여로 미국 물리학 교사 연합으로부터 오스테드 메달도 받았다. 2010년 그는 백악관의 과학기술 정책실에 합류했다. 스탠퍼드의 학부생으로 입자 물리학을 처음 배웠지만 좋아하지는 않았던 코넬은 지금 불더 연구실에서 보손은 물론 초냉각 상태의 페르미온의 행동을 연구하고 있다. (사진 Kent Abbott, University of Colorado, Boulder 제공)

층의 아파트에 모여서 살 뿐만 아니라 모든 주민이 아파트 전체에 퍼져서 탁한 구름으로 변환되어버리는 것(그러나 창문을 완전히 차단해야만 한다. 아무리 적은 양이라도 에너지가 아파트로 새들어 오면 주민들은 본래의 모습으로 되돌아가버린다.)과 비슷한 상황이다. 그런 뭉치기를 **보스-아인슈타인 응축**(Bose-Einstein condensate)이라고 부른다. 알베르트 아인슈타인은 1924년에 이런 현상을 예측했고, 1938년에 실험적으로 확인된 액체 헬륨의 초유체성(질문 89)에 대해 설명을 했다. 그러나 연구자들이 자유롭게 움직이는 입자로 만들어진 기체에서 보스-아인슈타인 응축이 일어나도록 만드는 데는 몇 년이 더 걸렸다. 콜로라도 주의 불더에서 일하던 칼 비만과 에릭 코넬이 1995년에 루비듐 원자로 만들어진 기체에서 그런 현상이 일어난다는 사실을 증명했다. 그때까지는 원자로 구성된 기체를 절대 온도 0도의 100만 분의 1도까지 냉각시킬 수 있는 기술이 없었다. (비만과 코넬의 첫 번째 시도에서는 수천 개의 원자로 구성된 기체를 사

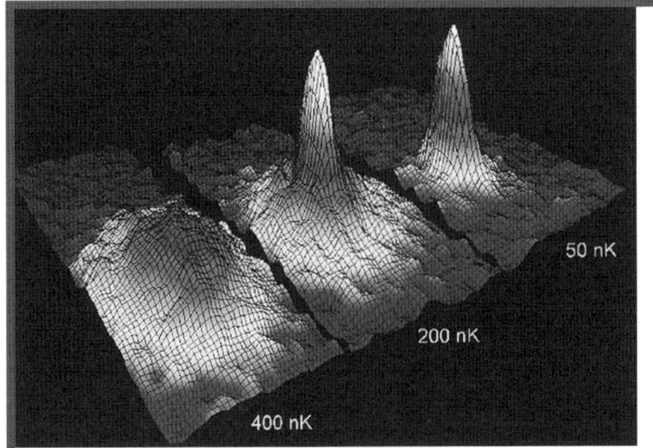

400nk에서 200nk를 거쳐 50nk(절대온도 도에서 수십억 분의 1도)로 냉각시킨 루비듐 원자 구름에서 속도 분포를 보여주는 비만과 코넬의 자료 지도. 온도가 200nK 이하에서 나타나는 피크는 원자가 거의 0에 가까운 속도로 움직이는 보스-아인슈타인 응축이 생기는 모습을 보여준다. (사진 Mike Matthews, Carl Wieman, and Eric Cornell. University of Colorado, Boulder 제공)

용했다) 다음 그림은 200nK(절대 온도 0도에서 2,000만 분의 1도)에서 보스-아인슈타인 응축이 시작되는 모습을 보여준다.

그후 소듐 원자를 사용했던 (11개의 양성자, 12개의 중성자, 11개의 전자를 가진 소듐 23은 보손이다) MIT의 볼프강 케텔레*를 비롯한 많은 연구자들이 보스-아인슈타인 응축을 확인했다. (흔히 BEC라고 부르는) 이런 응축을 실용적으로 응용할 수 있을까? 없다고 말하는 것은 위험할 수도 있다. 과학자들이 새로운 형태의 물질에 대해서 이해하고 통제하고 나면, 실용적으로 활용할 수 있는 방법을 찾아내는 경우가 없는 것은 아니다. 그러나 이 경우는 쉽지 않을 것이다.

* 비만, 코넬, 케텔레는 2001년 노벨 물리학상을 공동으로 수상했다.

49. 보손과 페르미온이라는 이름은 어떻게 붙여졌을까?

1924년에 다카 대학교에 있던 서른두 살의 물리학자 사티엔드라 나스 보스*는 당시 베를린에 있던 알베르트 아인슈타인에게 편지와 함께 "플랑크 법칙과 광양자(光量子) 가설"이라는 제목의 논문을 함께 보냈다. 영어로 쓴 이 논문은 영국의 유명 학술지였던 『철학지(*Philosophical Magazine*)』에서 게재를 거부당한 것이었다. 그 이유를 누가 알 수 있을까? 먼 곳에 있는 이름 없는 사람이 보낸 것이라서? (그 당시에는 실제로 상당히 분명한 근거가 있었지만) "가상적인" 광양자를 다룬 것이라서? 복사가 포함된 동공에서 서로 다른 진동수에 따른 에너지 분포에 대한 플랑크 법칙이라는 이미 알려진 법칙을 새로운 방법으로 유도한 것이라서? 영국의 편집자들은 몰랐겠지만, 자신이 중요한 일을 했다는 사실을 잘 알고 있었던 보스는 살아 있는 물리학자 중에서 가장 유명한 사람에게 연락을 해보기로 했다. (사실 보스는 인도의 서점을 위해서 아인슈타인의 상대성 저서를 독일어에서 영어로 번역했었다.) 논문을 읽어본 아인슈타인은 즉시 그 중요성을 깨닫고, 개인적으로 그 논문을 독일어로 번역해서 곧바로 독일의 유명 학술지인 『물리학 잡지(*Zeitschrift für Physik*)』에 실었다.

보스가 했던 일은 동공 속의 복사가 "광양자"(light quanta, 현대 용어로는 광자[photon])의 "기체"로 구성되어 있다는 가정을 이용해서 플랑크 법칙을 유도한 것이었다. 광양자는 서로 상호작용하지 않고, 다른 광양자가 어떤 상태를 미리 차지하고 있는지에 상관없이 어떤 상태라도 차지할 수 있다고 생각했다.† 기체의 입자는 에너지가 보존되어야 하고 (한 입자

* 오늘날 방글라데시의 수도인 다카는 당시 인도에 속했다.

† 보스는 배타 원리가 적용되는 입자가 있다는 사실을 전혀 모르고 있었다. 전자에 대한 파울리의 가설은 다음 해에 나왔다.

가 에너지를 얻으면, 다른 입자는 에너지를 잃어야 한다), 통계역학의 일반 원리를 따라야만 한다.

아인슈타인은 즉시 보스의 논문이 광양자에 대한 세 번째 기둥이라는 사실을 깨달았다. 보스는 여전히 가설이라고 불렀지만, 거의 20년 전에 가설을 제시했던 아인슈타인은 그것이 확실하다는 것을 의심하지 않았다. 처음 두 기둥은 금속 표면에서 흡수된 광양자가 모든 에너지를 전자에게 준다는 광전 효과와 미국 물리학자 아서 콤프턴이 바로 전 해에 발견했던 소위 콤프턴 효과(Compton effect)였다. X-선 광자가 당구공이 서로 튕겨지는 것처럼 원자에 의해서 튕겨진다는 것이다.

사실 보스의 논문에 대단한 흥미를 가지고 있던 아인슈타인은 스스로 보스의 아이디어를 확장하는 두 편의 논문을 발표했다. 특히 아인슈타인은 상호작용하지 않는 물질적 입자인 원자로 구성된 기체는 충분히 낮은 온도에서 훗날 보스-아인슈타인 응축이라고 부르게 되는 상태로 응축될 수 있다는 사실을 예측했다.

고전물리학이 지배하던 시절의 물리학자들은 기체를 구성하는 원자는 (예를 들어 모든 헬륨 원자처럼) 어떤 의미에서는 동일하지만, 그럼에도 불구하고 구별할 수 있을 정도로 서로 다르다고 믿었다. 헬륨 원자 1번, 헬륨 원자 2번 등이 있을 수 있다고 생각했다. 원칙적으로는 원자 1번을 지켜보면서, 긴 시간 동안 추적할 수 있다고 믿었다. 특정한 온도에서 그런 집단이 평균적으로 어떻게 행동하는지는 19세기 말의 두 거인이었던 영국의 물리학자 제임스 클러크 맥스웰과 오스트리아의 물리학자 루트비히 볼츠만의 이름이 붙여진 **맥스웰-볼츠만 통계**(Maxwell-Boltzmann statistics)라는 것에 의해서 수학적으로 설명된다. 그런 설명은 상온에서 상자 속에 들어 있는 헬륨처럼 양자 효과가 중요하지 않은 경우에는 문제가 없었다.

보스와 아인슈타인은, 양자론에 따르면 똑같은 입자들이 **정말** 동일하고, 정말 구별이 불가능하다는 사실을 고려해서 맥스웰과 볼츠만의 통계학을 수정했다. 동일한 원자의 집단에서는 번호를 붙이고, 그 운동을 추적하는 것은 원칙적으로 불가능하다. 물질의 파동적 특징과 그것을 지배하는 확률의 역할이 그런 일을 불가능하게 만든다. 진정한 동일성을 고려하면 새로운 통계학이 나타나고, 그것이 바로 **보스-아인슈타인 통계**(Bose-Einstein statistics)라고 부르게 된 것이었다. 상온의 묽은 기체에서는 보스-아인슈타인 통계가 맥스웰-볼츠만 통계와 거의 다르지 않다(질문 3에서 설명했던 대응 원리의 예). 그러나 충분히 낮은 온도에서는 입자의 양자적 정체가 중요해지게 된다. 예상되는 보스-아인슈타인 응축은 고전적인 설명에서는 전혀 새로운 것이다.

보스와 아인슈타인의 업적이 파울리가 전자의 배타 원리를 제시하기 한 해 전의 성과였다는 사실을 기억해야 한다. 파울리의 원리는 동일한 입자들을 취급하는 방법을 완전히 바꿔놓았다. 보스와 아인슈타인은 자신들이 동일한 입자들이 운동 상태를 공유할 수 있다고 생각했다. 훗날 홀수의 반(半)정수 스핀을 가진 것으로 밝혀진 다른 입자들이나 전자는 그렇게 될 수 없다. 그래서 동일한 입자에는 두 종류가 있게 된다. 배타 원리를 따르는 입자의 집단에 대한 통계를 연구했던 유명한 선구자는 이탈리아의 물리학자 엔리코 페르미와 영국의 물리학자 폴 디랙이었다. 오늘날 우리가 **페르미-디랙 통계**(Fermi-Dirac statistics)라고 부르는 것을 개발했을 때에 두 사람은 모두 20대였다.

이제 이름에 대해서 살펴보자. 똑같은 입자에는 두 종류가 있기 때문에 이름이 필요하다. 보스-아인슈타인 통계를 따르는 입자를 **보손**(boson)이라고 부를 것을 제안했던 사람은 폴 디랙이었다. (아마도 그는 **아인슈타이**

논(einsteinon)이 너무 길다고 생각했거나, 아니면 아인슈타인은 이미 충분히 유명하다고 생각했을 것이다.) 그리고 점잖기로 유명했던 디랙 자신은 페르미-디랙 통계를 따르는 입자를 **페르미온**(fermion, 페르미 입자)이라고 부를 것을 제안했다. 그의 제안은 받아들여졌다.

제9장

상호작용

50. 파인만 도형은 무엇일까?

리처드 파인만은 똑똑하고, 장난기가 넘치고, 무한한 호기심을 가진, 존경 받는 물리학자였다. 1942년 프린스턴 대학교에서 박사학위를 받은 그는 20대였던 제2차 세계대전 중에 맨해튼 프로젝트에 크게 기여했고, 전쟁이 끝난 후에는 이론 입자물리학의 세계적인 선구자가 되었다. (미국의 줄리안 슈빙거와 일본의 신이타로 도모나가와 공동으로 수상했던) 그의 1965년 노벨 물리학상은 광자와 전하를 가진 입자, 특히 전자와 그 반입자인 양전자(34쪽의 각주 참고) 사이의 상호작용을 연구하는 **양자 전기역학**(quantum electrodynamics, QED)이라고 부르는 분야에 대한 그의 기여를 인정한 것이었다. 입자가 붕괴되거나 다른 입자와 상호작용할 때 가장 근본적인 수준에서 일어나는 과정을 시공간적으로 나타낸 파인만 도형이 그가 남긴 명성의 일부이다.

공간 도형은 낯익은 것이다. 지도가 바로 공간 도형이다. 시공간 도형은 익숙하지 않지만 이해하기가 어려운 것은 아니다. 그림 24는 스위스의 제네바에서 아스코나를 향해 동쪽으로 날아가는 비행기의 항적과 산악 지역을 통해 (생산적인 해로 유명한 1905년에 아인슈타인이 살면서 일했던)

1962년의 리처드 파인만(1918–1988). 놀라울 정도로 다재다능하고, 호기심이 많고, 재미를 추구하는 물리학자였던 파인만은 슈퍼컴퓨터는 물론 초전도 현상과 기본입자에 대한 이해에 기여했다. 그가 남긴 책에는 유명한 『파인만 물리학 강의』와 베스트 셀러였던 『파인만 씨, 농담도 잘 하시네』 등이 있다. 스페이스셔틀 챌린저 호 사고를 조사한 대통령위원회의 위원이었던 그는 기자회견에서 얼음 물 속에서 O링(O-ring)이 쉽게 부서지는 것을 직접 보여줌으로써 O링이 얼마나 약한지를 극적으로 증명해 보였다. (사진 AIP Emilio Segrè Visual Archives 제공)

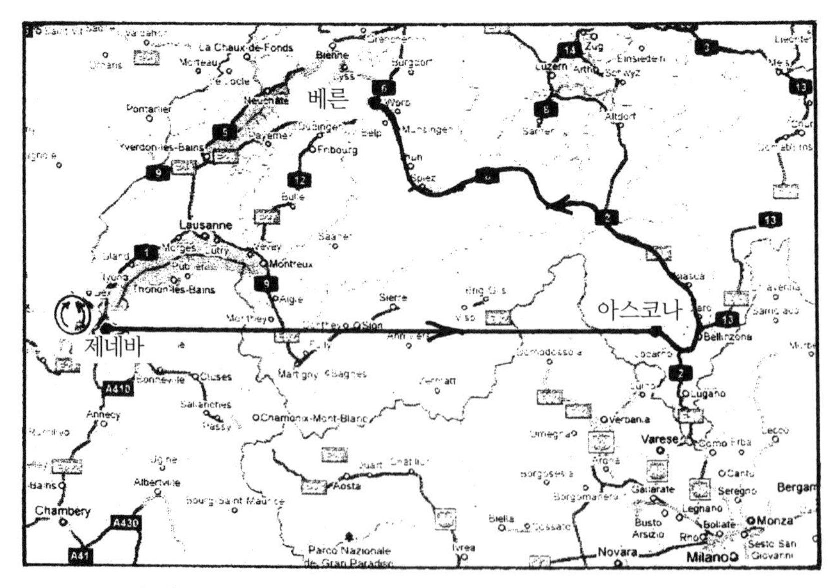

그림 24. 공간 지도

베른까지 이어진 자동차 경로를 나타내는 지도(공간 도형)이다. 완벽하지는 않지만, 제네바 근처에 있는 대형 강입자 충돌기(Large Hadron Collider)에서 반시계 방향으로 도는 양성자 빔도 함께 나타냈다. 항적의 고도는 나타내지 않았고, 양성자 경로의 깊이는 물론 도로의 고저(高低)도 나타내지 않았다. 지도에 그려진 선들은 수학자들이 2차원 표면상의 투영(projections onto a two-dimensional surface)이라고 부르는 것이다.

이제 제네바에서 아스코나에 이르는 항적에 대한 시공간 지도(그림 25)를 살펴보자. 이 지도에는 수평축으로 나타낸 동-서라는 오직 하나의 공간 방향만 존재한다. 그리고 수직축으로 나타낸 오직 하나의 시간 방향이 있다. 이 도형에서 이륙하기 전 제네바에 정지되어 있는 비행기의 "경로"는 수직선이 된다. 비행기가 공간적으로는 움직이지 않지만, 시간적으로는 움직이고 있다. 아스코나로 비행하는 동안에 비행기의 시공간 경로는 수직에서 기울어진 선이 된다. 비행기는 공간과 시간 모두를 통해서 움직인다. 속도가 빨라질수록 이 선이 더 많이 기울어진다. 마침내 비행기가 아스코나에 착륙해서 (작은) 터미널에 정지하면 시공간 경로는 다시 수직선이 된다. 그런 시공간 지도에서 표시된 점을 사건(event)이라고 부른다. 도형에서 몇 개의 점에 이름을 붙였다. 시공간 지도에서의 선을 세계선(world line)이라고 부른다. 그런 도형에서 흥미로운 사건은 보통 비행기가 움직이기 시작하거나 움직임을 멈추는 것처럼 세계선이 어떤 식으로든지 변하는 경우이다. (현실에서는 물론 B와 C에서의 변화가 그림에서처럼 급격하게 일어나는 것은 아니다.) 도형에서 주목해야 할 또 하나의 사실이 있다. 세계선의 일부에 그려진 화살표가 A에서 B와 C를 통해서 D에 이르는 것처럼 사건이 진화하는 방향을 나타낸다는 것이다. 사건이 진화할 수 있는 다른 방향이 없기 때문에 이런 화살표가 불필요할 수도 있다. 비행기가 C

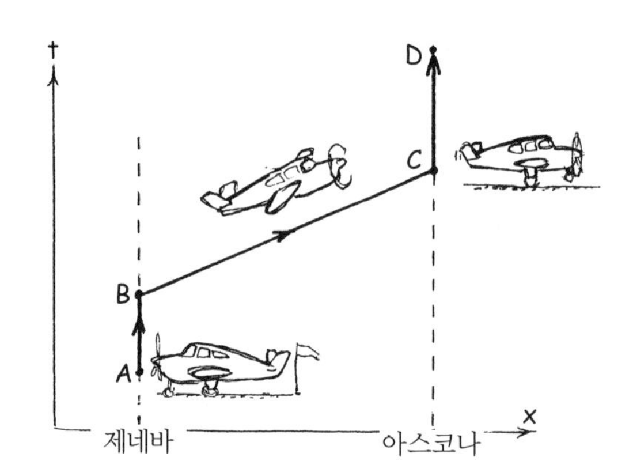

그림 25. 시공간 지도

에서 B로 비행할 수는 없다. 그렇게 되면 시간이 뒤로 가는 것이기 때문이다. 우리가 살고 있는 거시 세계에서 사건은 시간적으로는 예외 없이 오직 한 방향, 즉 시공간 지도에서 위쪽 방향으로만 진행된다. 그러나 양자 세계에서는 사정이 달라진다. 놀랄 일도 아닐 것이다. 적어도 충분히 작은 시공간에서는 시간적으로 입자가 앞으로는 물론 뒤로도 움직일 수 있다.

파인만은 원자보다 작은 세계에서 일어나는 사건에 대한 작은 시공간 지도가 입자들이 상호작용할 때 일어나는 일을 보여주고 정리하는 유용한 방법이 될 수 있다는 사실을 깨달았다. 파인만에게는 그런 도형이 그 이상의 의미를 가지고 있었다. 서로 다른 사건들이 일어날 확률을 계산하는 방법을 제공했기 때문이다. 이 책에서는 기본적인 사건을 그림으로 나타내는 유용성을 보여주려고 한다.

그림 26과 27은 한 전자가 다른 전자와 상호작용하는 과정을 보여주는 (무한히 많은 가능성들 중에서) 두 개의 파인만 도형이다. 고전적으로는 두 전자가 서로에게 "영향을 주는" 전기적 반발력을 통해서 상호작용한다. 어떤 경로와 속력으로 서로에게 접근하기 시작한 전자들은 다른 경

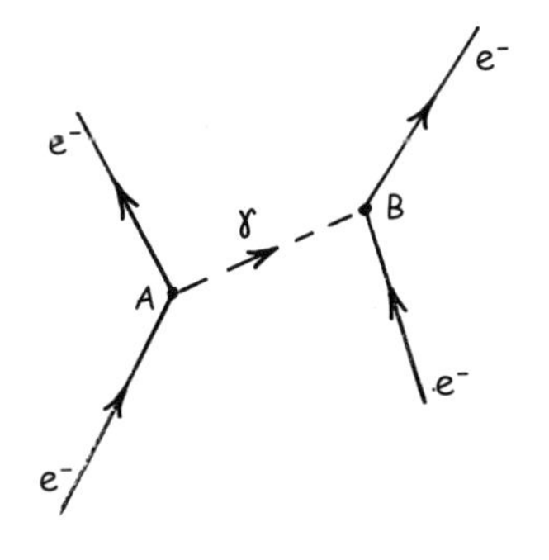

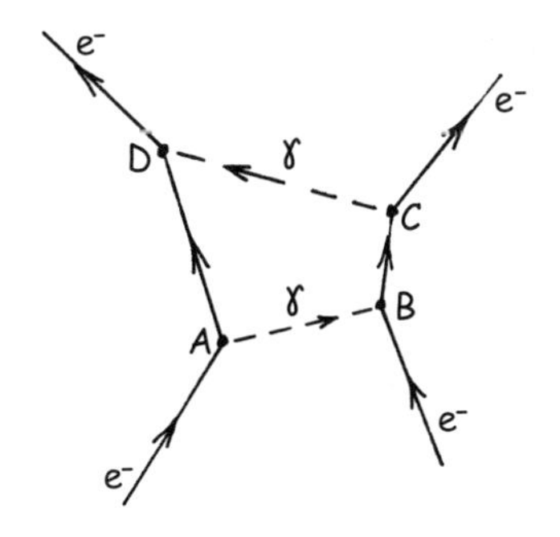

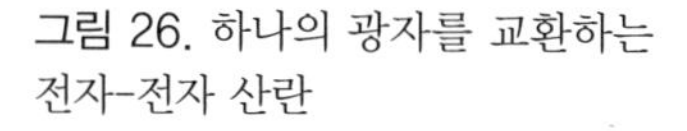
그림 26. 하나의 광자를 교환하는 전자-전자 산란

그림 27. 2개의 광자를 교환하는 전자-전자 산란

로와 속력으로 서로에게서 멀어지면서 튕겨진다. 그런 상호작용은 부드럽고 연속적이다. 양자역학적으로는 상황이 완전히 다르다. 일어날 수 있는 가능성 중에서 가장 단순한 것이 그림 26으로 나타낸 것이다. 도형의 아래쪽에서 시작해서 서로에게 다가가는 두 전자의 세계선이 있다. 점 A에서는 왼쪽의 전자가 광자(즉 γ로 표시한 감마 선)를 방출한 후에 방향을 바꿔서 왼쪽으로 날아가버린다. 점 B에서는 광자가 두 번째 전자에 흡수되고 나면 전자는 방향을 바꿔서 오른쪽으로 날아가버린다. "전체적으로" 보면 이것은 놀라운 일이 아니다. 두 전자가 서로 접근해서, 상호작용하고, 튕겨져 나간다. 그러나 이 과정은 "미시적으로"(사실은 초현미경적으로) 보면, 정말 놀라운 일이다. 상호작용은 공간을 통해서 미치는 힘을 통해서가 아니라, 한 점에서 방출되고, 다른 점에서 흡수되는 광자의 교환을 통해서 일어나는 것이기 때문이다. 광자는 "힘 운반자"이다. 실제 상호작용은 시공간의 점 A와 B에서 일어난다.

그림 27은 다른 가능성을 보여준다. 하나가 아니라 두 개의 광자가 교환된다. 전자가 튕겨진다는 전체적인 결과는 똑같지만, 메커니즘은 조금

더 복잡하다. 이 두 그림에서 추측할 수 있듯이 한 쌍의 전자가 광자를 교환하는 방법과 전자가 튕겨지는 현상을 나타내는 파인만 도형의 수에는 끝이 없다. 양자물리학에 따르면, 이런 종류의 모든 가능한 과정이 일어날 수 있고, 실제로 일어나기도 하지만, 그 확률은 서로 다르다. 높은 에너지에서는 가장 단순한 과정이 압도적으로 나타나기 때문에 그림 26과 27이 실제로 일어나는 상황을 잘 나타내게 된다.

51. 파인만 도형의 핵심 특징은 무엇일까?

그림 26과 27에는 경입자나 쿼크, 또는 그 둘 모두가 참여하는, 다시 말해서 실험실의 관찰과 직접 관련된 상호작용*이 모두 포함된 모든 파인만 도형에서 볼 수 있는 두 가지 중요한 특징이 드러난다. 첫째는 상호작용을 나타내는 모든 점(그림의 A, B, C, D)에서는 두 개의 페르미온 선과 하나의 보손 선이 합쳐진다. 페르미온(이 그림에서는 경입자이지만 다른 도형에서처럼 쿼크일 수도 있다)은 기본입자이다. 보손은 페르미온을 결합시켜주는 힘 전달자이다. 그림에서 상호작용 점들은 **꼭짓점**(vertices) 또는 **세 줄기 꼭짓점**(three-prong vertices)이라고 부른다. 오늘날 우리가 진실이라고 알고 있는 놀라운 일반성은 우주에서 일어나는 모든 쿼크와 경입자의 상호작용이 궁극적으로 두 개의 페르미온 세계선과 하나의 보손 세계선이 만나는 세 줄기 꼭짓점의 결과라는 것이다.

또다른 중요한 특징은 상호작용 꼭짓점에서는 아무것도 살아남지 못한다는 것이다. (이런 사실이 더 분명하게 나타난 그림 30을 살펴보라.) 각각

* 글루온들 사이에서 일어나는 것과 같은 "숨겨진" 상호작용은 여기서 설명한 규칙을 따르지 않는다.

의 상호작용 점에서는 입자들이 생성되고 소멸된다. 꼭짓점에 도달한 입자는 파괴되면서 꼭짓점을 떠나는 새로운 입자로 대체된다. 그림 26과 27에서는 전자가 꼭짓점에 도착해서, 광자를 방출하고, 다시 길을 가는 것처럼 보일 수도 있다. 양자물리학의 수학이 알려준 사실은 꼭짓점 A에서 한 개의 전자가 소멸되고, 한 개의 전자가 생성된다는 것이다. 모든 전자는 똑같기 때문에 두 전자가 같은 것이라고 말할 수 있는 방법은 없다. (실험으로 확인된) 이론은 우리에게 또 하나의 놀라운 일반성을 제공한다. 우주에서 일어나는 모든 상호작용에는 입자의 생성과 소멸이 포함된다는 것이다.

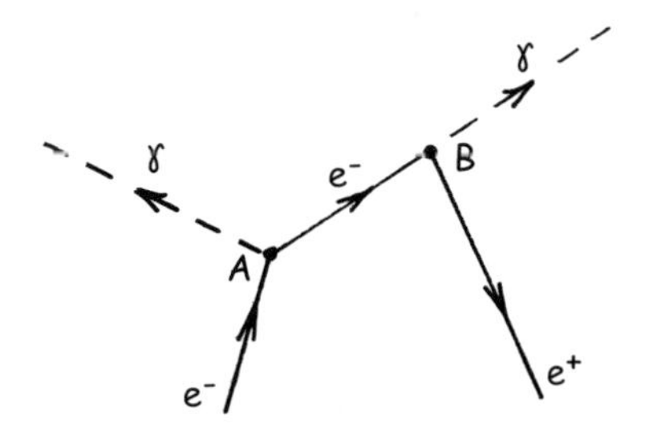

그림 28. 전자-양전자 소멸을 나타내는 파인만 도형.

그림 26과 27의 세계선에는 시간에 따른 정방향의 운동을 나타내는 화살표가 그려져 있다. 그러나 양자론은 우리에게 놀라운 사실을 알려준다. 입자의 세계에서는 시간을 거스르는 운동도 가능하다는 것이다. 전자와 양전자가 소멸되고, 두 개의 광자가 생성되는 다음과 같은 반응 방정식을 나타내는 그림 28의 파인만 도형을 생각해보자.

$$e^- + e^+ \rightarrow 2\gamma$$

도형에서는 왼쪽에서 다가오는 전자와 오른쪽에서 다가오는 양전자가 서로 접근한다. 점 A에서는 다가오는 전자가 소멸되고, 광자와 전자가 생성된다. 점 B에서는 새로 생성된 전자와 양전자가 만나면서 소멸되고, 다른 광자가 생성된다. 첫째, 세계선에 표시된 화살표를 무시하고, 시간의 흐름을 흉내내기 위해서 도형의 아래쪽으로부터 수평자를 천천히 위로 밀

코펜하겐에서 닐스 보어의 박사후 연구원으로 일하던 스물세 살의 존 휠러(1911–2008). 훗날 1939년에 보어와 휠러는 히틀러 군대가 폴란드를 침공한 날에 핵분열의 메커니즘에 대한 확실한 논문을 발표했다. 휠러의 특별한 재능은 양손으로 칠판에 그림을 그리는 것은 물론 플랑크 길이(Planck length), 양자 거품(quantum foam), 블랙 홀(black hole)을 비롯한 신조어에서도 잘 나타난다. 나는 휠러의 지도를 받았던 몇 안 되는 젊은 물리학자 중 한 사람이었다. (사진 AIP Emilio Segrè Visual Archives, Wheeeler Collection 제공)

어 올리는 상황을 생각해보자. 수평자는 왼쪽에서 다가오는 전자와 오른쪽에서 다가오는 양전자의 세계선과 만난다. 상호작용이 일어난 후 수평자가 그림의 위쪽으로 올라가면 날아가버리는 두 개의 광자를 나타내는 세계선과 만난다. 간단히 말해서 위의 반응 방정식에서 주어진 반응 전과 후의 상황에 해당한다.

그러나 도형을 해석하는 다른 방법이 있다. 전자는 점 A에서 광자를 방출한 후에 점 B로 옮겨가고, 그 후에는 시간을 거슬러 올라가서 점 B로부터 아래쪽과 오른쪽으로 연장된다. 세 개의 페르미온 선들은 두 개의 변곡점을 가진 하나의 선으로 볼 수도 있다. 그림에서의 화살표가 그런 관점을 보여준다. 시간에 따라 움직이는 전자와 시간을 거슬러 움직이는 양전자가 사실은 똑같은 것이라는 아이디어는 프린스턴에서 파인만의 지도

교수였던 존 휠러가 처음 제시했던 것이었다. 휠러는 자서전*에서 자신의 통찰력을 이렇게 설명했다. "(1940년이나 1941년) 어느 날 저녁에 프린스턴의 집에 앉아 있던 나는 전자가 시간을 거슬러 움직이는 것을 양전자로 해석할 수 있다는 생각을 했다. 그런 생각에 흥분했던 나는 교내의 대학원 기숙사에 살고 있던 대학원 학생 리처드 파인만에게 전화를 했다. 나는 '딕, 모든 전자와 모든 양전자가 똑같은 질량과 똑같은 전하를 가지고 있는지를 알아냈네. 전자와 양전자는 똑같은 입자라네'라고 말했다." 파인만은 그의 아이디어를 좋아했다. 시간을 따라가는 것과 마찬가지로 거슬러 움직이기도 하는 입자의 세계선은 파인만의 이름이 붙여진 도형의 기본적인 특징이다. 그리고 그런 관점을 따르면, 물질 입자에 대한 상호작용 꼭짓점은 하나의 페르미온 선이 끝나고, 다른 페르미온 선이 시작되거나, 보손 선이 시작되거나 끝나는 점이라고 간단하게 정의할 수 있다.

52. 파인만 도형은 강한 상호작용, 약한 상호작용, 전자기 상호작용을 어떻게 보여줄까?

그림 26, 27, 28은 전자기 상호작용이 작동하고 있는 모습을 보여준다. 전자기력의 운반자는 광자이다. 광자가 방출되거나 흡수되도록 해주는 것이 전하이다. 그래서 전자나 쿼크처럼 전하를 운반하는 입자들은 전자기 상호작용을 하게 된다. 뉴트리노처럼 전하를 가지지 않는 입자의 경우에는 전자기 상호작용을 하지 않는다. 전자기 상호작용은 강한 상호작용과 약한 상호작용의 중간에 해당하는 세기를 가진다(실제로 약한 상호작용

* John Archibald Wheeler, *Geons, Black Holes, and Quantum Foam: A Life in Physics*, with Kenneth Ford (New York: W. W. Norton, 1998), page 117.

보다는 강한 상호작용에 훨씬 더 가깝다).*

1934년 약한 상호작용에 대한 이론을 처음 개발했던 엔리코 페르미는 하나의 입자가 3개의 다른 입자로 변환되는 중성자의 방사성 붕괴에서와 같은 네 줄기 상호작용을 생각했다.

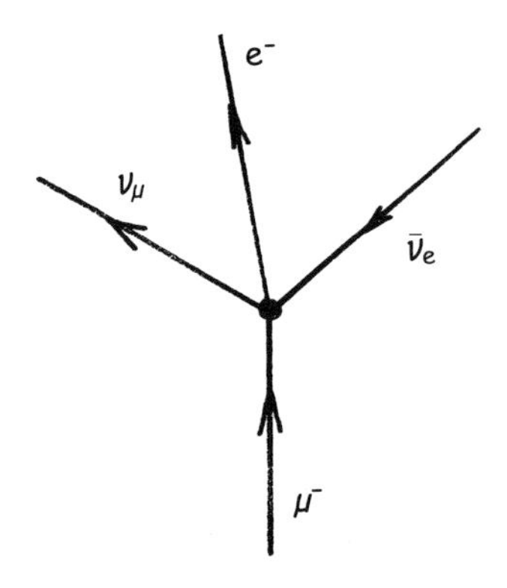

그림 29. 최초에 예상했던 뮤온 입자의 붕괴

$$n \rightarrow p + e^- + \bar{\nu}_e$$

그는 훗날 밝혀진 이 붕괴의 중간 과정에 대해서는 몰랐다. 그러나 상호작용 과정에 입자의 소멸과 생성이 관여된다는 심오한 아이디어를 도입했던 것은 사실이다.

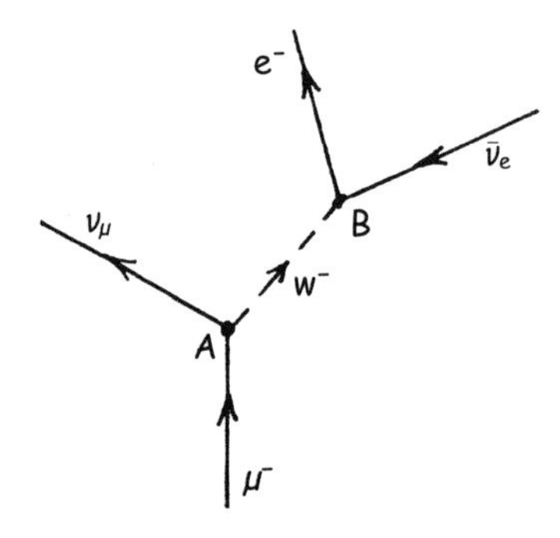

그림 30. 현재 예상하고 있는 뮤온 입자의 붕괴

뮤온이 "느리게(2마이크로초)" 전자, 그리고 뉴트리노와 반뉴트리노로 붕괴된다는 사실이 밝혀진 후인 1940년대에 물리학자들은 또다른 네 줄기 꼭짓점이 작동하고 있다고 가정했고, "보편적인 페르미 상호작용"에 대해서 이야기했다. 뮤온 붕괴는 다음과 같은 반응 방정식으로 나타낼 수 있다.

$$\mu^- \rightarrow e^- + \nu_\mu + \bar{\nu}_e$$

* 현재 우리의 "차가운" 우주에서는 약한 상호작용과 전자기 상호작용의 힘 운반자들 사이에서 나타나는 엄청난 질량의 불균형 때문에 두 가지 상호작용은 아주 다른 세기를 갖게 된다 (힘 운반자의 질량이 클수록 힘은 더 약해진다). 대폭발 직후에 매우 뜨거웠던 초기 우주에서는 대부분의 에너지가 질량 에너지가 아니라 운동 에너지였기 때문에 질량의 불균형에도 큰 차이가 없었다. 그 당시의 두 힘은 세기가 거의 같았다.

그림 29와 30은 우리가 그런 과정을 처음에는 어떻게 생각했고, 지금은 어떻게 생각하고 있는지를 나타낸 것이다. 약한 상호작용은 아주 무거운 W와 Z 보손(이 입자들의 엄청난 질량이야말로 약한 상호작용이 약하게 나타나는 부분적인 이유이다)에 의해서 전달된다. 그림 30은 처음에 정지 상태(그림에서 수직선)에 있던 음전하의 뮤온이 점 A에서 뮤온 뉴트리노와 W^- 입자로 변환되는 모습이다. 그후 점 B에서 W^-는 전자와 전자 뉴트리노로 변환된다. 그래서 이 파인만 도형에서는 세 줄기 꼭짓점만 있고, 네 줄기 꼭짓점은 볼 수 없다. 모든 꼭짓점에서는 하나의 다가오는 페르미온과 하나의 멀어지는 페르미온과 보손이 있다는 법칙이 나타나는 것을 볼 수 있다. (생성되는 전자 반(反)뉴트리노는 시간을 거슬러 움직이는 뉴트리노로 표현되는 것을 주목할 필요가 있다.)

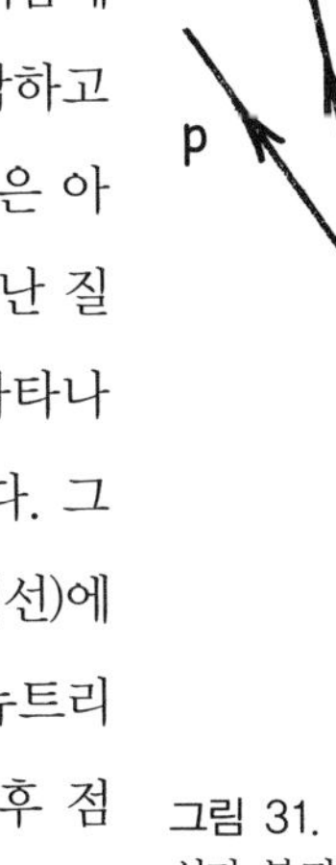

그림 31. 당초에 상상했던 중성자 붕괴

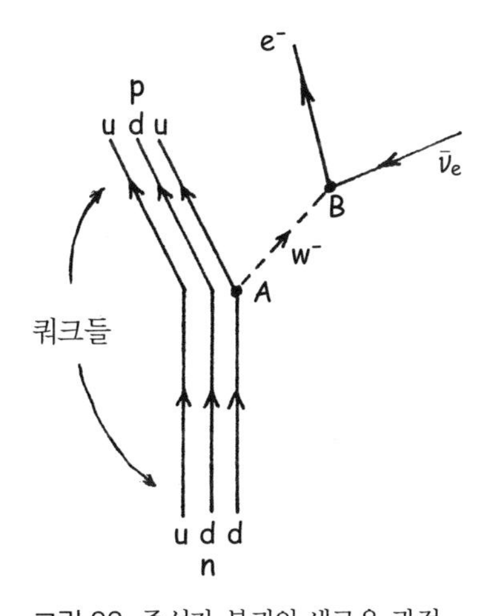

그림 32. 중성자 붕괴의 새로운 관점

이 과정에서 힘을 "운반"하는 W^- 입자는 "외부 세계" 어디에서도 볼 수가 없다. (예를 들면, 위의 반응 방정식에서 W^-는 분명하게 나타나지 않는다.) 측정하기에는 너무 작은 거리에서 너무 짧은 시간 동안 생성되었다가 소멸되기 때문이다. 이것이 바로 느닷없이 나타났다가 갑자기 사라져버리는 가상 입자(virtual particle)라고 부르는 것이다. 그런 입자의 효과는 분명이 실재하고, 그런 입자의 역할도 의심의 여지가 없다. 다만 이 과정에서 가상 입자는 눈에 띄지 않는다. 에너지 보존을 생각한다면, 그런 입자가 도대체 어떻게 그런 과정에 참여할 수 있는지 의아하게 생각할 수도 있다. 사용할 수 있는 총 에너지는 W 입자를 생성시키기 위해 필요한 에너지보다 훨씬 작은 뮤온의 질량 에너지뿐이다. 그러나 그것이 바로 가상 입자의 본질이다. 하이젠베르크의 불확정성 원리(질문 42와 74) 때문에 충분히 짧은 시간에 일어나는 과정에서는 일시적으로 에너지 보존이 지켜지지 않는 것도 용납할 수 있다. 또 하나의 양자물리학의 이상한 점이다.

그림 31과 32는 뮤온 붕괴에 대한 관점보다 훨씬 더 극적인 변화를 보여주는 중성자 붕괴에 대한 생각의 진화를 보여준다. 그림 31은 다음과 같은 반응 방정식으로 나타낼 수 있는 중성자 붕괴에 대한 초기의 네 줄기 꼭짓점의 도형이다.

$$n \rightarrow p + e^{-} + \bar{\nu}_e$$

반뉴트리노가 전자 형식이라는 사실을 보여주기 위해서 아래의 첨자 "e"가 더해진 것을 제외하면 질문 36에서 설명했던 것과 똑같은 방정식이다.

그림 32는 몇 가지 개선된 점이 포함되어 있다. 첫째, 중성자와 양성자를 구성하는 쿼크들이 표시된다. 업-다운-다운(udd)와 업-업-다운(uud)이 바로 그것이다. 둘째, 다운 쿼크 중 하나가 업 쿼크와 W^{-} 입자로 변환될 때 일어나는 붕괴를 보여준다. 셋째, W^{-} 입자는 뮤온 붕괴에서처럼 일시적으로만 존재하는 가상 입자이다. 여기서도 역시 허용된 에너지는 실제 W^{-} 입자를 만들어내기에는 턱없이 부족하다. 그림 30에서와 마찬가지로 이 그림에서도 점 A와 B는 약한 힘의 운반자인 W^{-} 입자가 나타났다가 사라

져버리는 약한 상호작용 꼭짓점이다.

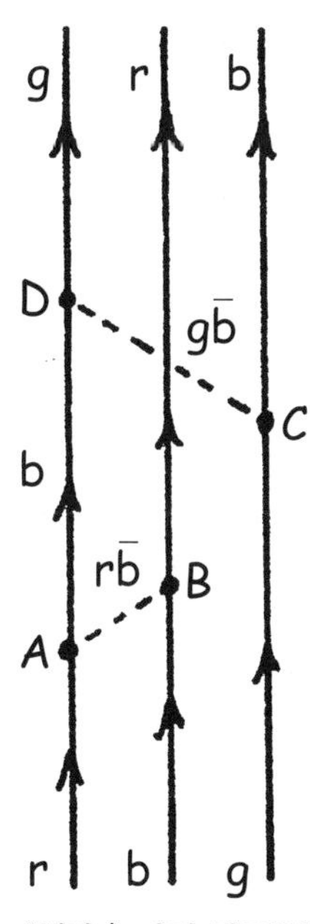

"색깔을 가진 쿼크들"

그림 33. 글루온을 교환하는 쿼크들

강한 상호작용의 경우에는 글루온이 힘 운반자가 된다. 전자기 상호작용에는 광자라는 오직 하나의 힘 운반자가 있고, 약한 상호작용에는 W(2개의 가능한 부호가 가능)와 Z 입자라는 2개의 힘 운반자가 있고, 강한 상호작용에는 글루온이라는 8개의 힘 운반자가 있다. 글루온은 **적색-반(反)청색**(red-antiblue), **청색-반(反)녹색**(blue-antigreen) 등과 같은 거추장스러운 이름을 가지고 있다.* 글루온이 방출되거나 흡수될 때는 한 색깔의 쿼크가 다른 색깔의 쿼크로 바뀌게 된다. 그림 33은 "정지 상태"로 있는 핵자에 대한 파인만 도형이다. 글루온 교환 때문에 쿼크들은 끊임없이 색깔을 바꾸지만 업-다운의 정체는 바뀌지 않은 채로 언제나 3개가 존재한다. 일반적인 법칙에 따라 모든 꼭짓점은 하나의 페르미온이 파괴될 때에 하나의 페르미온이 생성되고, 하나의 보손이 생성되거나 파괴되는 점이다. 움직이지 않는 핵자도 활기가 넘치는 상태이다.

이론에 따르면, 충분히 높은 에너지에서는 그림 33에서처럼 **쿼크-글루온 플라스마**(quark-gluon plasma)라고 부르는 쿼크와 글루온들의 대혼란으로 변환될 수 있다(질문 92 참조).

---

* 171쪽에서 설명했듯이, 세 가지 색깔에서 색깔-반색깔 조합을 몇 개나 얻을 수 있는지를 센다면 그 답은 아홉 가지가 될 수 있다. 기술적인 수학적 이유 때문에 오직 8개만이 독립적이다.

여기에서는 중력 상호작용을 다루지 않았다. 다른 세 가지 상호작용과 마찬가지로 그것도 역시 원칙적으로 보손에 의해서 전달된다. 중력의 양자 운반자는 **중력자**(graviton)라고 부른다. 광자와 마찬가지로 중력자도 질량이 없지만, 1단위의 스핀을 가지고 있는 광자와 달리 2단위의 스핀을 가지고 있다. 중력은 매우 약하기 때문에 중력자에 대한 증거는 아직도 찾아내지 못하고 있다. 아직도 이론적으로만 존재하고 있다. 중력자는 너무나도 엄청나게 많은 숫자들이 함께 작용하기 때문에 한 개 또는 몇 개에 대한 증거를 찾아내게 될 가능성은 희박하다.

53. 어떤 입자가 안정적일까? 어떤 것이 불안정할까? 입자가 붕괴된다는 것은 무슨 뜻일까?

모든 입자가 불안정하다(또는 같은 뜻으로 방사성이다)고 하는 것은 비교적 괜찮은 가정이다. 모든 입자는, 붕괴가 일어나지 못할 분명한 이유가 없으면, 자신보다 더 가벼운 입자들로 붕괴된다(에너지의 내리막을 내려간다)는 것이다. 우리가 아는 한에는 그런 붕괴가 일어나지 않는 유일한 이유는 한 쌍의 보존(불변성) 법칙 때문이다. 쿼크 수 보존 법칙과 전하 보존 법칙이 바로 그것이다. 그런 두 법칙이 없으면, 우주의 모든 입자는 광자와 뉴트리노(그리고 아마도 중력자)의 바다로 녹아들어갈 것이다. 물질을 연구하는 과학자도 많지 않았을 것이다.

쿼크 수 보존 법칙 때문에 바리온 수도 보존된다. 그리고 양성자는 가장 가벼운 바리온이기 때문에 양성자의 안정성은 바리온 보존의 결과이다. 양성자는 더 이상 가벼운 바리온으로 붕괴될 수가 없기 때문에 그대로 남아 있게 된다. 과학에서는 그 무엇을 절대적이라고 부르는 것이 위험하지만, 이 경우는 절대적 보존 법칙처럼 보인다. 실제로 양성자도 틀림없이 붕괴될 것이라는 이론들도 있다. 실제로 그렇다면, 양성자의 평균 수명은 상상할 수 없을 정도로 길 것이다. 양성자의 평균 수명은 2×10^{29}년(또는 특정한 가상적 붕괴 모드를 고려하면 10^{32}년)보다 더 긴 것으로 알려져 있다. 아무리 작게 잡아도 1.4×10^{10}년 정도인 우주의 나이(대폭발 이후의 시간)보다 100억 배의 10억 배에 해당한다. 만약 양성자가 불안정하다고 해도, 그 반감기를 측정할 수 있는 현실적인 방법이 없다고 생각할 수도 있다. 그러나 양자물리학에서 확률이 작동하는 방법 때문에 반드시 그렇지 않을 수도 있다. 예를 들어, 양성자의 반감기가 10^{30}년이라고 생각해보자. 물질의 작은 조각 속에 있는 양성자의 절반은 (우주가 그보다 더 오래 존재한다면!) 10^{30}년보다 더 오래 살아남을 것이다. 그러나 일부는 확률적으로 더 빨리 붕괴될 것이고, 몇 개는 훨씬 더 빨리 붕괴될 것이다. 1년에 평균 한 개가 붕괴되는 것을 확인하기 위해서는 얼마나 많은 물질이 필요할까? 약 3톤 정도면 충분할 것이다.*

전하 보존 법칙이 하는 일은 전자를 안정화시키는 것이다. 전자는 전하를 가진 입자 중에서 질량이 가장 작은 것이기 때문이다. 만약 전자가 붕괴된다면, (전하가 없는) 중성 입자로 붕괴되어야만 한다. 바리온 보존법칙과 마찬가지로 전하 보존법칙도 절대적이거나 거의 그런 것처럼 보인다. 현재 알려진 전자의 평균 수명에 대해서 예상되는 하한은 5×10^{26}년이다. 양성자 수명의 한계만큼 길지는 않지만, 그래도 매우 긴 시간이다. 만약 이것이 전자의 수명이라면, 평균적으로 1킬로그램 정도의 물질에서 1년에 한 개 정도의 전자가 붕괴될 것이라고 짐작할 수 있다.

* 계산으로 얻은 결과는 원자핵에 들어 있는 중성자도 양성자와 똑같은 속도로 붕괴된다는 가정에서 얻어진 것이다.

양성자와 전자 수명의 하한은 흔치 않은 붕괴를 관찰해서 알 수 있는 것이 아니다. 오히려 그런 붕괴 사건을 관찰할 수 없다는 사실을 근거로 추정한 것이다.

입자의 붕괴에 적용되는 금지 사항이 하나 더 있다. 단일 입자로의 붕괴가 금지된다는 것이다. 따라서 뮤온이 전자로 붕괴되거나 람다가 중성자로 붕괴되면, 에너지, 전하, 바리온 수는 보존된다. 그러나 실제로 그런 붕괴는 일어나지 않는다. 단일 입자로 붕괴될 수 없는 것은 운동량 보존 때문이다. 붕괴가 일어나더라도 질량과 속도에 의해서 결정되는 운동의 성질인 운동량은 변할 수가 없다. 그래서 정지 상태의 람다가 중성자로 붕괴되면, 붕괴의 결과로 생성되는 중성자도 정지 상태(붕괴 전의 운동량 0 = 붕괴 후의 운동량 0)로 남아 있어야만 한다. 그런데 중성자의 질량이 람다의 질량보다 더 작기 때문에 그런 경우에는 에너지가 보존될 수 없다. 결국 가상적인 단일 입자로의 붕괴에서 에너지가 보존되면, 생성된 중성자는 어느 정도의 운동 에너지를 가지고 날아가야 한다. 그러나 그렇게 되면 붕괴 사건 전에는 없었던 운동량이 생기게 된다. 그래서 단일 입자로의 붕괴는 불가능하다. (물리학과 학생들은 초기 입자가 움직이는 경우에도 그런 법칙이 성립된다는 사실을 증명할 수 있다.) 실제로 모든 불안정한 입자들은 두 개 이상의 입자로 붕괴된다. 앞에서 소개한 파인만 도형도 그런 법칙을 보여준다.

54. 산란은 무엇일까?

입자 한 개가 만들어지는 붕괴도 일어날 수 있고, 실제로 그런 붕괴가 자주 일어나기도 한다. 그 입자가 다른 것과 상호작용하는 것처럼 보이지 않는 경우에도 실제 붕괴는 주로 약한 상호작용이나 전자기 상호작용과 같은 상호작용에 의해서 일어난다.

붕괴(崩壞, decay)는 산란(散亂, scattering)과 구별된다. 두 입자가 충돌하면 서로 튕겨져 나가거나, 파괴되면서 다른 입자가 생성되기도 한다. 그런 과정이 상호작용의 결과라는 사실은 더욱 분명하고, 최종 입자가 처음의 입자와 같거나 다르거나 상관없이 그런 현상은 모두 산란이라고 부른다. 엄밀하게 말하면, 산란에서 만들어지는 입자는 비록 같은 종류처럼 보이라도 언제나 다른 입자이다. (표현이 이상한 나라의 앨리스 수준인 것을 양해해주기 바란다.) 예를 들면, 그림 26에서는 두 개의 전자가 서로 접근한 후에 두 개의 전자가 떨어져 나간다. 그러나 양자론의 수학에 따르면, 꼭짓점 A(그리고 꼭짓점 B)에서는 한 개의 전자가 소멸되고, 한 개의 전자가 생성되는 일이 한꺼번에 일어난다. 사라진 전자가 등장한 전자와 같은 것이라고 말하는 것은 의미가 없다. 두 전자가 분명히 다른 것이라고 말하는 것도 역시 의미가 없다. 우리가 말할 수 있는 것은, 그 입자가 모두 전자이고, 모든 전자는 똑같다는 것뿐이다. 그렇다면 머리가 돌지 않고서는 어떻게 그런 생각을 할 수 있을까? 수학에 가장 잘 어울리는 생각은 새롭게 생성된 전자가 사라진 전자와 구별된다고 주장하는 것이다.

앞에서 설명한 정의들에 따르면, 그림 28도 역시 산란 과정을 나타낸 것이다. 전자와 양전자가 충돌하는 과정에서 붕괴되면서 두 개의 광자가 만들어진다. 쿼크가 포함된 또 다른 산란의 예가 바로 그림 34이다. 전자 뉴트리노가 중성자와 충돌해서 전자와 양성자가 만들어진다.

$$\nu_e + n \rightarrow e^- + p$$

이런 과정은 캐나다의 SNO(서드버리 뉴트리노 관측소)에서 관측되었다

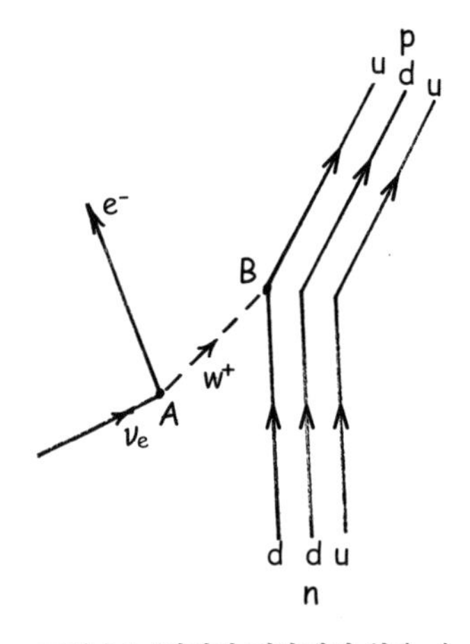

그림 34. (어쩌면 태양에서 왔을 수도 있는) 뉴트리노가 중성자와 상호작용해서 전자와 양성자를 만들어내는 과정이다. 서드버리 뉴트리노 관측소에서 관찰된 것이다.

질문 41 참조). 다가오는 뉴트리노는 태양에서 온 것이다. 그 뉴트리노에 충돌하는 중성자는 중양성자 안에 갇혀서 안정화된 것이다(중성자는 실험실에서 홀로 정지 상태로 존재하지 못하고 붕괴된다). 실제로 일어나는 일은 뉴트리노가 중양성자에 충돌해서 하나의 전자와 두 개의 양성자가 만들어지는 것이다. 그러나 양성자 중 하나는 "구경꾼"이기 때문에 도형에 나타내지 않는다. 그림 34에서 볼 수 있듯이, W^+ 입자가 중간 "힘 운반자"의 역할을 한다. 그 입자가 점 A에서 생성되면, 뉴트리노는 소멸되고 전자가 생성된다. W^+ 입자가 점 B에서 파괴되면 업 쿼크가 다운 쿼크로 변환되거나 대체된다.

55. 산란이나 붕괴의 전과 후에 무엇이 똑같을까?

양(量)이 입자 과정이 일어난 후에나 일어나기 전에나 똑같은 것을 보존량(conserved quantity)이라고 부르고, 그것의 불변성을 설명하는 법칙을 보존 법칙(conservation law)이라고 한다. 그중 몇 개는 이미 소개했다. 상당히 많은 보존 법칙이 있다. 그 중에는 어떤 과정이나 모든 과정에 적용되어 완전한(absolute) 것으로 보이는 것도 있고, 불완전한(partial) 것도 있다. 불완전한 보존 법칙은 일부 상호작용에 대해서는 적용되지만, 모든 상호작용에 대해서 적용되지는 않는다. 입자 과정은 물론이고 실제로 거시적인 과정에 대해서 중요한 기반이 되는 보존 법칙은 제10장의 주제이다. 여기서는 파인만 도형에서 등장하는 몇 가지 보존량에 대해서만 소개한다.

에너지 보존은 완전한 보존법칙이다. 에너지 보존은 붕괴 과정이 언제나 질량의 "내리막(downhill)"으로 일어나는 이유를 설명해주고, 새로운 질량이 만들어지는 충돌에서는 많은 양의 운동 에너지가 필요한 이유를 설명해준다. 나는 이미 입자가 오직 하나의 다른 입자로 붕괴될 수 없는 이유를 설명해주는 운동량 보존에 대해서도 설명했다.

세 번째의 "기계적(mechanical)" 보존법칙은 각운동량 또는 스핀 보존 법칙이다. 시스템이 상호작용 전에 반홀수 스핀을 가지고 있으면, 상호작용 후에도 역시 반홀수 스핀을 가지게 되는 것은 그런 보존법칙 때문이다. 마찬가지로 정수 스핀도 전과 후에 보존된다. 이런 법칙은 뮤온의 붕괴를 나타내는 그림 30과 전자와 양전자의 소멸을 나타내는 그림 28에서도 확인할 수 있다. 스핀은 벡터량이기 때문에 단순히 숫자를 세는 것보다 조금 더 많은 일을 해야만 한다. 예를 들면, 뮤온의 붕괴에서는 스핀 1/2의 입자가 각각 스핀 1/2을 가진 3개의 입자를 만들어낸다. 3개의 최종 입자 중 2개는 서로 반대로 향한 스핀을 가지고 있어서 서로 상쇄되어야만 마지막 총 스핀은 1/2이 된다는 사실을 이해해야 한다. 마찬가지로, 전자-양전자 소멸에서도 2개의 초기 입자가 서로 반대 방향으로 향한 스핀을 가지고 있어서 총 스핀이 0이 될 수 있다. 그렇다면 생성되는 광자 2개도 역시 각각 스핀 1을 가지고 있지만, 서로 반대 방향을 향함으로써 합이 0이 되어야 한다.

도형들에서 더욱 분명하게 드러나는 것은 전하, 경입자 수, 바리온 수와 같은 "고유한(intrinsic)" 성질의 보존이다. 그림 26에서 34까지를 살펴보면, 전하, 경입자 수, 바리온 수(쿼크의 바리온 수는 1/3)가 전과 후에서도 보존될 뿐만 아니라 각각의 상호작용 꼭짓점에서도 보존된다는 사실을 확인할 수 있다. 이미 설명했듯이 어떤 입자도 상호작용하는 꼭짓점에서는 보존되지 않는다. 꼭짓점에서 입자가 생성되기도 하고, 사라지기도 한다. 그러나 입자의 일부 성질은 사라지지 않는다. 전기 전하나 경입자 향기는 릴레이 경기에서 주고받는 배턴과 같은 것이다. 한 주자가 "사라지면", 다른 주자가 "등장하지만", 배턴은 "상호작용"이 일어나는 점에서의 전달 과정을 통해서 계속 남게 된다.

그림 33은 또 하나의 보존 법칙이 작동하는 모습을 보여준다. 색깔의 보존이다. 예를 들면, 점 A에서는 적색 쿼크가 사라지고, 청색 쿼크가 나타나면서 동시에 적색-반청색 글루온이 만들어진다. 그래서 한 단위의 "적색성(redness)"은 상호작용의 전과 후에 보존된다. 전자와 양전자, 즉 경입자와 반경입자를 합치면 경입자 수가 0이 되는 것과 마찬가지로 청색과 반청색을 합치면 0의 "청색성(blueness)"이 되기 때문에 0 단위의 "청색성"도 역시 보존된다. 마찬가지로, 점 C에서는 전과 후에 1 단위의 "녹색성(greenness)"이 있고, 전과 후에 0 단위의 "청색성"이 있다. 이름이 고약한 것은 분명하지만, 물리학자들이 생각해낼 수 있는 최선의 것이다.*

56. 산란이나 붕괴 과정에서는 무엇이 변할까?

보존되지 않는 것은 무엇이나 변할 수 있다는 것이 짧은 답이다. 예를 들면 질량이 그렇다. 변하지 않는 것은 질량 에너지를 포함한 총 에너지이다. 질량은 붕괴 사건에서 흔히 그렇듯이 감소하기도 하고, 산란 사건에

* 일부 미국 물리학자들은 쿼크와 글루온 색깔을 적색, 백색, 청색으로 부르고 싶어했지만, 국제적 합의에 따라 적색, 녹색, 청색으로 양보를 했다고 한다.

서 흔히 그렇듯이 증가하기도 한다. 변할 수 있는 또다른 것은 보손의 수이다. 예를 들면, 1개의 전자와 1개의 양전자가 소멸되어 2개의 광자가 만들어지는 경우에는 과정이 시작되기 전에는 보손의 수가 0이고, 과정이 끝난 후에는 그 수가 2가 된다(그림 28참조). 그리고 음의 뮤온이나 다운 쿼크처럼 특정한 종류에 속하는 입자의 수도 변할 수 있다. 예를 들면, 그림 30에서 음의 뮤온은 상호작용에서 살아남지 못한다. 그럼에도 불구하고 뮤온이 뮤온 뉴트리노로 대체되기 때문에 뮤온 향기에서 입자의 수는 보존된다. 그리고 중성자의 붕괴를 보여주는 그림 32에서는 업 쿼크의 수가 변하고, 다운 쿼크의 수도 변한다. 그러나 쿼트의 총수는 변하지 않는다.

상호작용에서 상당히 여러 가지가 변할 수 있음에도 불구하고, 보존법칙은 실제로 일어날 수 있는 일을 극도로 제한하는 역할을 한다. 다음 장에서는 그것이 더욱 명백해질 것이다.

제10장

변화에서의 불변성

57. "4대" 완전 보존 법칙은 무엇일까?

우리 주변의 세계에서 정적인 것은 없는 것 같다. 구름도 흘러가고, 나뭇잎도 흔들리고, 우리도 이리저리 움직이면서 다닌다. 기원전 5세기에 에우리피데스가 지적했듯이, "모든 것은 변한다(All is change)." 그런 주장을 부정하기는 어렵다. 실제로 에우리피데스 이후 25세기 동안 자연을 관찰했던 과학자들도 대부분 변화에 관심을 가졌다. 물체가 힘에 의해서 어떻게 움직이는지를 연구했던 17세기의 뉴턴의 경우도 그랬다. 진동하는 전기 전하에 의해서 라디오파가 방출되는 현상을 연구했던 19세기의 맥스웰의 경우도 마찬가지였다.

그러나 모든 변화에서 어떤 것은 실제로 일정하게 유지되기도 한다. 그것이 바로 보존량(conserved quantity)이다. 오늘날 우리는 거시 세계("고전적" 세계)에서 일정하게 유지되는 것은 양자 세계에서도 일정하게 유지된다는 사실을 알게 되었다. 실제로 입자 상호작용의 개별적인 작용 수준에서도 그렇다. 거시 세계에서 전하가 보존되는 이유는 입자 소멸과 생성의 모든 순간에서 전하가 보존되기 때문이다. 거시 세계에서 에너지가 보존되는 이유는 에너지가 양자 세계에서도 보존되기 때문이다. 생각해보면, 거시 세계와 미시 세계 사이의 이런 확실한 연결이 반드시 성립해야만 하는 이유는 분명하지 않다. 예를 들어, 친절한 할머니가 언제나 과자 병에 정확하게 100개의 과자를 넣어둔다고 생각해보자. 손자가 방문할 때마다 과자 병에는 같은 수의 과자가 들어 있다. 과자를 꺼내는 속도에 따라서 다시 채워넣는다. 그러나 그런 과자 보존 법칙은 개별적인 과자의 수준에서 보존되기 때문에 성립하는 것은 아니다. 과자 보존 법칙은 큰 규모에서는 법칙이지만, 작은 세계에서는 법칙이 아니다.

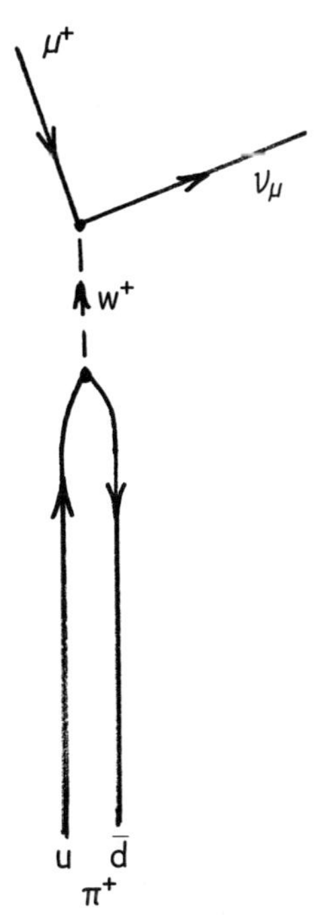

그림 35. 파이온 붕괴의 예에서는 수많은 양이 보존된다.

그러나 우리는 고전적으로 보존되는 "4대" 물리량인 에너지, 운동량, 각운동량, 전하에 대해서는 보존 법칙이 가장 낮은 수준의 시공간에서도 성립하고, 모든 규모에서 그런 법칙이 (우주에서 어떤 것이 완전하다고 말할 수 있을 정도로) 완전하다고 믿는다.

양전하를 가진 파이온이 양전하를 가진 뮤온(실제로는 반뮤온)과 뮤온 향기의 뉴트리노로 붕괴되는 경우가 4대 보존 법칙이 작동하고 있다는 (그리고 실제로는 그 이상의 의미를 가진다는) 사실을 보여주는 간단한 예가 된다.

$$\pi^+ \rightarrow \mu^+ + \nu_\mu$$

에너지 보존은 붕괴의 "내리막" 특성에 반영되어 있다. 생성된 입자의 질량을 합하면 파이온의 질량보다 작기 때문에 질량 에너지는 감소한다. 그러나 뮤온과 뉴트리노는 충분한 운동 에너지를 가지고 떨어져 날아가기 때문에 에너지 장부의 수지는 맞아떨어지게 된다. **운동량 보존**은 생성된 입자가 어떻게 떨어져 날아가는지에 반영되어 있다. 처음에 파이온이 인내심을 가지고 필연적인 운명을 기다리면서 정지 상태에 있다고 생각해보자. 그러면 운동량은 0이다. 따라서 뮤온과 뉴트리노의 총 운동량도 역시 0이 되어야만 한다. 이 두 입자는 똑같은 운동량을 가지고 서로 반대 방향으로 떨어져 날아가게 된다. 벡터 합의 법칙에 따라서 서로 반대 방향을 향한 운동량을 합하면 0이 된다. **각운동량 보존**에도 역시 벡터 합이 필요하다(일반적인 운동량과 마찬가지로 각운동량도 벡터 양이다). 파이온의 스핀은 0이다. 뮤온과 뉴트리노는 각각 1/2 단위의 스핀을 가지고 있다. 그런 스핀이 서로 반대 방향을 향하면 그 합도 역시 0이 된다. **전하 보존**은 반응 방정식에서 더 분명하게 나타난다. 붕괴가 시작되기 전과 끝난 후의 총 전하는 1 단위이다.

이 책에서 지금까지 소개한 반응 방정식을 살펴보면 4대 보존 법칙이 성립된다는 사실을 확인할 수 있다.

58. 양자 세계에서 작동하는 완전한 보존 법칙이 더 있을까?

원자보다 더 작은 영역에서만 나타나고, 역시 완전한 것이라고 믿는 3개의 보존 법칙과 대칭 원리가 더 있다. 그 내용을 표 1에 4대 보존 법칙과 함께 정리했다. 새로운 보존 법칙 중 2개는 실제로 앞에서 설명한 파이온 붕괴에서도 확인된다. 붕괴 과정에서 경입자 향기는 붕괴의 전과 후에 모두 0으로 보존된다. 붕괴가 일어나기 전에는 파이온만 존재하고, 경입자는 없기 때문에 0이다. 붕괴가 일어난 후에는 뮤온 향기의 경입자와 같

표 1. 완전하게 보존될 것으로 믿는 물리량들

에너지	경입자 향기*(경입자 수)
운동량	쿼크 수(바리온 수)
각운동량	색깔
전하	TCP(불변 원리)

* 경입자 향기는 뉴트리노 진동을 제외한 모든 경우에 "거의" 완전하게 보존된다.

은 향기의 반경입자가 생성되기 때문에 0이 된다. (이 경우에 경입자는 뉴트리노이고, 반경입자는 양의 뮤온이다.) 반대로 음의 파이온이 붕괴될 때에는 음의 뮤온과 뮤온 향기의 반뉴트리노가 생성물이 된다. 음의 경입자를 **입자**라고 부르고 양의 경입자를 **반입자**라고 부르는 것은 관행일 뿐이다. (그런 선택은 우리 세계에서 전자가 양전자보다 압도적으로 많기 때문이다. 사정이 정반대였더라도 물리학은 똑같았을 것이다.)

파이온 붕괴에서는 쿼크 수의 보존도 확인된다. 양의 파이온은 업 쿼크와 안티다운 쿼크로 구성된다. 입자의 수를 세는 일반적인 규칙에 따라 이 경우에 쿼크의 수를 합하면 0이 된다. 붕괴 후에는 쿼크가 존재하지 않기 때문에 쿼크 수는 0으로 유지된다.

표 1에 정리한 세 번째의 새로운 보존 법칙은 쿼크와 글루온에서만 나타나는 **색깔** 보존이다. 색깔은 전하와 비슷하게 시각화시킬 수 있기 때문에 실제로 **색하**(color charge)라고 부르기도 한다. 그것은 입자가 가지고 있으면서 그 입자가 상호작용을 할 때마다 전달되는 "어떤 무엇"이다. 앞에서 설명했듯이, 세 가지 색깔을 전통적으로 **적색**, **녹색**, **청색**이라고 불렀다. 쿼크는 색깔을 가지고 있고, 반쿼크는 반색깔을 가지고 있고, 글루온에서는 색깔과 반색깔이 혼합되어 있다. 어떤 것이 색깔을 가지지 않는 방

법은 몇 가지가 있다. 예를 들면, 전자나 뉴트리노의 경우처럼 쿼크나 글루온이 전혀 없는 경우가 그렇다. 또는 적색과 반적색처럼 하나의 색깔과 그 반색깔이 똑같이 섞여 있는 경우도 있다. 앞에서 설명했던 양의 파이온은 적색-반적색, 녹색-반녹색, 청색-반청색의 조합(겹침)이다. 그리고 마지막으로 반색깔은 없지만 세 가지 색깔이 똑같이 혼합된 경우에도 색깔이 없어진다. 무지개 색깔을 똑같이 섞으면 백색광이 만들어진다는 사실을 기억하면 도움이 될 것이다. 그러나 사실 색깔이 혼합되는 두 경우 사이에는 아무런 관계가 없다. 199쪽의 그림 33은 핵자에 들어 있는 세 가지 쿼크의 색깔이 없는 조합을 보여준다. 그림에서 위쪽으로 시간이 흘러간다면, 그림의 아래쪽에 자를 수평으로 대고 (수평 상태를 유지하면서) 느리게 위쪽으로 밀어 올리면 시간의 흐름을 흉내낼 수 있다. 모든 순간에 왼쪽, 중간, 오른쪽 쿼크가 서로 다른 색깔을 가지고 있기 때문에 쿼크-글루온의 무도회에서 매 순간마다 적색-녹색-청색의 색깔이 없는 조합이 유지된다.

표에 주어진 새로운 보존량 중에서 마지막은 TCP 정리(定理)라고 부르는 대칭성 법칙이다. 그것도 역시 자연에서 일어날 수 있는 것에 대한 철칙이기 때문에 보존 법칙과 함께 실었다.

59. TCP 정리가 무엇일까?

T, C, P는 모두 사실이거나 가상적이거나 상관없이 일종의 반전(反轉)을 뜻하는 글자이다. 세 가지 반전의 의미를 간단히 설명하면 다음과 같다.

T, 시간 반전(time reversal) : 실험을 거꾸로 진행한다. 즉, 전과 후를 교환한다.

C, 전하 변환(charge conjugation) : 실험에 등장하는 모든 입자를 반입자로 바꾸고, 모든 반입자를 입자로 바꾼다.

P, 패리티 반전(parity reversal) 또는 거울 반전(mirror reversal) : 본래 실험의 거울상으로 실험을 진행한다.

"TCP 정리"의 의미는 세 가지 반전 모두가 실제로 일어나는 모든 과정에 적용된다면, 삼중으로 반전된 과정도 역시 실제로 일어날 수 있고, 모든 점에서 그렇다는 것이다.

1956년까지만 해도 물리학자들은 T 불변, C 불변, P 불변이 서로 아무 상관없이 성립되는 법칙이라고 믿었다. (나중에 밝혀진 결과에 따르면, 그런 생각은 충분한 근거가 없는 단순한 믿음이었고, 나도 그런 믿음을 가지고 있었다) 그런데 사실 그런 불변은 불완전한 보존 법칙인 것으로 밝혀졌다. 다음 질문에서 그것들의 "불완전성(partiality)"에 대해서 설명할 것이다. 여기서는 이런 세 가지 반전의 본질과 그런 법칙들이 어떻게 결합되어 하나의 완전한 법칙이 만들어지는지를 살펴본다.

T : 시간 반전 과정을 이해하기 위해서 209쪽에 주어진 양의 파이온 붕괴에 대한 반응 방정식을 오른쪽에서 왼쪽으로 읽어본다. 양의 뮤온과 뮤온 뉴트리노가 충돌해서 양의 파이온이 만들어진다. 또는 193쪽의 그림 28로 돌아가서 파인만 도형을 위에서 아래로 읽어본다. 2개의 광자가 충돌하면서서 하나의 전자와 하나의 양전자가 생성된다(이 두 반응은 일어날 가능성이 매우 낮지만, 불가능하지는 않는 과정이다). 거시 세계에서의 시간 반전 과정은 비디오나 영화의 필름을 거꾸로 돌렸을 경우에 해당한다. 우

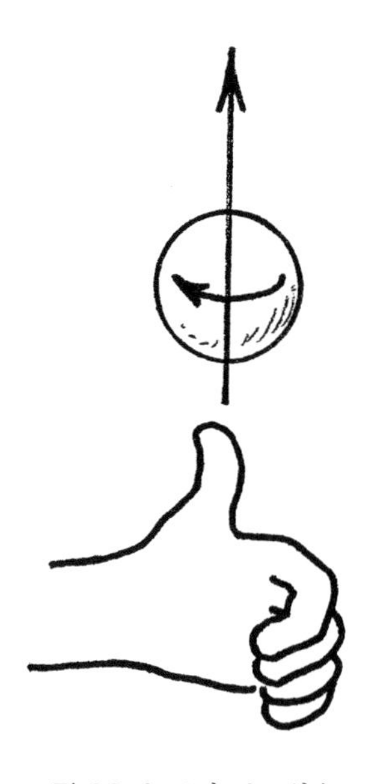
그림 36. 뉴트리노는 왼손잡이 입자이다.

리의 일상적인 경험 세계에서의 시간 반전 과정에는 천문학적으로 많은 수의 입자가 관여되기 때문에 일반적으로는 불가능한 일이다. (그런 반전이 우스꽝스럽게 보이기도 한다). 예를 들어, 물방울이 풀잎에서 솟아올라서 호스의 노즐 속으로 흘러들어가는 물살에 합쳐지는 경우를 생각해보자. 아니면 충돌 사고로 부서져버린 자동차의 잔해가 스스로 모여들어서 반짝이는 자동차로 조립된 후에 충돌 현장에서 멀어져가는 경우를 생각해보자. 반대로 거시 세계에서 일어나는 과정 중에는 본래의 과정과 시간 반전의 이미지 사이의 차이를 알아채기 어려울 정도로 단순한 경우도 있다. 3루에서 1루로 날아가는 야구공이나 지구를 공전하는 인공위성의 경우를 생각해보자.

C : 지금까지 설명해왔던 양의 파이온 붕괴에서 전하 교환 또는 입자-반입자 교환의 결과를 쉽게 볼 수 있다. C-반전 과정은 (양의 파이온의 반입자인) 음의 파이온이 뮤온과 뮤온 반뉴트리노로 붕괴되는 것이다.

$$\pi^- \rightarrow \mu^- + \bar{\nu}_\mu$$

실제로 음의 파이온은 이런 방식으로 붕괴된다. 그러나 바로 이것이 C 불변 자체에 대한 물리학자들의 믿음을 깨뜨려버리게 된 대단히 놀라운 일이었다. 이런 붕괴가 C 불변이 뜻하듯이 모든 면에서 서로를 닮지 않았다는 것이다. 뉴트리노는 "왼손잡이"이고, 반뉴트리노는 "오른손잡이"이기 때문이다. 그림 36이 왼손잡이가 무슨 뜻인지를 보여준다. 왼손의 엄지가

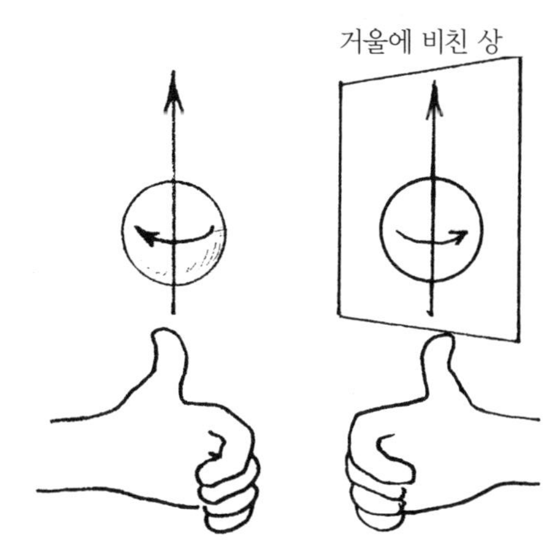

그림 37. 왼손잡이 뉴트리노의 거울상은 존재하지 않는 오른손잡이 뉴트리노이다.

중성자의 운동 방향을 향한다면, 왼손의 굽혀진 손가락들은 뉴트리노의 스핀이 회전하는 방향을 가리킨다. 양의 파이온에 C-반전을 적용시키면 음의 파이온이 뮤온과 왼손잡이 반뉴트리노로 붕괴되는 실제로는 불가능한 과정이 된다.

P : 패리티 반전은 입자 과정의 거울상을 보는 것과 똑같다. 이 책을 거울을 통해서 보면 읽기 어려운 역순으로 쓴 글을 보게 된다. 그러나 거울 속에 보이는 상이 결코 불가능한 상이 아니라는 사실은 누구나 알고 있다. (구급차의 앞면처럼) 일부러 역순으로 써놓아서 거울을 통해서 보아야만 바르게 보이도록 만들 수도 있다. 어렸을 때 일부러 부모나 형제들이 거울을 통해서 봐야만 읽을 수 있도록 "거울 글쓰기"를 했던 경험을 했던 적이 있을 것이다. 반대로 거울상이 가능한 상이 아닌 입자도 있다. 왼손잡이 뉴트리노의 거울상은 오른손잡이 뉴트리노이지만, 그런 입자는 존재하지 않는다(그림 37).

마지막으로, 세 가지 반전 모두를 양의 파이온 붕괴에 적용해보자. 뉴트리노의 왼손잡이 스핀을 아래 첨자 L로 표시했다.

$$\pi^+ \rightarrow \mu^+ + \nu_{\mu L}$$

T는 과정이 일어나기 전을 과정이 일어난 후로 바꿔준다. C는 입자를 반입자로 바꿔준다(그 역도 성립한다). P는 왼손잡이 스핀을 오른손잡이 스핀으로 바꿔준다. 그래서 삼중 반전 과정은

$$\mu^- + \bar{\nu}_{\mu R} \rightarrow \pi^-$$

실제로 이런 과정이 일어나도록 만들 수는 없지만, 이것이 가능한 과정이라고 믿을 충분한 근거가 있다. TCP 불변성은 완전한 법칙인 것처럼 보인다.

60. 어떤 보존 법칙이 "불완전한" 것일까?

언뜻 보기에는 보존 법칙도 임신만큼이나 확실한 것처럼 보일 수도 있다. 어떤 양은 일정하거나 아니면 일정하지 않다. 그러나 어떤 상호작용에서는 보존이 되지만, 다른 상호작용에서는 보존되지 않을 수도 있다. 그런 양은 불완전하게 보존된다고 한다. 표 2는 불완전하게 보존되는 (곧 설명할) 아이소스핀(isospin)과 쿼크 향기의 2종과 "거의" 완전하게 보존되는 양인 경입자 향기를 보여준다. 쿼크 향기는 강한 상호작용과 전자기 상호작용에서는 보존되지만, 약한 상호작용에서는 보존되지 않는다. 아이소스핀은 강한 상호작용에서만 보존되고, 전자기 상호작용과 약한 상호작용에서는 보존되지 않는다. 이제 그 법칙을 짐작할 수 있을 것이다. 강한 상호작용에서는 대부분의 보존 법칙이 적용되지만, 전자기 상호작

표 2. 불완전하게 보존되는 양

아이소스핀 (약한 상호작용과 전자기 상호작용 제외)
쿼크 향기 (약한 상호작용 제외)
경입자 향기 (뉴트리노 진동 제외)

용에서는 훨씬 더 적은 수의 보존 법칙이 적용되고, 약한 상호작용에서는 그 수가 더욱 줄어든다. 이런 결과에서 아직까지 아무도 답을 알지 못하는 흥미로운 의문이 생긴다. 모든 힘 중에서 가장 약한 중력 상호작용에서는 더 많은 보존 법칙이 깨지게 될까? 결국 이 질문이 옳은 것으로 밝혀지게 된다면, 오늘날 우리가 완전한(absolute) 것이라고 여기는 법칙 중에는 실제로 그렇지 않은 것이 있을 수 있다는 뜻이 된다.

아이소스핀의 개념은 1932년 중성자가 발견되면서 등장했다. 중성자의 질량은 양성자와 매우 비슷하고, 스핀도 똑같은 것으로 밝혀졌다. 모든 증거에 따르면, 중성자와 양성자는 원자핵 속에서 거의 동일한 강한 상호작용을 경험한다. 그래서 중성자와 양성자가 똑같은 기본 입자인 핵자(nucleon)의 두 가지 서로 다른 "상태"라는 아이디어가 등장했다. (그보다 몇 년 전에 양자역학의 주역이었고, 불확정성 원리를 제시했던) 베르너 하이젠베르크는 핵자를 양성자 상태에서 중성자 상태로 "뒤집는 일"이 전자의 스핀을 업에서 다운으로 뒤집는 것과 수학적으로 동일해지는 이론을 개발했다. 전자의 경우에는 스핀의 방향이 오로지 두 가지뿐이다. 핵자의 경우에는 오로지 중성자와 양성자의 두 가지 상태만이 가능하다. 그런 뜻에서 아이소스핀(isospin : "동일하다"는 의미의 그리스어 isos에서 유래한다/역주)이라는 이름이 나왔다. 그러나 중성자와 양성자 사이의 "뒤집기"는 실제 스핀과는 아무 상관이 없다.

하이젠베르크의 이론에서 핵자는 “이중성(doublet)”이다. 훗날 세 가지 파이온의 삼중성(triplet), 두 가지 자이(xi) 입자의 이중성, 람다 입자의 단일성(singlet)을 포함한 다른 “다중성(multiplet)”이 밝혀졌다. 다중성이 두 종류 이상의 입자로 구성되는 경우에는 입자들의 질량은 매우 비슷하지만 전하는 그렇지 않다. 아이소스핀 보존 법칙에 따르면 다중성의 모든 구성 입자들은 똑같은 강한 상호작용을 경험한다. 다중성의 구성 입자들은 서로 다른 전하를 가지고 있기 때문에 서로 다른 전자기 상호작용을 느끼게 되는 것은 분명하다. 약한 상호작용에서도 차이가 나타날 수 있다. 따라서 아이소스핀은 불완전하게 보존되는 양이다.

아이소스핀은 강하게 상호작용하는 입자에게만 적용되는 물리적 성질이기 때문에 그 보존 법칙도 쿼크 보존 법칙에 포함시킬 수 있다. 그럼에도 불구하고, 그 역사가 매우 길고, 관찰이 불가능한 쿼크가 아니라 실제로 관찰이 가능한 입자에 대한 것이기 때문에 따로 설명할 가치가 있다.

표 2에 소개한 두 번째 불완전한 보존 법칙은 쿼크 향기에 관한 것이다. 6가지 쿼크는 각각 고유한 향기를 가지고 있다고 하는 사실을 기억할 필요가 있다. 발음하기도 어려운 flavor(향기)는 다운니스(downness), 업니스(upness), 스트레인지니니스(strangeness), 참(charm),* 보텀니스(bottomness), 톱니스(topness)라고 부른다. (31가지가 아닌 것이 정말 다행이다.) 이런 보존 법칙이 작동하는 것을 보여주는 예는 파이온이 양성자와 충돌하면서 시그마 입자와 카온이 생성되는 것이다.

$$\pi^{+} + p \rightarrow \Sigma^{+} + K^{+}$$

---

* 논리적으로는 참니스(charmness)라고 불러야겠지만, 입자물리학의 명명법에서는 논리성이 항상 승리하는 것은 아니다.

쿼크 구성 요소로 나타내면, 다음과 같다.

$$u\bar{d} + uud \rightarrow uus + u\bar{s}$$

이것은 가속기에서 (이미 일어난 충돌에서 파이온이 만들어진 후에) 높은 확률로 일어날 수 있는 강한 상호작용 과정이다. 왼쪽에도 3개의 업 쿼크가 있고, 오른쪽에도 3개의 업 쿼크가 있어서 업니스는 보존된다. 왼쪽에는 다운과 안티다운이 있어서 총 다운니스는 0이 되고, 다운니스는 오른쪽에도 보존이 된다. 그리고 왼쪽의 스트레인지니스가 0인 것은 스트레인지와 안티스트레인지 쿼크에 의해서 스트레인지니스가 0이 되는 오른쪽과 균형을 이룬다.

이제 이 과정에서 생성된 두 입자의 붕괴에 대해서 생각해보자.

$$\Sigma^{+} \rightarrow n + \pi^{+}$$

$$K^{+} \rightarrow \mu^{+} + \nu_{\mu}$$

쿼크 구성 요소로 나타내면 이 붕괴는

$$uus \rightarrow ddu + u\bar{d}$$

$$u\bar{s} \rightarrow \text{없음}$$

시그마 붕괴에서는 업니스가 보존되기는 하지만 다운니스는 1만큼 증가하고, 스트레인지니스는 1만큼 줄어드는 것을 알 수 있다. 스트레인지 쿼크가 다운 쿼크로 변해버린 것과 같다. 카온 붕괴에서는 업 쿼크가 스트레인지 쿼크로 변한 것처럼 업니스가 1만큼 줄어들고, 스트레인지니스는 1만큼 늘어난다. 이것은 실제로 일어나는 과정이지만, 쿼크 향기가 보존되지 않기 때문에 강한 상호작용이 아니라 약한 상호작용에 의해서 일

표 3. 불완전한 대칭 원리

T	시간 반전
C	전하 변환(conjugation) (입자–반입자 교환)
P	패리티 불변 또는 거울 불변
PC	P와 C의 결합

어난다. 결과적으로 그런 과정은 "느리고", 반감기는 각각 약 10^{-10}초와 10^{-8}초 정도이다.

기록을 위해서, 표 2에는 경입자 향기도 불완전하게 보존되는 것으로 수록했다. 그것은 "거의" 완전한 법칙이지만 (그래서 표 1에도 실려 있다) 뉴트리노 진동에서는 깨진다.

61. 어떤 대칭 원리가 "불완전한" 것일까?

표 3에 소개한 세 가지 "반전" 대칭성("reversal" symmetries)은 약한 상호작용에서는 지켜지지 않기 때문에 불완전하다. 그러나 세 가지를 모두 합친 TCP는 완전한 대칭성이라고 알려져 있다. 여기에서는 세 가지 대칭이 약한 상호작용에서 어떻게 지켜지지 않는지를 한 번에 하나씩 살펴보게 될 것이다.

패리티(P)가 약한 상호작용에서는 유효한 대칭 원리가 아닐 수 있다는 제안은 1956년 당시 스물아홉 살로 컬럼비아 대학교에서 연구하던 젊은 중국계 미국인 이론학자 리청다오와 당시 프린스턴의 고등연구소에서 근무하던 서른세 살의 양전닝에 의해서 처음 제안되었다. 컬럼비아에서 리청다오의 동료였던 우젠슝은 즉시 패리티 원리에 대한 실험에 착수했다. 모

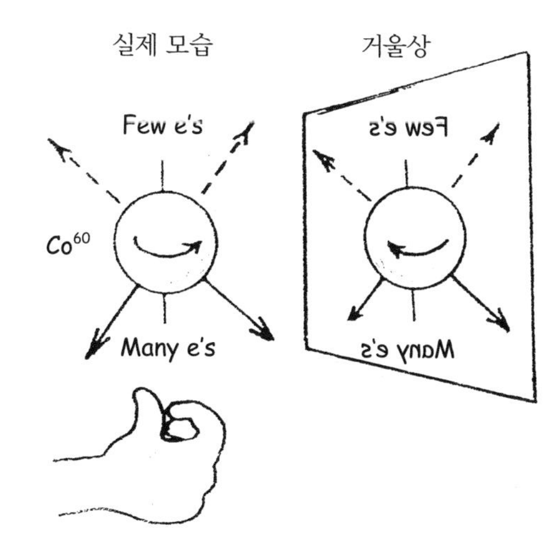

그림 38. 코발트 60의 베타 붕괴

든 학생과 동료들에게 '마담 우'로 알려졌던 우젠슝은 아주 낮은 온도를 구현하는 전문가로 알려진 워싱턴의 국립표준국의 연구원들에게 도움을 청했다. 그녀는 방사성 동위원소인 코발트 60을 절대 온도 1도보다 훨씬 낮게 만들어 자기장 속에서 원자핵이 배열할 수 있도록 만드는 실험을 했다. (절대온도 1도도 충분히 "따뜻해서" 모든 원자핵이 배열 상태에서 흩어져버린다.) 그림 38은 실험장치의 그림과 결과를 보여준다.

그림에서 오른손의 손가락들은 코발트 60 원자핵 스핀의 방향을 나타낸다. 위를 향한 엄지손가락은 원자핵의 "북극" 방향이 위를 향하고 있다는 뜻이다. 마담 우가 밝혀낸 사실은, 많은 수의 그런 원자핵을 배열해두면, 베타 붕괴에서 방출되는 전자는 대부분 아래쪽("남극" 방향)으로 쏟아져 나오고, 몇 개만 위쪽으로 나온다는 것이다. 이제 이런 과정에서 일어나는 일이 거울에서는 어떻게 보일까? 그림에서 볼 수 있듯이, 거울상에서는 원자핵의 북극이 아래를 향하고 있고, 전자는 대부분 그 방향으로 방출되는 것처럼 보인다. 거울상은 불가능한 것의 모습이다. 교환 대칭이 유효하다면, 전자는 위쪽과 아래쪽으로 똑같이 방출되어야만 한다. 그래야만 거울상과 실제 모습이 동등하게 된다. 결과는 매우 단순하지만, 매우 심오한 것이었다. (이 실험에서 절대 온도 3,000분의 1도에 도달하는 것도 대단한 도전이었다. 지금은 일상적인 것이지만, 당시에는 절묘한 솜씨였다.)

마담 우의 결과가 알려진 직후에 또다른 컬럼비아 대학교의 연구진이 C-불변과 P-불변이 모두 약한 상호작용에 의해서 깨진다는 사실을 밝혀냈다. (훗날 다른 연구로 노벨상을 받은) 리언 레더먼이 리처드 가윈과 마르셀 윈리치와 함께 컬럼비아 사이클로트론을 이용하여 양전하의 파이온을 만든 후에 파이온이 (관찰할 수 없는 뉴트리노와) 뮤온으로 붕괴되는 것을 연구했다. 그림 39의 가운데 장면이 양전하의 파이온이 양전하의 뮤온(반뮤온)과 뮤온 뉴트리노로 붕괴되는 모습이다. 곧 이어서 이 연구자들은 뮤온의 붕괴에 대한 연구를 통해서 그런 붕괴가 "한손잡이 성질(single-handed)"이라는 사실을 밝혀냈다. 당시에 그들은 뮤온이 왼손성인지 오른손성인지를 밝혀내지는 못했지만, 보이지 않는 뉴트리노도 역시 뮤온과 똑같은 손가락 성질(handedness)을 가진 한손잡이 성질이어야만 한다고 옳게 추정할 수 있었다. 운동량과 각운동량 보존 때문이었다. 운동량 보존 때문에 두 개의 붕괴 입자들은 서로 반대 방향으로 날아가야만 한다. 각운동량 보존 때문에 붕괴 입자의 총 스핀은 서로 반대 방향을 향하게 되어, 그 합(벡터합)이 파이온의 0 스핀에 맞도록 0이 되어야만 한다. 그림에서는 양전하의 뮤온을 왼손잡이 성질로 나타냈다. (훗날 그것이 사실인 것으로 밝혀졌다.) 엄지 손가락이 뮤온이 움직이는 (위쪽) 방향을 향한다면, 왼손의 굽혀진 손가락들은 뮤온의 스핀 방향을 나타낸다. 뉴트리노는 반대 방향으로 움직이면서 반대 방향으로 스핀하기 때문에 그런 뉴트리

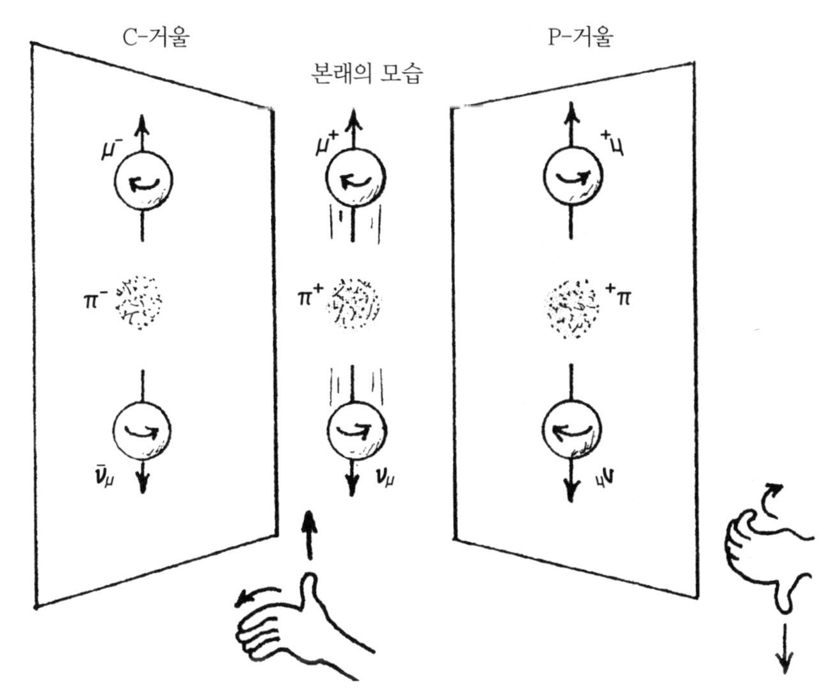

그림 39. 양전하 파이온의 붕괴와 "C-거울"과 "P-거울"에 비친 모습. "C-거울"과 "P-거울)의 엄지 손가락은 뉴트리노의 스핀 방향을 나타낸다. 다른 직선 화살표는 운동의 방향을 나타낸다.

노도 역시 왼손잡이 성질이다.

이제 P와 C에 대해서 살펴본다. 그림의 오른쪽에는 여기서 P-거울이라고 부르는 보통의 거울이 있다. 그 거울은 양전하의 파이온이 오른손잡이 성질의 양전하 뮤온과 오른손잡이 성질의 뉴트리노로 붕괴하는 모습을 보여준다. 뉴트리노는 왼손잡이 성질이기 때문에 그런 붕괴는 불가능하다. P는 유효한 대칭성이 아니다. 왼쪽에는 마술적으로 입자와 반입자를 교환시키고, 다른 성질들은 그대로 유지시켜주는 "C-거울"이 있다. 그 거울은 음전하 파이온이 왼손잡이 성질의 음전하 뮤온과 왼손잡이 성질의

노벨상 수상 소식을 들은 직후인 1980년 10월 아침의 발 피치(1923년 출생). 피치는 네브래스카의 목장에서 인생을 시작했다. 학부 교육도 마치지 못하고 제2차 세계대전에 참전했던 그는 당시의 위대한 물리학자들과 함께 지내면서 실험 물리학의 기법을 배울 수 있었던 로스 알라모스에 배치되었다. 컬럼비아 대학교의 대학원 학생이었던 그는 음전하의 뮤온이 무거운 원자핵 주변의 에너지 상태를 따라 내려오면서 방출하는 광자의 에너지를 측정하는 "뮤온 원자"에 대해서 연구했다. 1990년대에 피치를 만났을 때, 그는 이 사진에서 볼 수 있는 것처럼 허물없고 편한 모습이었다. (사진 AIP Emilio Segrè Visual Archives 제공)

뉴트리노로 붕괴되는 것을 보여준다. 반뉴트리노가 오른손잡이 성질이기 때문에 이것도 역시 불가능하다. 그래서 C는 유효한 대칭성이 아니다. (P와 C에 대한 이런 설명은 이런 붕괴 과정을 지배하는 약한 상호작용에만 적용된다는 사실을 기억해야 한다.)

이런 실험이 완료되고 나서 한 동안 물리학자들은 C와 P가 독립적으로는 유효하지 않더라도 결합된 CP 불변은 유효할 것이라고 생각했다. 만약 그렇지 않다면(실제로 그렇지 않았다), T 불변은 완전한 법칙이 되어야만 할 것이었다. 그러나 그렇게 되지 않았다. 1964년에 롱아일랜드의 브룩헤븐 가속기에서 일하던 프린스턴 대학교의 물리학자였던 발 피치와 제임스 크로닌이 수명이 긴 중성 카온은 보통 세 개의 파이온으로 붕괴되지만, 500번에 1번 정도는 두 개의 파이온으로 붕괴된다는 사실을 발견했다. 이론적으로는, 결합된 CP 불변과 T 불변이 완전하게 유효한 원리가 아닐 경우에만 그런 일이 가능하다. 피치와 크로닌에게 1980년 노벨상을 안겨준 이 발견은 P와 C 불변이 뒤집어졌던 과거의 경우보다 물리학자들을 더 불편하게 만드는 것이었다. 그것은 물질과 반물질 사이에 기본적인 차이가 있다는 뜻이기 때문이었다. 발 피치는 PC(와 T) 불변의 실패가 우리가 이곳에 존재하는 이유라고 말하기를 좋아했다. 이제 물리학자들은 물질과 반물질 사이의 완벽한 대칭이 없기 때문에 빅뱅 직후의 초기 우주에서는 쿼크와 반쿼크의 수가 정확하게 똑같지 않았다고 생각한다. 계산에 따르면, 10억 개의 쿼크에 대해서 999,999,999개의 반쿼크가 있었다. 먼지가 모두 가라앉고 나자 십억 개의 쿼크 중에서 살아남은 하나가 양성자, 중성자, 은하, 항성, 행성, 그리고 우리를 만들게 되었다.

62. 강요 법칙과 금지 법칙은 무엇일까?

양자역학 때문에 우리가 자연의 기본 법칙을 인식하고 해석하는 방법에서 두 가지 큰 변화가 일어났다. 거시 세계에서의 부드러운 연속성이 원자보다 작은 세계에서의 소멸과 생성이라는 폭발적인 사건에 자리를 내준 것이 그중 하나이다. 그리고 확실성이 확률로 대체된 것이 다른 하나이다. 두 가지 전혀 다른 세계관이 어떻게 양립할 수 있었을까? 몇 조 개의 소멸-생성 사건들을 하나씩 쌓아올리면, 다중 폭발이 연속성과 비슷해지고, 확률이 확실성 쪽으로 움직이게 되기 때문이다.

전형적인 고전적 물리학 법칙은 강요 법칙(law of complusion)이라고 부를 수 있다. 그런 법칙은 초기 조건이 구체화되면, 어떤 일이 반드시 일어나야만 하는지를 결정해준다. 예를 들어, 우주선을 지구 대기권에서 충분히 먼 곳에 올려놓은 후에 엔진을 꺼버리면, 우주선은 지구, 달, 태양, 그리고 행성의 중력에 의해서 우주 공간의 어떤 경로를 따라 정확하게 움직이게 된다. 한 순간의 위치와 속도를 알고 있으면 뉴턴 운동 법칙에 따라 그 이후에 우주선이 어디에 있을 것인지를 영원히 확실하게 계산할 수 있다. (초기의 위치와 속도를 완벽하게 정밀한 수준으로 알 수는 없기 때문에 발생하는 약간의 불확실성은 남게 될 것이다.)

고전 세계에서의 또다른 예도 있다. 주어진 길이와 방향을 가진 안테나를 이용해서 전자가 특정한 세기와 진동수로 진동하게 만들면, 맥스웰의 전자기 법칙에 따라 전자기 복사의 정확한 패턴을 계산할 수 있다.

이와는 달리 양자 법칙은 반드시 일어나야만 할 일보다는 일어날 수 없는 일을 알려주는 역할을 할 가능성이 더 크다. 그런 뜻에서 양자 법칙은 금지 법칙(law of prohibition)에 해당한다. 예를 들면, 양성자 하나가 어떤 에너지를 가지고 있는 다른 양성자와 충돌할 때 가능한 결과는 수없이 많다. 활용할 수 있는 에너지가 1GeV 정도일 때는 다음과 같은 몇 가지 가능성이 있다.

$$
\begin{aligned}
p + p &\rightarrow p + p \\
&\rightarrow p + p + \pi^0 \\
&\rightarrow p + p + \pi^+ + \pi^- \\
&\rightarrow p + p + \pi^+ \\
&\rightarrow \Sigma^+ + n + K^+
\end{aligned}
$$

그런 양성자-양성자 충돌이 많아지고, 그런 충돌이 모두 똑같다면, 이런 가능성을 포함한 모든 가능성이 서로 다른 확률로 실현될 것이다. 반대로, 일어나지 않을 결과의 목록에는 한계가 없을 것이다. 완전한 보존 법칙 중 어느 것이라도 어기는 결과는 절대 일어나지 않을 것이다. (불완전한 보존 법칙에 어긋나는 결과는 실제로 일어날 수도 있겠지만, 그 확률은 크게 줄어들 것이다.) 보존 법칙은 어떤 일을 금지시키는 경찰이다. 여기서 가장 분명한 것은 전하 보존이다. 총 전하가 +2가 아닌 결과는 모두 금지된다. 에너지가 증가하거나, 쿼크의 수가 변하거나, 단일 경입자가 생성되거나, 또는 최종 생성물의 스핀이 0이나 작은 정수값으로 합쳐지지 않은 결과도 금지된다.

가능한 여러 가지 결과에 대해서 흥미로운 의문이 생긴다. 보존 법칙에 맞는 가능한 결과가 모두 실제로 일어날까? 물리학자들은 실제로 그렇다고 생각하지만, 왜 그래야 하는지는 분명하지 않다. 예를 들면, 집에서 편리한 거리에 4개의 슈퍼마켓이 있다고 하자. 모든 슈퍼마켓이 당신이 좋아하는 상품을 적당한 가격에 판매한다고 생각해보자. 그렇지만 반드시 4개의 슈퍼마켓 모두에서 정해진 확률로 쇼핑을 해야 할 이유는 없다. 그 중에는 어떤 이유로 절대 찾아가지 않는 슈퍼마켓이 있을 수도 있다. 쉽게 다녀올 수 있는 범위의 바깥에 있거나 기대에 어긋난다는 이유로 "금지된" 슈퍼마켓의 수가 엄청나게 많고, "허용된" 슈퍼마켓은 4개뿐일 수도 있다. 고전적 존재인 당신은 그 4개 중 어느 곳과 거래를 할 것인지를 결정한다. 만약 당신이 양자적 존재라면, 선택의 가능성이 없다. 같은 확률은 아니더라도 네 곳 모두에서 쇼핑을 하게 된다. 허용된 가능성이 모두 일어나는 것처럼 보인다는 사실로부터 물리학자들은 "일어날 수 있는 모든 것은 반드시 일어난다"라고 표현함으로써 강요의 아이디어를 나타낸다.

앞에서 우주선을 발사할 때의 위치와 속도를 비롯한 "초기 조건"에 대해서 이야기를 했었다. 양성자 하나가 어떤 에너지를 가진 다른 양성자와 정면으로 충돌하는 것도 역시 초기 조건이다. 고전 법칙과 양자 법칙 사이의 차이는 바로 이런 것이다. 고전적으로는 주어진 초기 조건으로부터 오직 하나의 결과만 나타난다. 양자역학적으로는 주어진 초기 조건으로부터 나타날 수 있는 가능한 결과가 여러 개가 된다. 보존 법칙(conservation law)은 어떤 결과를 허용하고, 다른 결과를 금지시킨다. 양자 법칙(quantum law)은 허용된 결과의 상대적 확률을 결정해준다.

63. 대칭, 불변, 보존의 개념은 어떻게 연결되어 있을까?

물리학자들은 가끔씩 조금 가벼운 마음으로 대칭, 불변, 보존이라는 용어를 서로 같은 의미로 사용하기도 한다. 그런 용어들은 무엇이 일정하게 유지된다는 뜻에서 변화가 없는 상황을 뜻한다는 공통점을 가지고 있지만, 사실은 다른 의미를 가지고 있다. 더욱이 세 가지 개념은 서로 연결되어 있다.

물리학자들이 신중하게 표현하려고 노력하는 경우에도 대칭, 불변, 보존이 언제나 같은 뜻을 나타내는 것은 아니다. 유용한 정의는 이렇다. 대칭(symmetry)은 실제이거나 가상적이거나 상관없이 어떤 변화에도 불구하고 물리적 상황(physical situation)이 변하지 않는 경우를 뜻한다. 불변(invariance)은 역시 실제이거나 가상적이거나 상관없이 어떤 변화에도 하나 이상의 자연 법칙(laws of nature)이 변하지 않는 경우*를 뜻한다. 보존(conservation)은 변화의 과정에서도 특정한 물리량이 똑같이 유지되는 경우를 뜻한다. 예를 들어서 더 분명하게 설명해보도록 한다.

사각형(그림 40 참조)은 일종의 회전 대칭성을 가지고 있다. 90도(또는 180도나 270도) 회전을 시킨 후에도 그 모습은 회전을 시키기 전과 똑같다. 일정한 간격으로 침목이 놓여 있는 직선 철로는 병진 대칭성

* 불변은 어떤 계산된 양이 변하지 않는 경우를 뜻할 수도 있지만, 여기서는 그런 의미로 사용하지는 않을 것이다.

(translational symmetry)을 가지고 있다. 철로의 방향을 따라서 침목 사이의 거리나 그 정수배에 해당하는 거리만큼 움직여도 그 모습이 변하지 않는다. 여성의 얼굴을 그린 앵그르의 초상화는 좌우 대칭성을 가지고 있을 수 있다. 초상의 왼쪽과 오른쪽을 서로 바꾸면 그 모습이 변하지 않거나 거의 그렇게 된다는 뜻이다. 그림 40의 마스크가 그런 대칭성을 더 정확하게 보여준다. 좌우 대칭성은 거울 대칭성이나 교환 패리티와 똑같다는 사실을 알게 될 것이다.

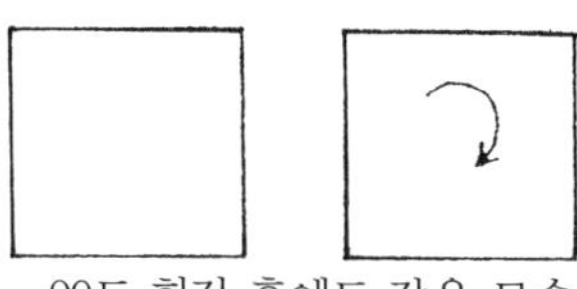

90도 회전 후에도 같은 모습

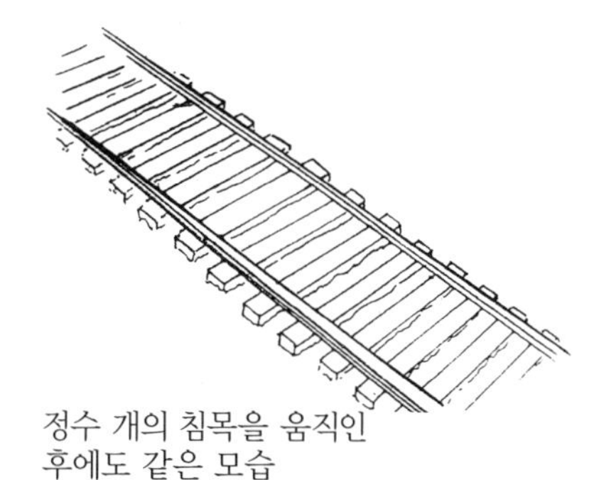

정수 개의 침목을 움직인 후에도 같은 모습

좌우 교환 후에도 같은 모습

그림 40. 대칭의 종류

질문 61에서 P, C, T와 같은 "반전 대칭(reversal symmetry)"을 설명할 때는 단순한 대칭성을 넘어서 불변의 영역까지 들어갔다. 그 경우에 질문은 "반전 이후에 모든 것이 똑같게 보일까?"가 아니라 "반전된 물리적 과정이 가능할까?"였기 때문이다. 그래서 질문은 패리티의 반전, 전하 교환, 시간 반전을 시킨 후에도 자연 법칙이 똑같을까("불변일까")가 질문이었다.

조금 전에 설명했던 사각형, 철로, 마스크와 P, C, T의 대칭은 "불연속적 대칭(discontinuous symmetry)"이다. 본래의 상태로 조건을 되돌리기 위해서는 유한한 변화가 필요하다. "연속적 대칭(continuous symmetry)"도 정의할 수 있다. 가장 대표적인 경우가 공간의 균일성(homogeneity)이다. 아주 멀리 있는 빈 공간에서는 자신이 어디에 있는지를 알 수가 없고, 그런 정보를 알아낼 방법도 없다는 것이 한 가지 설명 방법이다. 공간의 어느 한 부분은 다른 모든 부분과 정확하게 같다. 나노미터나 마일을 움직여도 그런 사실은 변하지 않는다. 공간 자체에 구별할 수 있는 특징이 없다. 모든 곳이 똑같다. 그런 대칭(어떤 방향으로 얼마나 움직이는지에 상관없이 물리적 상황이 변하지 않는다)에서 곧바로 모든 곳에서 자연 법칙이 똑같다는 불변의 법칙이 얻어진다. 그것이 진실이라고 믿을 수밖에 없는 근거는 많다. 멀리 떨어진 은하의 움직임, 멀리 떨어진 퀘이사(quasar)에서 일어나는 핵반응, 우주를 가로질러 가는 광자 등에서 많은 증거를 찾을 수 있다.

연속적 대칭의 또다른 예가 "공간의 등방성(等方性, isotropy of space)"이다. 공간에서 선호하는 위치가 없을 뿐만 아니라 선호하는 방향도 없다는 뜻이다. 자연 법칙이 방향에 무관하다는 것이 이와 관련된 불변 법칙이다.

1915년에는 전 세계적으로 여성 수학자는 많지 않았고, 남녀를 불문하고 에미 뇌터와 같은 통찰력을 가진 수학자도 많지 않았다. 그 해에 독일 괴팅겐에서 유명한 수학자 다비트 힐베르트*의 "보호" 아래 일하고 있던 서른세 살의 그녀는 대칭과 보존을 연결해주는 중요한 정리를 고안했다. 지금도 뇌터 정리(Noether's theorem)라고 알려져 있는 이 정리는 자연에서 모든 연속적 대칭에 대응하는 보존 법칙이 존재한다는 것이다. (이 정리는 고전물리학은 물론이고 양자물리학에도 적용된다.)

* 힐베르트가 그녀를 위해서 최선의 노력을 기울였지만, 뇌터는 1919년까지도 괴팅겐에서 정규 교수직을 얻지 못했다. 대학 소개서에는 1916-1917년에 그녀가 가르쳤던 과목을 "수리물리학 세미나 : 힐베르트 교수, 조수 E, 뇌터, 월요일 4-6, 수강료 없음"이라고 소개했다.

여기에서는 그녀의 수학적 접근방법을 사용하는 대신 (모든 곳에서 똑같다는) 공간의 균일성이 뇌터 정리의 결과 중 하나인 운동량 보존과 어떻게 관련되는지 설명해보자. 정말 멀리 떨어져 있기 때문에 모든 중력의 영향으로부터 자유로운 우주 공간에 떠있는 우주선이 어느 방향으로 어떤 속도로 움직이고 있다고 생각해보자. 우리는 뉴턴의 운동 제1법칙에 따라서 일정한 시간이 지난 후에 우주선을 보면 다른 곳에 있기는 하지만 여전히 같은 방향으로 같은 속도로 움직이고 있을 것이라는 사실을 알 수 있다. 뉴턴의 제1법칙에 따르면, 외부의 영향이 없는 경우에 물체는 일정한 속도로 직선을 따라 움직인다. 물체의 운동량은 변하지 않는다. 더 깊이 들어가서, 왜 그렇게 되는지를 물어볼 수 있다. 그 답은 공간이 균일하기 때문이다. 우주선이 자발적으로 운동량을 변화시킨다면, 그런 변화에는 우주선이 과거에 있었던 곳과 현재 있는 곳 사이에 있는 공간의 차이가 반영될 것이다. 또는 처음에 정지한 상태로 있던 우주선이 움직이기 시작하면, 시간이 지난 후에 우주선은 다른 곳에서 처음에 가지고 있지 않던 운동량을 가진 상태로 관찰될 것이다.

공간의 이곳저곳이 똑같다는 단순함이 운동량 보존 법칙과 같은 물리학의 핵심적인 근간을 설명해준다는 사실은 정말 놀라운 것이다.

자기장이 전혀 없는 우주 공간에 있는 나침반의 바늘을 생각해보자. 어느 순간에 어떤 방향을 가리키고 있던 바늘이 자발적으로 다른 방향을 가리키게 될 것이라고 예상할 수는 없다. 만약 그런 일이 일어난다면, 공간의 모든 방향이 동등하지 않다는 뜻에서 공간이 등방적(isotropic)이 아니라는 사실을 뜻하게 된다. 뇌터 정리를 공간의 방향 대칭에 적용하면 각운동량이 보존된다는 뜻이라는 사실도 밝혀졌다. 서로 상호작용하는 모든 입자를 통제하는 이런 근본적인 법칙은 공간의 모든 방향이 동등하다는 사실에서 비롯된다.

이야기를 마치기 위해서, 에너지 보존은 어떤 시간이 어떤 다른 시간과 물리적으로 동등하다는 시간 대칭에서 비롯된다는 사실을 밝혀둔다.

이런 연속적 대칭은 불변 원리와도 관계된다는 사실을 주목해야 한다. 자연 법칙은 당신이 어디에 있거나, 어떤 방향으로 움직이고 있거나, 시각이 언제인지에 따라 달라지지 않는다.

제11장

파동과 입자

64. 파동과 입자의 공통점은 무엇일까? 차이점은 무엇일까?

언뜻 생각하면 파동과 입자 사이에는 공통점이 없는 것처럼 보인다. 파동은 공간적으로 퍼져 있고, 경계가 흐릿하다. 파동이 "바로 그 점"에 있다고 말할 수는 없다. 반대로 입자는 분명하게 정의된 경계를 가진 작은 덩어리이다. 경입자나 쿼크의 경우처럼 물리적 크기(extention)가 없는 경우도 있다. 입자는 질량을 가지고 있다. 일반적으로 파동에 대해서는 질량을 정의하지 않는다. 파동은 파장, 진동수, 진폭을 이용해서 설명하지만, 입자에는 대응하는 개념이 존재하지 않는다. 파동에서는 **회절**(回折, diffraction : 모서리에서 휘어지는 현상)과 **간섭**(干涉, interference : 서로 보강하거나 상쇄하는 현상)이 나타나지만 입자에서는 그런 현상을 기대할 수 없다. 실제로 19세기 초에 밝혀진 빛의 간섭 현상 덕분에 과학자들은 빛이 입자가 아니라 파동이라는 사실을 알게 되었다.

파동이 무엇을 할 수 있는지에 대해서 생각해보면, 파동과 입자의 공통점에 대해서 이해할 수 있다. 입자와 마찬가지로 에너지와 운동량을 가질 수 있는 파동은 그런 양을 한 곳에서 다른 곳으로 전달할 수 있다. 입자와 마찬가지로 파동도 일정한 속도로 움직인다. 더욱이 파동도 아주 분명

그림 41. 입자와 마찬가지로 파동 펄스도 에너지와 운동량을 한 곳에서 다른 곳으로 이동시켜준다.

하지는 않지만, 경계를 가질 수 있도록 부분적으로 국소화될 수 있다. 오보에에서 진동하는 공기는 바순에서 진동하는 공기보다 더 좁은 공간에 한정되어 있고, 바순의 공기는 거대한 파이프 오르간의 공기보다 더 좁은 공간에 한정되어 있다. 당신과 친구가 길게 늘어진 로프의 양쪽 끝을 잡고 있는 경우를 생각해보자(그림 41). 당신이 로프의 끝을 흔들면, 국소화된 파동의 펄스가 로프를 따라 움직인다. 그런 파동이 친구의 손에 마치 공을 던져준 것과 같은 충격을 전달한다.

파동과 입자의 결혼은 아인슈타인의 광양자[광자]로부터 시작되었다. 오랜 세월 동안 그의 주장은 극소수의 과학자들만 축복했던 결합이었다. 빛이 파동이면서 동시에 입자일 수도 있다는 아이디어는 1905년부터 1920년대 중반까지 과학자들이 소화하기 어려운 것이었다. 원자의 내부에 있는 전자에 의한 X-선 산란을 보여준 콤프턴의 1923년 실험이 몇 사람을 설득시켰다. 플랑크의 복사 법칙을 유도한 보스의 이론이 몇 사람을 더 설득시켰다. 1927년 미국 벨 연구소의 클린턴 데이비슨과 레스터 거머, 그리고 스코틀랜드의 애버딘 대학교의 (전자를 발견한 J. J. 톰슨의 아들인) 조지 톰슨이 서로 독립적으로 고체 결정의 표면에 충돌하는 전자가 산란과 간섭 효과를 나타낸다는 사실을 발견한 것이 분명한 증거가 되었다(그림 42). 그들은, 이미 알려져 있었던 결정에서 원자들 사이의 간격으로부터 또 대부분의 전자가 결정의 표면에서 튕겨져 나오는 각도로부터 전자의

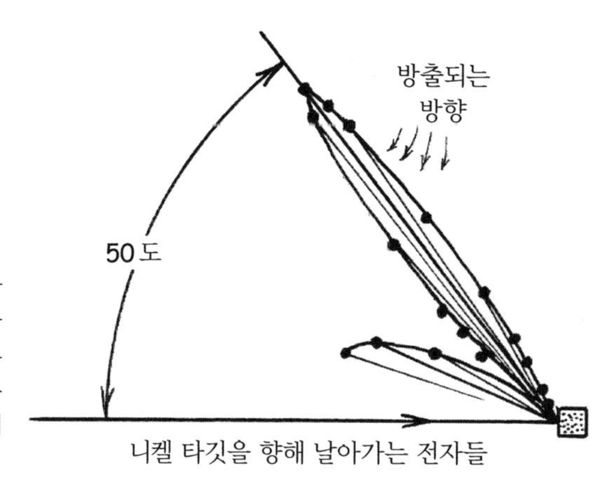

그림 42. 전자 파동의 회절과 간섭에 의해서 54eV의 전자가 대부분 니켈 결정에 충돌한 후에 특정한 방향으로 방출되는 것을 보여주는 데이비슨과 거머의 실험 결과.

파장까지 측정할 수 있었다.

초기의 실험에서 밝혀진 전자의 파장은 고체에서 원자들 사이의 간격과 비슷했다. 훗날 실험학자들은 중성자를 충분히 감속시켜서 그 파장을 고체에서 원자들 사이의 간격보다 훨씬 더 길게 만드는 방법을 알아냈다. (다음 질문에서 속도와 파장 사이의 반비례 관계에 대해서 설명할 것이다.) 결국 물체를 통해서 느리게 움직이는 중성자는 파장을 통해서 동시에 여러 개의 원자들에 "닿아서" 상호작용하게 되고, 그런 행동은 한 개의 원자핵보다 훨씬 더 작은 입자의 경우에는 예상할 수 없는 것이었다.

65. 드 브로이 방정식은 무엇일까? 그것이 왜 중요할까?

우연이겠지만 루이-빅토르 드 브로이라는 프랑스의 젊은 귀족이 물리학 학사 학위를 받았던 1913년은 닐스 보어가 수소 원자의 양자 이론에 대한 획기적인 연구를 발표했던 해였다. 당시 드 브로이가 양자물리학에 대해서 생각하고 있었는지는 분명하지 않다. 그러나 훗날 1929년의 노벨상 연설에서 그는 당시에 자신이 "물리학의 모든 영역을 계속해서 파고 들어가고 있던 양자의 이상한 개념"에 흥미를 느끼고 있었다고 밝혔다.

제1차 세계대전에 참전했던 드 브로이는 대학원에서 물리학을 공부했고, 1924년에 파리 대학교의 박사 학위 논문에서 오늘날 자신의 이름이 붙여진, 믿지 못할 정도로 단순하지만 강력한 방정식을 제시했다. 드 브로이 방정식은 다음과 같다.

$$\lambda = h/p$$

왼편의 기호 λ(람다)는 분명하게 파동의 성질인 파장을 나타낸다. 오른쪽의 분모에 있는 p는 분명하게 입자의 성질인 운동량이다. 두 물리량을 연결시켜주는 것이 양자물리학의 모든 방정식에 등장하는 플랑크 상수 h이다. 이 방정식은 광자의 경우에도 성립하는 것으로 알려져 있었다. 광자의 존재를 믿었다면 그렇다는 뜻이다. 드 브로이는 자신의 방정식이 전자와 모든 입자에도 적용된다고 주장했다. 몇 년 후 전자의 파장을 측정했던 데이비슨, 거머, 톰슨은 자신들의 측정값이 드 브로이 방정식과 일치한다는 사실을 확인했다. 오늘날 드 브로이 방정식은 세월의 시험을 견뎌내고 양자물리학의 기둥 역할을 하고 있다. 드 브로이 방정식은 아인슈타인의 $E=mc^2$만큼이나 표현이 단순하면서도 강력하다.*

훗날 드 브로이는 자신이 두 가지 사실로부터 오늘날 우리가 파동-입자 이중성(wave-particle duality)이라고 부르는 방정식을 얻었다고 밝혔다. 당시에는 첨단 연구였던 1923년의 콤프턴의 연구에서 X-선이 파동의 성

* 아인슈타인 방정식에 플랑크 상수 h가 포함되어 있지 않은 것을 의아하게 생각할 수도 있다. 그 이유는 $E=mc^2$은 우연하게도 양자 세계에서 성립되지만, 근본적으로는 고전적인 방정식이기 때문이다.

질은 물론 입자의 성질도 보여준다는 것을 증명한 것이었다. 그리고 고전 세계에서는 파동이 양자화되는 경우가 많지만, 입자는 그렇지 않다는 드 브로이의 관찰이 다른 하나였다. 그는 바이올린의 줄과 플루트의 공기가 임의의 진동수가 아니라 특정한 진동수에 따라 진동한다는 사실을 생각했다. 당시 원자에서 확인된 것으로 알려져 있던 양자화(quantization)도 진동하는 파동의 결과로 설명할 수 있을 것이라고 생각했다. 원자도 실질적으로 악기의 역할을 할 수 있을 것이라고 생각했던 것이다.

아인슈타인 방정식과 드 브로이 방정식은 모두 그 구조가 간단하지만 중요한 점에서 차이가 있다. $E=mc^2$에서는 E와 m이 모두 "분자(分子)"이다. 그래서 E는 m에 정비례한다. 질량이 크다는 것은 곧 에너지가 크다는 뜻이다. 그러나 $\lambda=h/p$에서는 λ는 "분자"이고, p는 "분모"이다. 파장과 운동량은 반비례한다. 입자의 운동량을 증가시키면, 그 파장은 줄어든다는 뜻이다. 그래서 더 강력한 가속기의 양성자는 덜 강력한 가속기의 양성자보다 더 짧은 파장을 가지고 있고, 그래서 원자핵보다 짧은 거리에서 일어나는 현상을 더 잘 감지할 수 있게 된다. 아주 느린 속도로 감속시킨 중성자는 운동량이 작아지고, 그래서 상대적으로 긴 파장을 가지게 되기 때문에 동시에 여러 원자와 상호작용할 수 있을 정도로 퍼져나가게 된다. 그런 분석은 크기로 말하면 사람 규모에서도 의미가 있다. 길을 걸어가는 사람에게도 운동량이 있다. 만약 드 브로이가 옳다면, 걸어가는 사람은 파장도 함께 가지고 있어야 한다. 어디에 있을까? 우리가 파장을 경험하지 못하는 이유는 무엇일까? 파동이 존재하기는 한다. 그러나 사람의 운동량은 원자 규모의 운동량보다 엄청나게 더 크기 때문에 그 파장은 감지할 수 있는 한계보다 수만 배나 더 짧다. 몸무게가 150파운드인 사람이 시속 2마일의 속도로 걸어가면, 그 파장은 측정할 엄두도 낼 수 없을 정도로 작은 4×10^{-34}인치가 된다. "그러나 운동량이 줄어들고, 파장이 늘어나도록 더 천천히 걸을 수 있다"고 생각할 수도 있다. 좋은 생각이지만 희망은 없다. 한 세기 동안 1인치를 기어가는 경우에도 파장은 양성자 하나의 지름보다 훨씬 더 작은 5×10^{-23}인치가 된다. 싫든 좋든 상관없이 우리 인간은 고전 세계의 생물일 수밖에 없다.

그러나 질량이 입자의 세계에 해당할 정도로 줄어들면 파장은 아주 중요해진다. 파동의 성격 때문에 원자에 들어 있는 전자는 원자 전체를 감쌀 정도로 퍼지게 된다. 마찬가지로 원자핵 속에 들어 있는 중성자와 양성자도 원자핵의 부피 전체에 퍼져 있다. 입자가 엄청난 에너지로 가속이 되는 경우에만 파장이 원자핵의 크기 또는 중성자나 양성자 하나의 크기보다 훨씬 더 작은 수준으로 줄어들게 된다. 그래서 줄어든 파장을 가진 고에너지 입자는 매우 짧은 거리에 대한 적절한 감지 장치가 될 수 있다.

66. 파동은 양자 덩어리와 어떻게 관련되어 있을까?

드 브로이가 모든 입자가 파동의 성질을 가지고 있다는 아이디어를 제시했을 때는 양자역학의 완전한 이론이 등장하기 전이었다. (양자역학은 그 이후 2년 동안 부분적으로 드 브로이의 제안에 자극을 받아 발전했다.) 과학자들은 1924년에도 여전히 원자에 들어 있는 전자가 "보어 궤도(Bohr orbit)"를 따라서 움직인다고 생각했다. 드 브로이의 독창적인 아이디어 덕분에 오비탈에 있는 입자가 가지고 있는 파동의 자기 강화적인 보강 간섭(constructive interference) 때문에 전자에게 특정한 궤도만 허용된다고 가정하게 되었다. 그림 43에서처럼, 대부분의 파동은 궤도 주위를 한 바퀴 돌고 나면 상쇄적 간섭을 하게 된다. 그런 경우에는, 드 브로이가 생

그림 43. 파동이 자기 자신과 간섭을 한다는 드 브로이의 아이디어

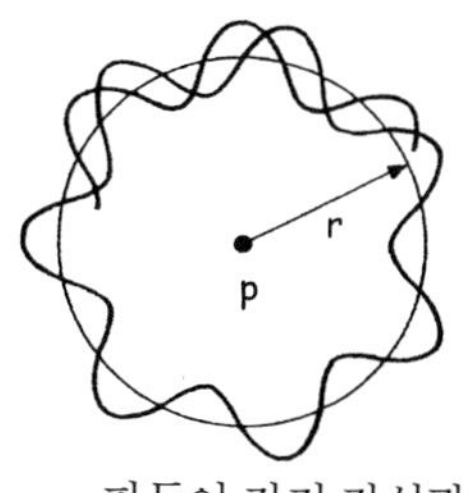

파동이 자기 자신과 상쇄적으로 간섭한다

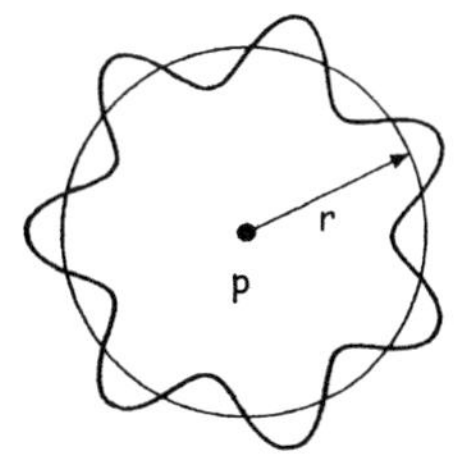

파동이 자기 자신을 보강적으로 강화시킨다

각했듯이 파동은 몇 바퀴를 돌고나면 평균적으로 0이 되어 사라지게 된다. 그런 궤도는 존재하지 않게 된다. 그러나 일부 선택된 궤도의 경우에는 둘레가 정확하게 파장의 정수배가 되고, 둘레를 한 바퀴 이상 돌고 나면 보강적으로 스스로를 강화시키게 된다. 드 브로이가 제안했듯이, 그것이 바로 원자에서 특정한 궤도만 허용되는 이유를 설명해준다. 궤도를 따라 회전하는 전자는 특정하게 선택된 파장으로만 진동할 수 있는 기타 줄과 같은 상태가 된다. 그렇게 되면, 원자에서의 양자화는 악기의 진동 주기가 "양자화되는" 것과 마찬가지 현상이 된다.

이런 설명을 수소 원자의 원형 궤도에 적용시켰던 드 브로이는 자신의 예측이 실험적으로 알려진 수소 원자의 에너지와 정확하게 일치한다는 사실을 확인했다. 가장 낮은 에너지 상태인 "바닥 상태"는 한 파장이 정확하게 둘레의 길이에 해당하는 경우였고, 첫 번째 들뜬 상태는 두 파장이 둘레의 길이에 해당하는 경우였고, 그 다음은 세 파장 등으로 계속되었다. 곧 이어서 개발된 양자역학도 원자에 대한 이런 모형과 일치했지만, 완벽하게 일치하지는 않았다. 원자에서 자기 보강적 파동에 대한 드 브로이의 아이디어는 혁명을 극복하고 살아남았다. 그러나 상당한 변화가 있었다. 아마도 가장 큰 변화는 전자를 더 이상 파동을 동반하는 입자로 생각하

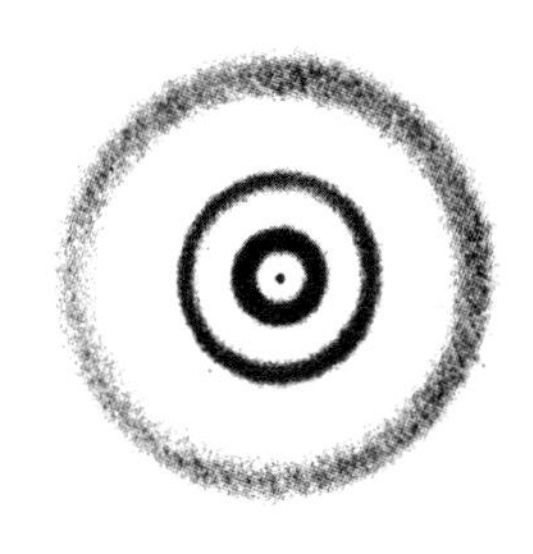

지 않게 된 것이었다고 할 수 있다. 이제 전자는 하나의 궤도를 따라 펼쳐진 것이 아니라, 원자 내부의 3차원 공간 전체에 퍼져 있는 파동이다. 결과적으로 전자 파동의 진동은 단순히 원자핵 주위를 둘레 방향으로 회전할 뿐 아니라 원자핵으로부터 지름 방향으로 들어왔다 나가기도 한다. 전자의 진동이 회전과 드나드는 진동 모두의 조합일 수도 있다.

그림 44. 수소 원자의 3번째 들뜬 상태에 대한 두 가지의 가능한 파동 분포. 하나는 전자가 지름 방향으로 드나드는 것이고, 다른 하나는 전자가 핵 주위를 회전하는 것이다.

예를 들면, 그림 44는 수소 원자의 4번째 상태(3번째 들뜬 상태)에 해당하는 전자 세기(사실은 전자 확률)의 두 가지 가능한 분포를 나타낸 것이다. 색깔이 진한 부분은 파동 속에서 입자를 찾아내기 위해서 고에너지 X-선과 같은 것을 이용해서 원자를 탐지할 때에 전자를 발견하게 될 가능성이 있는 곳이다. 위의 그림에서는 강도가 센 영역은 동심원이다(강도의 피크도 역시 바로 원자핵이 있는 곳이다). 이 운동 상태에서 각운동량은 0으로 전자가 원자핵 주위를 회전하는 대신 원자핵으로부터 지름 방향으로 멀어지거나 가까워지는 것으로 상상할 수 있다. 잔잔한 호수에 돌을 던졌을 때 물 표면에서 지름 방향으로 퍼져나가는 파동과 유사한 것이다. 그런 파동이 전파되는 방향은 중심의 둘레 방향이 아니라 중심에서 멀어지는 쪽이다.

이와는 달리 아래의 그림은 이 에너지(실제로 3 단위)에서 가능한 최대의 각운동량을 가진 운동 상태에 해당하는 파동 패턴이다. 이 패턴은 원자핵 주위의 회전 운동에 해당하고, 따라서 드 브로이의 본래 아이디어와 일치한다. 둘레를 따라 4개의 완전한 파장이 반복되는 예이다. 그림에서 어두운 영역이 4개가 아니라 8개인 이유는 파동이 최대인 곳뿐만 아니라 최소인 곳에서도 세기의 피크가 나타나서 파장마다 2개의 피크가 생기기 때문이다. 어두운 부분이 중심으로부터 일정한 거리에 있지만, 지름 방향으로도 어느 정도 퍼져 있다는 사실을 주목해야 한다. 파동을 울타리 안에 완벽하게 가두어둘 수는 없다.

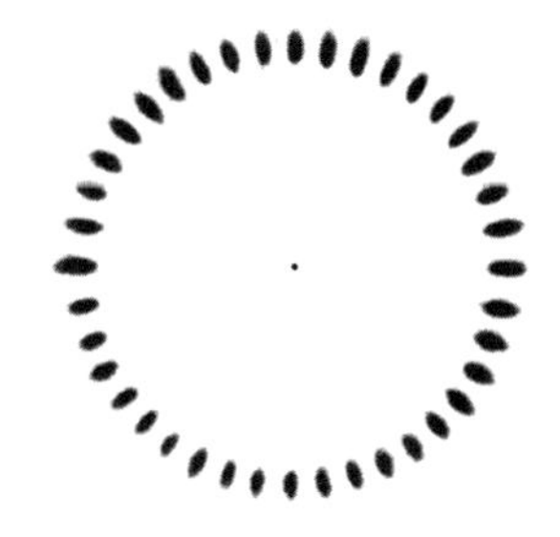

그림 45. 수소 원자의 20번째 상태에서 각운동량이 큰 전자의 파동 분포.

이 그림이 에너지의 양자화와 어떻게 연결되는지를 살펴보자. 지름 방향이나 둘레 방향으로 파장의 2 또는 3 또는 4배가 될 수는 있지만, 파장의 7/3이나 9/2 배가 되는 것은 불가능하다. 파장의 정수배로 제한되기 때문에 드 브로이가 당초 가정했던 것처럼 에너지 값도 특정한 값으로 제한된다.

상태에 따라서 양자적 성질이 아주 조금 변하는 경우에는 양자적 행동이 고전적 행동과 매우 비슷하게 된다는 닐스 보어의 대응 원리는 질문 3에서 설명했다. 그림 45는 수소 원자의 20번째 상태에 해당하는 에너지에서 최대의 각운동량을 가진 상태의 전자 세기 패턴을 나타낸 것이다. 원자핵으로부터 원형의 경로를 따라 만들어지는 파동을 아주 분명하게 볼 수 있다. 둘레를 따라 완전한 파장 20개에 해당하는 40개의 세기 피크가 있고, 궤도와 원자핵 사이에 빈 공간(실제로 거의 빈 공간)이 있다. 세기는 지름 방향으로 뭉쳐져 있고, 패턴은 고전적인 회전 궤도와 비슷해지기 시작한다. 여전히 파동 패턴이 나타나는 것은 분명하다. 원자핵에 조금 더 가까운 곳에는 궤도를 따라 19개의 파장을 가진, 허용된 운동 상태가 있고, 조금 더 먼 곳에는 궤도를 따라 21개의 파장을 가진 운동 상태가 있다. 이렇게 허용된 궤도는 각각의 독특한 에너지를 가지고 있어서 분명하게 구분이 되지만, 비율적으로 서로 멀리 떨어져 있는 것은 아니다. 고전적으로 궤도는 어떤 반지름이라도 가질 수 있기 때문에 그런 사실도 역시 대응 원리를 보여주는 예가 된다.

67. 파동은 원자의 크기와 어떻게 관련될까?

한 손에는 양성자를 들고, 다른 손에는 전자를 들고 있다고 생각해보자. 어느 정도 거리의 빈 공간이 있도록 두 손을 벌린 상태에서 두 입자를 놓아준다. 무슨 일이 일어날까? (서로 다른 전하를 가진) 두 입자는 전기력에 의해서 서로 끌리게 된다. 고전적으로는 전자가 직선을 따라 양성자 쪽으로 돌진하거나, 아니면 에너지를 방출하면서 점점 더 작은 고리 모양이 되어 양성자 주위를 회전하면서 떨어질 것이다. 그런 고전적인 예상은 오목한 모양의 그릇 속에 구슬을 떨어뜨릴 때 일어나는 것과 크게 다르지 않다. 직선을 따라 굴러 내려가는 구슬이 마찰에 의해서 에너지가 소진되면 그릇의 중앙에 멈춰서게 되거나, 아니면 아래쪽을 향해 휘돌아 내려가서 그릇의 중앙에 도달하게 된다. 에너지가 가장 낮은 곳을 찾아낸 것이다. 전자도 같은 일을 할 "가능성"이 크지만, 파동의 성격이 방해가 된다. 전자가 원자핵에 점점 더 가까운 궤도를 돌게 되면, 그 파동은 점점 더 짧은 파장으로 "끌려 들어가게" 된다. 이제 드 브로이가 등장한다. 더 짧은 파장은 더 큰 운동량을 뜻한다. 전자가 영향을 미치는 공간이 작아지면, 그 파장은 더 짧아지고, 운동량이 커지면서 더욱 더 빠르게 움직인다. 파장과 운동량 사이의 반비례 관계의 중요한 의미를 알 수 있다.

그리고 운동량이 커질수록 운동 에너지도 커진다. 전자가 점점 더 작은 공간에 갇히게 되면, 전자의 운동 에너지는 점점 더 커진다. 마치 전기적 인력에 버금가는 반발력이 존재하는 것처럼 보인다. 에너지 측면에서는 두 가지 효과가 서로 경쟁하게 된다. 전자가 원자핵에 점점 더 가까워지면, 전기적 인력 때문에 **위치** 에너지(potential energy)가 낮아지지만, 동시에 전자의 파동적 성격 때문에 **운동** 에너지(kinetic energy)가 커지게 된다. 총 에너지가 최소가 되는 점에서 두 효과가 균형을 이루게 된다. 그런 점에서는 원자핵에 더 가까워지면 운동 에너지의 영향이 더 커져서 총 에너지가 증가하고, 원자핵에서 더 멀어지면 위치 에너지의 영향이 더 커져서 역시 총 에너지가 증가하게 된다. 전자 한 개와 양성자 한 개의 경우에는 10^{-10}미터 정도, 즉 1나노미터의 10분의 1정도의 거리에서 그런 균형점이 나타난다. 그런 거리는 양성자 크기의 십만 배 정도로 입자의 기준으로는 엄청나게 큰 것이다. 물질의 파동적 성격 덕분에 원자가 "거대하게" 된 셈이다. 실제로 원자는 양성자, 중성자, 또는 파이온과 같은 구성 입자의 크기에 비하면 거대하다.

원자의 크기가 비교적 큰 것은 전자의 질량이 작기 때문이기도 하다. 운동량은 질량과 속도의 곱이기 때문에 속도가 작거나 질량이 작으면 운동량도 작아진다. 전자는 (광자와 뉴트리노를 제외한) 다른 입자보다 훨씬 더 가볍다. 그래서 전자는 일반적으로 다른 입자보다 더 작은 운동량과 더 긴 파장을 가지게 되고 더 큰 공간을 차지한다. (뉴트리노는 이런 규칙에서 예외이다. 뉴트리노는 질량이 크지만, 아주 느리게 움직이기 때문에 긴 파장을 가지게 되고, 앞에서 설명한 것처럼 몇 개의 원자가 차지할 수 있을 정도로 큰 공간을 차지한다.)

전자의 파동적 성격과 원자의 크기에 관련된 두 가지 문제가 더 있다.

무거운 원자가 훨씬 더 강한 전기적 인력에도 불구하고 수소 원자의 크기보다 훨씬 더 작은 공간으로 줄어들지 않는 이유에 대한 문제가 있다. 들뜬 상태에 있는 원자가 바닥 상태에 있는 원자보다 조금 더 커질 수 있는 이유에 대한 문제도 있다. 여기에서는 질문 31에서 제시했던 이런 문제에 대한 답을 다시 한번 강조한다.

우라늄 원자핵 근처에 있는 전자의 운명에 대해서 생각해본다. 전자의 에너지가 최소가 되는 균형점은 수소 원자의 경우보다 원자핵에 훨씬 더 가까운 곳에 있게 된다. 그러나 점점 더 많은 전자를 더하게 되면, 전자가 원자핵으로부터 느끼는 힘은 평균적으로 점점 더 작아지게 된다. 우라늄 원자핵에서 92번째 전자는 92개의 양성자에 의해서 안쪽으로 잡아당겨지지만, 동시에 91개의 다른 전자에 의해서 바깥쪽으로 밀쳐지기 때문이다. 전자에 미치는 순수한 인력은 대체로 수소 원자의 경우와 같아지게 된다. 그래서 마지막 전자는 수소 원자의 크기와 크게 다르지 않은 크기를 가진 운동 상태에 있게 된다.

들뜬 상태의 원자가 바닥 상태의 원자보다 큰 이유에 대해서 살펴보자. 가장 낮은 상태에 있는 전자의 파동은 단 한 번의 진동 주기에 해당한다. 운동 상태의 크기에 의해서 정해지는 거리에서 단 한 번 커졌다가 작아진다. 들뜬 상태에서는 전자 파동이 두 번 이상의 진동 주기를 갖게 된다. 그래서 들뜬 상태의 파동은 여러 번의 진동 주기를 완성하기 위해서 "움직이기 위한 공간"이 더 많이 필요하게 된다. 그런 설명은 조금 과도하게 단순화시킨 것이지만, 일반적인 아이디어를 제시하고 있다. 여러 번의 진동 주기를 가진 들뜬 상태의 파동이 바닥 상태와 같은 정도의 크기로 압축되면, 파장이 짧아지고, 운동량이 커지고, 운동 에너지가 늘어난다. 그렇게 되면 총 에너지가 낮아져서 평형점은 더 먼 거리에서 생기게 된다.

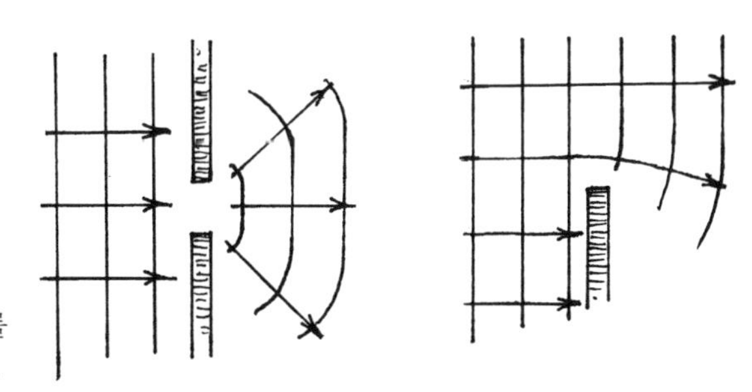
그림 46. 홀이나 모퉁이를 지나는 파동은 회절이 된다.

68. 회절은 무엇일까? 간섭은 무엇일까?

파동에 대해서는 근본적으로 “모호한” 부분이 있다. 파동은 야구공이나 우주선의 경로처럼 분명하게 정의된 경로를 따라 움직이지 않는다. 파동은 일정한 영역의 공간을 차지하지만, 그 경계는 분명하지 않고, 파동이 전파되면서 퍼지고, 서로 겹쳐질 수도 있다.

파동이 홀이나 모서리를 지나갈 때는 휘어진다(그림 46). 그런 현상을 **회절**(回折, diffraction)이라고 부른다. 회절은 정지해 있는 배를 지나가는 수면파에서도 볼 수 있고, 사용자와 기지국 사이에 건물이 있는 곳에서도 무선 전화기가 작동한다는 사실로부터 간접적으로 경험할 수도 있다. 회절 효과는 파장이 길수록 더 분명하게 나타나기 때문에 더 긴 파장을 사용하는 AM 라디오 신호가 짧은 파장의 FM 신호보다 더 쉽게 장애물에 의해서 휘어진다는 사실을 설명할 수 있다. 자동차로 대도시 근처의 협곡을 지나가면 FM 방송보다 AM 방송이 더 잘 들리는 사실을 알게 된다.

파동이 겹쳐질 때(그림 47 참고), 마루가 마루와 겹쳐지고, 골이 골과 겹쳐지게 될 가능성이 있다. 그렇게 되면 각각의 파동은 서로 다른 파동을 증폭시켜서 결과적으로 더 큰 진폭을 가진 파동이 만들어진다. 또는 마루가 골과 겹쳐지고, 골이 마루와 겹쳐질 수도 있다. 그런 경우에는 (세기가

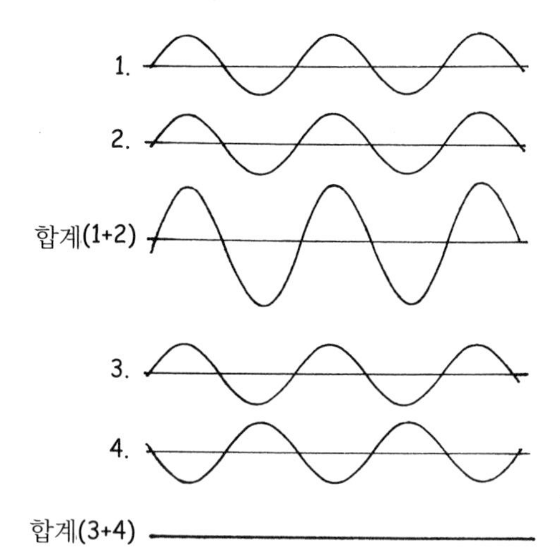

그림 47. 파동의 보강적 간섭과 상쇄적 간섭.

같은 경우에) 두 파동이 서로를 상쇄시키거나 각각의 파동보다 진폭이 더 작은 파동이 만들어진다. 그 중간의 경우가 될 수도 있다. 물리학자들은 이런 가능성을 모두 간섭(interference)이라고 부른다. 간섭의 범위는 "보강적(constructive)"에서 "상쇄적(destructive)"까지 될 수 있다.

수면파와 같은 파동에서 회절과 간섭이 존재한다는 사실은 빛이 파동이 특성을 나타낸다는 사실이 확실하게 밝혀지기 훨씬 전부터 알려져 있었다. 1801년 빛의 회절과 간섭을 관찰했던 토머스 영은 빛이 입자가 아니라 파동으로 구성되어 있다는 사실을 확실하게 밝혀냈다. 아니 그렇게 생각했다. 파동은 회절과 간섭을 할 수 있지만, 입자는 그렇지 못하다는 것이 근거였다. 물론 오늘날 우리는 입자도 회절과 간섭을 할 수 있다는 사실을 알고 있다. 그러나 파동의 특성을 인정한다면, 입자가 파동의 특성을 가지고 있기 때문에 그렇게 행동한다고 설명할 수 있다. 드 브로이가 옳았다.

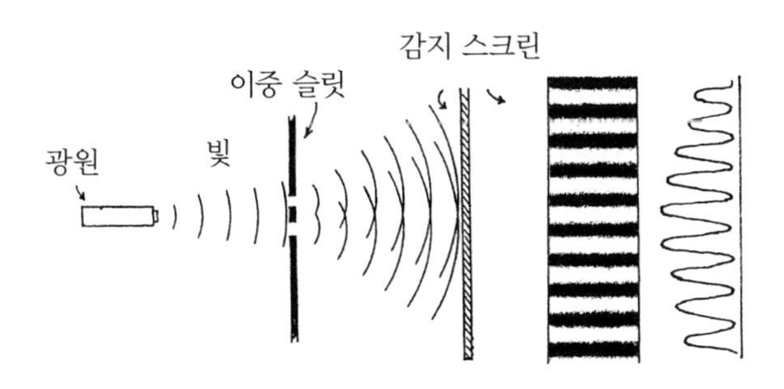

그림 48. 이중 슬릿 실험

69. 이중 슬릿 실험은 무엇일까? 왜 중요할까?

영은 불투명한 스크린에 있는 두 개의 홀을 이용해서 빛의 회절과 간섭을 설명했다. 이제 우리는 더 많은 빛(또는 더 많은 광자)를 통과시켜주는 슬릿을 이용한다. 이중 슬릿 실험의 핵심은 그림 48에 나타나 있다. 단일 파장(단색광)의 빛을 두 개의 좁은 슬릿이 서로 가까이에 있는 스크린에 쪼여준다. 회절 때문에 감지 스크린에 간단하게 이중 슬릿의 이미지가 만들어지지는 않는다. 그 대신 각각의 슬릿을 통과한 빛은 이리저리 휘어지고, 감지 스크린의 넓은 영역으로 퍼져나간다. 감지 스크린의 어느 점에나 두 개의 슬릿을 통과하면서 서로 간섭할 수 있는 빛이 도달한다.

감지 스크린에서 이중 슬릿의 중간점으로부터 정반대쪽에 있는 점에서는 이중 슬릿으로부터의 거리가 정확하게 똑같다. 바로 그 점에서는 이중 슬릿을 통과한 빛이 마루와 마루, 골과 골이 겹쳐지는 "동상(同相, in-phase)"이 된다는 뜻이다. 그 점에서는 밝은 빛이 나타난다. 스크린에서 그 점으로부터 조금 위쪽으로 올라가면, 아래쪽 슬릿을 통과한 빛이 위쪽을 통과한 빛보다 정확하게 반 파장만큼 길어진 곳에 도달하게 된다. 그 점에서는 두 개의 파동이 마루와 골, 골과 마루가 겹치게 된다. 상쇄적 간섭이 일어난다. 어두운 띠가 나타난다. 조금 더 위쪽으로 올라가면, 아래쪽 슬릿으로부터의 거리가 위쪽 슬릿으로부터의 거리보다 한 파장만큼 더 긴 곳에 이르게 된다. 다시 보강적 간섭이 일어나고, 밝은 띠가 나타난다.

그렇게 계속된다. 전체적인 결과로 나타나는 밝고 어두운 띠가 회절과 간섭의 확실한 증거가 된다. (띠 사이의 간격을 측정하고, 슬릿 사이의 간격과 감지 스크린으로부터의 거리를 알면, 빛의 파장을 계산할 수 있다. 파장이 더 긴 붉은 빛을 사용하면, 파장이 더 짧은 푸른 빛의 경우보다 간격이 더 넓은 띠가 만들어진다.)

주어진 순간에 광원과 감지 스크린 사이에는 오직 한 개의 광자만 있을 정도로 약한 빛을 이용해서 실험을 해보기도 했다. 전자는 물론 심지어 원자를 이용한 실험도 있었다. 결과는 언제나 똑같았다. 밝고 어두운 띠의 패턴은, 회절과 간섭이 일어났고, 개별적인 입자들이 파장을 가지고 있다는 사실을 보여준다.

이중 슬릿 실험은 개념적으로 매우 간단하지만 파동-입자 이중성을 확실하게 보여준다는 점에서 전형적인 양자 실험이라고 말하는 물리학자도 있다. 예를 들어서, 한 번에 한 개씩의 광자를 사용하는 실험을 생각해보자. 한 개의 광자가 장치를 통과해서 감지 스크린의 어느 곳에 도달한다. 그런데 어디에 도착할까? 어디에 도달할 것인지를 어떻게 "결정할까"? 확률에 의존할 수밖에 없다. 도달할 확률이 큰 곳이 있고, 도달할 확률이 작은 곳이 있다. 도달할 가능성이 전혀 없는 곳도 있다. 그림 49는 스크린에 도달하는 광자의 수가 1, 10, 100, 1,000, 10,000인 지점을 나타낸 것이다 (각 패널에는 바로 위에 있는 패널의 결과가 포함되어 있다).* 10개의 광자

* 모의실험을 할 때마다 다른 결과가 얻어진다. (1개와 10개의 광자가 도달하는) 위쪽의 그림은 서로 매우 다르고, (100개와 1,000개의 광자가 도달하는) 중간 그림은 서로 조금 다르고, (10,000개의 광자가 도달하는) 아래 그림은 서로 거의 같아지게 된다.

그림 49. 두 슬릿을 향해 한 번에 한 개씩 발사된 광자들(또는 입자들)이 검지되는 점들의 모의실험. 5개의 패널은 각각 입자의 수가 1, 10, 100, 1,000, 10,000개인 경우에 얻어지는 결과를 나타낸 것이다. 각각의 패널은 위쪽의 패널에 나타난 결과를 포함하고 있다. 아래쪽 패널에서 아주 가는 띠는 픽셀 크기와 관련된 것이다. (그림 Ian Ford, www.ianford.com/dslit/ 제공)

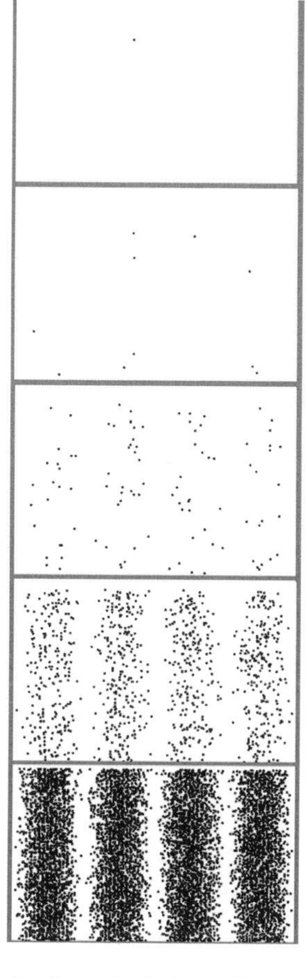

까지는 패턴을 전혀 알아볼 수 없다. 점들의 분포가 무작위적인 것처럼 보인다. 100개의 광자에서부터 어둡고 밝은 띠의 패턴이 나타나기 시작한다. 1,000개의 광자에서는 패턴이 더욱 분명해지고, 10,000개의 광자에서는 그 패턴이 고전적인 예상, 곧 보강적 간섭과 상쇄적 간섭에 의한 밝고 어두운 띠와 같아지게 된다.

한 번에 한 개의 광자를 사용하는 실험은 어떻게 해석할까? 각각의 광자가 어디에 도달하고, 어디에 도달하지 말아야 할 것인지를 어떻게 알까? 한 광자는 다른 광자가 이미 도달한 곳을 알고 있을까? 한 슬릿을 통과하는 광자가 다른 슬릿이 존재한다는 사실을 어떻게 알 수 있을까? (한 개의 슬릿만 열어두면 패턴은 크게 달라진다.) 아인슈타인은 양자물리학을 유령 같은 것(spooky)이라고 했다. 리처드 파인만은 이중 슬릿 실험을 양자물리학의 정수라고 했다. 실험을 해석하는 방법은 오직 하나뿐인 것 같다. 각각의 광자는 독립적으로 이중 슬릿 모두를 통과하는 파동처럼 행동하고, 앞서 지나간 다른 광자가 무엇을 했는지에 전혀 상관없이 파동과 관련된 확률을 따를 뿐이다.

이중 슬릿 실험이 우리에게 알려주고, 수많은 다른 실험에 의해서 확인된 사실은 입자가 생성되고 소멸될 때(방출되거나 흡수될 때)는 입자처럼 행동하고, 그 중간에서는 파동처럼 행동한다는 것이다. 그런 결과를 이해하려면, 탄생과 죽음의 순간을 제외한 다른 모든 순간에는 광자가 입자라는 생각을 포기해야만 할 것이다.

70. 터널 현상은 무엇일까?

앞에서 설명한 질문에서 입자가 고전물리학에서는 절대 뚫고 들어갈 수 없는 장벽을 통과할 수 있는 **터널 현상**(tunnelling)이라는 것에 대해서 이야기했다. 장벽 통과는 알파 붕괴, 핵분열, 핵융합, 현대적 슈퍼 현미경, 주사(走査) 터널 현미경에서 중요한 역할을 한다. 물질의 파동성에 의해서 터널 현상을 이해할 수 있을 것이다.

그림 50은 감옥의 담장과 같은 위치 에너지의 장벽을 보여준다. 왼쪽에 있는 입자는 벽을 넘어가기 위해서 필요한 만큼의 운동 에너지를 가지고 있지 않다. 고전적으로는 그림 (a)의 경우처럼 입자가 벽으로부터 튕겨진다. 여러 차례 그렇게 될 수 있다. 절대 뚫고 지나갈 수는 없다. 영원히 갇혀 있게 된다. 그러나 양자역학적으로는 상황이 조금 다르다. 그림 (b)에서 볼 수 있듯이 입자의 파동은 벽을 침투할 수 있다. 벽의 높이와 입자의 질량에 따라서 벽 안에서 파동이 빠르게 줄어들어 아주 짧은 거리라면 침투할 수도 있다. (실제 감옥에 갇혀 있는 죄수는 아무 생각 없이 운동장의 벽에 기댄다고 해서 도망갈 수 있는 가능성은 거의 없다.) 그러나 벽이 (에너지 측면에서) 너무 높지 않고, 너무 두껍지 않다면, 입자의 파동이 벽을 완전히 뚫고 들어가서 벽의 반대쪽에 작은 꼬리가 나타날 수도 있다. 벽

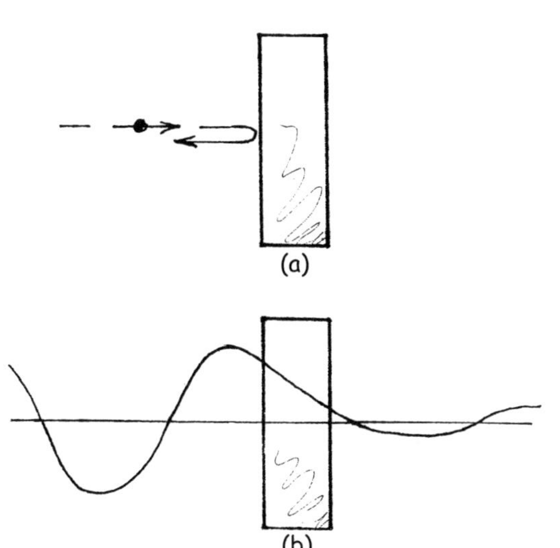

그림 50. (a) 고전적으로는 침투할 수 없는 벽에 의해서 입자가 튕겨진다. (b) 양자역학적으로는 입자의 파동이 벽을 뚫고 지나갈 수 있다.

의 반대쪽에 나타나는 작은 파동은 입자가 말 그대로 벽을 뚫고 지나가서 그곳에 나타나는 실제 확률을 나타낸다.

물리학에서 흔히 그렇듯이, 알파 붕괴처럼 순수한 물리학적 상황에서 관찰되는 현상이 현실적인 응용에서도 발견된다. 터널 현상의 용도 중 하나가 바로 1982년 스위스 취리히에 있는 IBM 연구소의 게르트 비니히와 하인리히 로러가 완성한 주사 터널 현미경(STM)이다.* 이 장치에서는 작은 금속 탐침을 고체 표면에 (1나노미터[10^{-9}미터] 정도로) 가까이 가져간다. 탐침과 표면 사이에 전압을 걸어준다. 공기는 아주 훌륭한 절연체이기 때문에 고전적으로는 탐침과 표면 사이에는 전류가 흐를 수 없다. 그러나 공기층이 전자 파동에 의해서 침투되는 에너지 장벽의 역할을 한다. 탐침으로부터 고체 표면으로 아주 적은 파동의 "누수(漏水, leakage)"가 생겨서 작은 "터널 전류(tunneling current)"가 만들어진다. 탐침과 표면 사이의

* 1986년 노벨상에 의해서 인정받은 성과이다.

구리 표면에 있는 철 원자 "울타리"의 STM 이미지. (IBM 사에서 제작한 이미지)

거리가 짧아서 장벽의 두께가 얇을수록 터널 전류가 커진다. 실질적으로는 피드백 회로를 이용해서 표면 위를 수평 방향의 경로를 따라 움직이는 동안 탐침을 조금씩 아래위로 움직여서 터널 전류가 일정하게 유지되도록 만든다. 표면으로부터의 거리가 일정하게 되도록 만드는 것이다. 따라서 탐침이 표면에 있는 작은 언덕과 골짜기를 찾아내게 된다. 사진에서 볼 수 있듯이, 원자 하나의 지름보다 훨씬 더 작은 거리를 측정할 수 있다.

제12장

파동과 확률

71. 파동 함수는 무엇일까? 슈뢰딩거 방정식은 무엇일까?

양자물리학에서 확률의 역할에 대해서는 이미 설명했다. 예를 들면, 전자가 원자 내부의 여러 곳에서 발견될 확률이 있고, 이중 슬릿을 통과하는 광자도 여러 점에 도달할 확률이 있다. **파동 함수**(wave function)라고 부르는 것이 그런 확률을 결정한다. 파동 함수는 파동이 0의 값으로부터 양이나 음의 방향으로 어느 정도나 벗어나는지를 나타내는 **진폭**을 알려준다. 파도가 지나가면서 수면파가 보통의 수면으로부터 위쪽이나 아래쪽으로 벗어나는 정도와 같은 것이다. 그러나 양자 파동과 수면파 사이에는 중요한 차이가 있다. 양자 파동은 그 자체로는 측정량이 아니다. 측정할 수 있는 양인 확률은 양자 파동 진폭의 **제곱**이다. 더욱이 양자 파동 진폭은 실수부와 허수부를 가지고 있는 **복소수**(複素數, complex number)라고 부르는 것으로 주어진다. 여기서는 이런 기술적인 문제에 대해서는 자세하게 설명하지 않을 것이다. 진폭을 제곱한 것이 확률이 된다는 정도만으로 충분하다.

확률은 확실한 지식의 부족에 해당하는 불확실성을 뜻한다. 사실 불확정성(uncertainty) 또는 "모호함(fuzziness)"은 양자물리학의 상징이다. 그러나 여기에도 역시 명백한 것이 있다. 수소 원자에서 특정한 운동 상태에 있는 전자의 파동 함수는 모든 점에서 완벽하게 정의된 값을 가진다. 그것을 제곱한 확률도 역시 확실하게 명백하다. 그리고 그런 명백함은 한 원자에서 다른 원자까지 확장된다. 1,000개의 수소 원자가 같은 운동 상태에 있다면, 그런 수소 원자는 모두 똑같은 파동 함수와 똑같은 확률 분포를 가진다. 그러나 전자의 위치를 정확하게 확인하기 위한 실험에서 입자로 여겨지는 전자의 위치를 발견할 수 있는 사전 지식은 확실하지 않다. 수천 개의 원자를 대상으로 똑같은 실험을 반복하면, 전자의 위치는 수천 개의 지점으로 밝혀지게 된다. 한 쌍의 주사위를 던지는 것과 상당히 비슷한 상황이다. (공정하고 균형이 잡힌 주사위 쌍을 사용한다면) 두 주사위의 합이 어떤 값이 될 확률은 정확하게 알 수 있지만(합이 7이 될 확률은 1/6이고, "두 주사위 모두가 1"이 될 확률은 1/36, 등), 두 주사위를 던졌을 때의 결과는 결코 미리 알 수 없다.

드 브로이가 물질의 파동성에 대한 가설을 발표하고 1년이 조금 더 지난 1925년 말에 다양한 재능을 가진 오스트리아 물리학자 에르빈 슈뢰딩거가 지금도 그의 이름이 붙여져 있는 방정식을 내놓았다. 파동 함수를 계산할 수 있는 방정식이다. 수소 원자의 경우처럼 정확하게 계산할 수도 있고, 다른 시스템의 경우처럼 원칙적으로 계산할 수 있는 경우도 있다.*

---

* 1차원에서 움직이는 입자에 대한 슈뢰딩거 방정식은 다음과 같다.

$$d^2\psi/dx^2 + (2m/\hbar^2)[E-V]\psi = 0$$

이 간단하게 보이는 방정식에는 엄청난 위력이 숨겨져 있다. ψ는 파동 함수, x는 운동 방향을 나타내는 위치 좌표, m은 입자의 질량, ħ는 플랑크 상수를 2π로 나눈 것이다. V는 입자의 위치 에너지이고, E는 총 에너지이다. 물리학자들이 재미로 하는 이야기에 따르면, 슈뢰딩거는 스위스의 아로사에서 여자 친구와 함께 겨울 휴가를 보내면서 이 방정식을 찾아냈다.

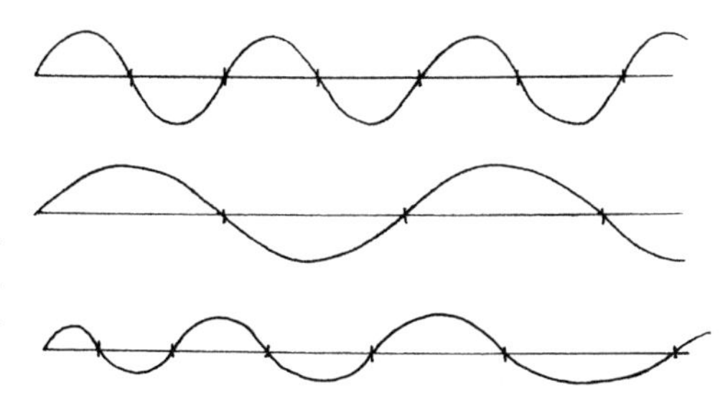

그림 51. 짧은 파장의 파동은 긴 파장의 파동보다 "더 많이 휘어진다". 어느 곳에서 얼마나 "휘어졌는가"는 파동의 파장을 정의해준다.

서른여덟 살이었던 슈뢰딩거는 당시 새로운 양자역학의 설계에 참여했던 다른 물리학자들과 비교하면 "나이가 많은" 물리학자였다.*

슈뢰딩거 방정식의 역할은 운동량과 파장 사이의 관계를 입자의 운동량과 파장이 장소에 따라서 연속적으로 변화하는 상황으로 일반화시키는 것이다. 언뜻 보기에는 파동이 장소에 따라 조금씩 다른 파장을 가지는 것이 불가능하게 보일 수도 있다. 파장은 근본적인 성격 때문에 퍼져 있는 것처럼 보인다. 수면파나 진동하는 줄이나 공명관의 파장은 마루에서 다음 마루까지의 거리이다. 그러나 실제로 파장은 짧은 거리에서 파동의 "휘어진 정도"로 정의할 수 있을 것이다. 그림 51에서 볼 수 있듯이, 짧은 파장을 가진 파동은 많이 휘어지고, 긴 파장을 가진 파동은 덜 휘어진다. 파장과 운동량 사이의 반비례 관계를 생각하면, 그런 사실은 운동량이 큰 곳에서는 입자의 파동 함수가 많이 휘어지고, 운동량이 작은 곳에서는 적게 휘어진다고 생각할 수 있다.

원형 궤도에 있는 전자는 지구 둘레의 원형 궤도에 있는 인공위성과 마찬가지로 일정한 속도와 일정한 운동량을 가지고 있기 때문에 파동이 원

* 유명한 양자물리학자들의 1925년 당시의 나이는 다음과 같았다. 폴 디랙과 사무엘 하우트스미트는 스물세 살, 베르너 하이젠베르크와 엔리코 페르미는 스물네 살, 볼프강 파울리와 조지 울렌벡은 스물다섯 살, 루이-빅토르 드 브로이는 서른세 살. 닐스 보어는 마흔 살이었고, 알베르트 아인슈타인은 마흔여섯 살이었다.

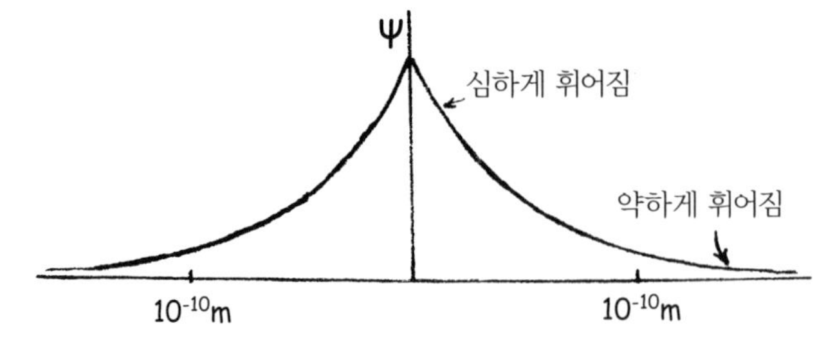

그림 52. 연속적으로 변화하는 파장을 가진 수소 원자의 파동 함수.

형 궤도의 둘레를 따라 펼쳐질 수 있다는 드 브로이의 당초 아이디어는 상당한 의미가 있는 것으로 밝혀졌다. 그래서 일정한 운동량을 가지고 있는 전자는 정해진 파장을 가질 수 있다. 그러나 원자핵 주변을 도는 대신 원자핵으로 다가가거나 멀어지는 방향으로 움직이는 전자의 경우에는 어떨까? 전자가 원자핵에 가까이 끌려가면 속도가 빨라지면서 운동량이 늘어난다. 그래서 예를 들어서 아주 먼 곳에 있던 전자가 원자핵으로부터 아주 가까운 곳으로 움직이면, 전자의 파장은 연속적으로 점점 더 짧아진다. 이 부분이 바로 슈뢰딩거 방정식이 작동하는 곳이다. 각운동량이 0인 특별한 바닥 상태를 나타낸 그림 52에서 볼 수 있듯이, 슈뢰딩거 방정식은 이런 형태의 운동에 대한 답을 제공한다. 원자핵에 가까워질수록 파동 함수의 휘어진 정도가 심해지고, 멀어지면 휘어진 정도가 줄어든다는 사실을 그래프에서 확인할 수 있다.

그림 52에 주어진 파동 함수에 대해서 두 가지 사실을 더 지적하겠다. 첫째는, 파동 함수는 작은 값에서 큰 값으로 늘어났다가 다시 작은 값으로 줄어든다. 파동 함수가 원자의 한 쪽에서 다른 쪽에 이르는 동안에 완전한 진동의 반(半) 사이클을 보여준다. 대략 0.2나노미터(2×10^{-10}m) 정도의 평균 파장을 보여주고 있다는 뜻이다. 그리고 이 상태에 있는 전자의 대략적인 평균 운동량도 알려준다. 둘째는, 전자의 파동성은 전자가 단순

히 회전이나 드나드는 것과 같은 단순한 궤적을 따라갈 수 없다는 사실을 뜻한다. 전자의 파동은 언제나 퍼져 있다. 그림 52의 그래프로 나타낸 특별한 운동 상태에 대해서는 직선의 지름 방향이 모두 똑같으면서 경계가 불확실한 공의 경우에 대해서 생각할 수 있다. 전자의 파동 함수는 공의 바깥쪽 표면에서는 작은 값을 가지고, 공의 중심으로 다가가면서 점점 더 큰 값을 가지게 된다. 방향에 따라서는 아무 차이가 없다.

72. 파동은 어떻게 확률을 결정할까?

어떤 곳에서 입자를 발견할 수 있는 확률은 그 지점에서의 파동 함수의 제곱이라는 사실을 이미 설명했다. 운동의 가장 단순한 예인 두 개의 단단한 벽 사이에서 일정한 속도로 오고가는 입자를 생각해보자. 그런 운동에 대한 고전적인 견해는 그림 53의 왼쪽에 있는 두 그림으로 나타낼 수 있다. 고전적으로도 확률의 개념을 이용할 수 있다. 직접 보기 전에는 입자가 어느 순간에 어디에 있는지를 정확하게 알 수 없다. 그것이 바로 (질문 27에서 설명했던) **무지의 확률**(probability of ignorance)이다. 입자가 어디엔가 있는 것은 확실하지만, 어디에 있는지는 알지 못한다. 어느 곳에나 있을 확률이 정확하게 똑같다는 사실만 알고 있을 뿐이다. 무작위적으로 100번에 걸쳐 플래시를 이용한 사진을 찍으면, 입자는 서로 다른 100곳에 있고, 왼쪽에서 오른쪽에 이르는 운동 영역 전체에 대체로 균일하게 흩어져 있는 것처럼 보일 것이다.

이 운동에 대한 양자적 설명은 고전적 설명과 두 가지 중요한 점에서 다르다. 첫째, 양자적 설명에 따르면, 한정된 에너지만 허용된다. 에너지는 "덩어리 상태(lumpy)"이다. 허용된 에너지는 두 벽 사이에서 0.5파장, 1파

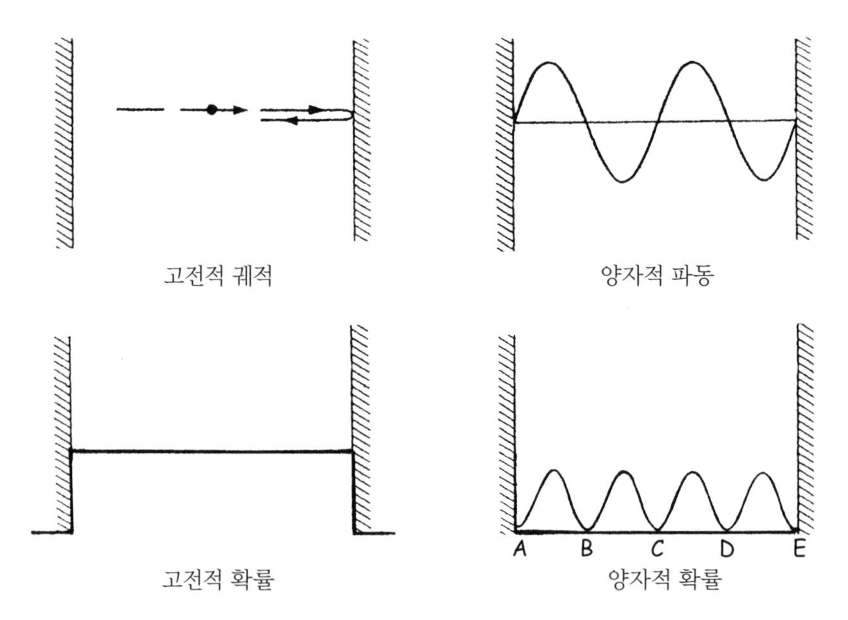

그림 53. 상자 속 입자에 대한 고전과 양자적 설명

장, 1.5파장 등으로 0.5파장의 정수배에 들어맞는 경우이다. 그런 경우에만 여러 번 오고가는 파동이 보강적 간섭을 통해서 스스로를 강화시킬 수 있다. 다른 파장에서는 파동이 여러 번 오고가는 과정에서 드 브로이가 원형 궤도에서 생각했듯이 스스로 상쇄되어버린다. 그림 53의 오른쪽 위에 주어진 특별한 파동 함수는 두 벽 사이에서 4개의 0.5파장이 들어가는 4번째 상태(3번째 들뜬 상태)이다.*

고전적 설명과 양자적 설명의 또다른 중요한 차이점은 확률을 도입하는 방법이다. 고전적으로는 무지의 확률이 역할을 할 수도 있지만, 반드

* 독일어에서는 그런 파동 함수를 Eigenfuncktion(고유함수)이라고 부른다. 이 단어는 "proper function"이라고 번역하기도 하지만, 대부분의 경우에는 영어에서도 "eigenfunction"이라고 부른다. 1920년대에 독일어는 물리학의 가장 중요한 언어였다.

시 그래야만 하는 것은 아니다. 운동에 대해서 얼마나 자세한 지식을 가지고 있는지에 따라서 달라진다. 입자의 위치에 대해서 확실한 정보를 가지고 있지 않은 경우에는 고전적인 확률이 어디에서나 똑같은 상수가 된다. 그림의 아래 왼쪽에 주어진 수평 방향의 직선이 그런 사실을 그래픽으로 보여준다. 양자역학적으로는 확률이 반드시 역할을 해야만 한다. 양자적 설명에서 확률은 필수적이다. 그림 53의 아래 오른쪽 그림은 위의 그림에서 보여준 상태에 대한 확률 분포를 나타낸 것이다. 확률은 파동 함수의 제곱이기 때문에 (다행스럽게도) 절대 음의 값을 가질 수 없다. 0과 어떤 최댓값 사이의 값을 가지게 된다. 이 그래프에서 가장 놀라운 특징은 다섯 곳(양쪽 끝과 중간의 세 곳)의 점에서 확률이 정확하게 0이 된다는 사실이다. 특정한 운동 상태에 있는 입자는 그런 곳 중의 어느 곳에서도 발견될 수 없다는 뜻이다. 입자가 점 B, C, D에서 결코 발견될 수 없다면, A에서 E로 어떻게 갈 수 있을까? 중간에 있는 모든 점에서 발견될 확률이 어느 정도가 되지 않는다면, 입자가 한 쪽 벽에서 다른 쪽 벽에 이르는 거리를 어떻게 오고갈 수 있을까? 양자물리학에서는 우리가 합리적이라고 생각하는지에 상관없이 받아들여야만 하는 것이 있다. 이 경우에는 입자가 두 벽 사이를 오고간다고 생각할 수 없다. 특정한 상태에 있는 입자는 파동이다. 그런 파동은 공간적으로 퍼져 있다. 입자의 위치를 찾는 실험을 할 수 있는 것은 분명하지만, 그런 실험을 하면 운동 상태가 파괴되고 새로운 운동 상태가 만들어지게 된다. 그런 경우에도 점 A, B, C, D, 또는 E에서는 입자를 발견할 수 없다.

두 벽 사이의 입자는 일차원이다. 3차원에서는 확률의 계산이 조금 더 복잡해진다. 예를 들면, 파동 함수가 그림 52와 같이 주어지는 수소 원자의 바닥 상태를 생각해보자. 그런 파동 함수는 중심(원자핵)에서 최대가 된다. 파동 함수를 제곱한 것이 확률이기 때문에 확률도 역시 중심에서 최대가 된다. 따라서 전자의 위치를 확인하기 위한 실험에서는 원자핵 근처에서 전자를 발견할 가능성이 크고, 중심에서 멀어질수록 확률이 줄어들 것이라고 생각할 수 있다. 그런 주장은 중심 근처에서보다 멀리 떨어진 곳에서 공간의 부피가 얼마나 더 커지는지를 고려해서 다듬어야 할 필요가 있다. 파동 함수의 제곱은 단위 부피당 확률이다. 원자핵 근처에서의 부피보다 원자핵에서 어느 정도 떨어진 곳에서의 부피가 훨씬 더 크다는 사실을 고려하면, 실제로 원자핵 근처보다 어느 정도 떨어진 곳에서 전자를 발견할 확률이 더 크다는 사실을 알게 된다. 가능한 부피를 고려해서 개량한 확률은 약 0.5×10^{-10}미터에서 최대가 된다.

73. 파동이 어떻게 입자를 고정된 곳에 머물지 못하게 만들까?

파동 함수는 크기와 휘어진 정도처럼 한 점에서 정의할 수 있는 성질을 가지고 있다. 그러나 파동 자체를 한 점으로 압축할 수는 없다. 파동은 본질적으로 공간의 영역에 퍼져 있다. 파동을 작은 영역으로 압축하기는 쉽지 않다. 예를 들어, 뚫고 들어갈 수 없는 두 벽 사이에서 앞뒤로 움직이도록 한정된 입자를 생각해보자(그림 53 참고). 두 벽을 서로 가까이 되도록 움직여서 입자의 운동 영역을 점점 더 심하게 제한하면, 두 벽 사이에 갇혀 있는 입자의 파장은 점점 더 짧아진다. 드 브로이 방정식에 따르면, 입자의 운동량과 에너지도 점점 더 커진다. 그래서 제한된 경계 안에서 더 많이 압축할수록 입자는 더 많은 에너지를 가지게 된다. 입자를 전혀 움직일 수 없을 정도로 압축하려면, 무한히 큰 에너지가 필요하다. 갇힌 입자는 어디로도 갈 수가 없지만, 입자의 운동 에너지는 무한히 커지는 역설적인 상황이 벌어진다. 작은 방에 갇혀서 움직일 수는 없지만 극단적인 불안에 떨고 있는 경험을 해본 적이 있는 죄수만이 이해할 수 있는 상황이다.

덩어리 상태로 존재하는 물질은 양자물리학 때문에 (질감과 색깔은 물론이고) 독특한 밀도를 가지게 된다. 고전적으로 생각하면, 모든 전자는 에너지를 방출하면서 양성자나 다른 원자핵 쪽으로 회전하며 끌려들어간다. 결국 모든 물질은 작게 엉겨붙은 덩어리가 되고, 모든 에너지는 전자기 복사의 형태로 우주 전체에 퍼져나가게 된다. 파동을 지배하는 양자 법칙 덕분에 전자는 "먼" 거리(즉, 나노미터의 극히 작은 부분)에 퍼져 있는 운동 상태에 정착하게 된다. 물질의 파동성이 어떻게 원자의 크기를 결정하는지에 대해서는 질문 67에서 설명했다.

고전물리학에서 양자물리학으로의 전환은 대부분 나노미터 영역에서 일어난다. 양자 효과는 큰 분자나 원자의 집합체에서 나타나기 시작하고, 개별 원자에서는 더욱 분명해지고, 현대 물리학이 관심을 가지고 있는 원자보다 더 작은 영역의 물리학에서는 꼭 필요하다. 물리학자들은 최대한 작은 영역에서 무슨 일이 일어나고 있는지를 알아내고 싶어한다. 물질의 파동성은 그런 일을 도전할 가치가 있도록 만든다. 파동을 이용할 경우에는 파장보다 더 작은 크기는 "볼" 수가 없다는 것이 일반적인 법칙이다. 광학 현미경의 한계도 그런 이유 때문이고, 전자 현미경이 광학 현미경에서 볼 수 있는 것보다 더 자세한 부분을 보여주는 것도 전자 현미경의 전자가 가시광선의 파장보다 훨씬 더 짧은 파장을 가지고 있기 때문이다. 수면 위에 튀어나와 있는 막대를 생각해보면 그런 효과를 이해할 수 있다(그림 54). 수면파가 스쳐 지나가더라도 막대는 거의 영향을 받지 않는다. 수면파의 파장이 막대의 지름보다 훨씬 더 길기 때문에 막대에 대한 정보는 거의 드러나지 않는다. 그러나 막대에 대한 자세한 정보는 막대를 단

그림 54. 긴 파장의 수면파는 막대에 의해서 아무런 영향을 받지 않는다. 짧은 파장의 빛은 심하게 영향을 받기 때문에 막대를 확실하게 볼 수 있게 된다.

순히 쳐다보기만 해도 알아낼 수 있다. 빛의 파장이 막대의 지름보다 훨씬 더 짧기 때문이다.

1920년대에 시작해서 2010년의 대형 강입자 충돌기(Large Hadron Collider)에 이르러 절정에 이르게 된 가속기는 점점 더 커졌고, 에너지가 점점 더 커졌고, 점점 더 비싸졌다. (엔리코 페르미는 21세기가 되면 지구 둘레만큼 큰 입자 가속기를 건설하기 위해서 전 세계 자원의 거의 대부분을 써야 할 것이라고 추정하기도 했다.) 이런 경향이 나타나게 된 이유는 물리학자들이 가속되는 입자의 파장을 점점 더 짧게 만들어서 점점 더 작은 공간을 "보고" 싶어했기 때문이다. 예를 들면, 대형 강입자 충돌기에서 7TeV의 에너지를 가진 양성자의 파장은 원자핵의 크기보다 훨씬 작은 것은 물론 양성자보다 약 5,000배나 작은 대략 2×10^{-19}미터이다.

물질의 파동성 때문에 더 작은 거리에 도달하기 위해서는 더 많은 에너지가 필요하게 된다. 입자는 한 곳에 묶여 있고 싶어 하지 않는다. 그래서 역설적이지만, 물리학에서는 자연의 가장 작은 부분을 연구하기 위해서 가장 큰 장치를 사용한다. 물론 고(高)에너지에는 짧은 파장 이상의 의미가 있다. 새로운 중입자를 만들어내기 위해서도 에너지가 필요하다. 드 브로이 방정식($\lambda = h/p$)과 아인슈타인 방정식($E = mc^2$)이 고에너지 물리학의 핵심이다.

74. 불확정성 원리는 무엇일까?

1927년 당시 스물여섯 살이었던 베르너 하이젠베르크가 내놓았던 불확정성 원리(不確定性原理, uncertainty principle)는 다음과 같다. “위치가 더 정밀하게 결정되면 될수록, 그 순간의 운동량은 그만큼 덜 정확하게 알려지게 되고, 그 역도 성립한다.” 이 원리는 위치와 운동량뿐만 아니라 시간과 에너지와 같은 물리량의 쌍에도 적용된다. 본질적으로 불확정성 원리는 한 가지에 대해서 더 정확하게 알게 되면, 다른 것에 대해서는 덜 정확하게 알게 된다는 것이다. 극단적으로 말하면, 한 가지 물리량에 대해서 완벽하게 알게 되면, 다른 물리량에 대해서는 아무것도 알 수 없게 된다.

불확정성 원리는 양자물리학의 핵심이라고 알려져 있다. 고전물리학에는 불확정성 원리에 대응하는 원리가 없기 때문이다. 고전적으로는 입자의 위치와 운동량을 동시에 알지 못 할 이유가 없다. 두 가지 측정은 모두 기술적 한계에 의해서만 제한받을 뿐이다. 그런데 불확정성 원리는 어쩔 수 없이 나타나는 불확정성의 한계가 얼마나 되는지를 알려준다. 그 한계는 다름 아닌 양자물리학의 기본 상수인 플랑크 상수이다. (질문 10의 설명을 참고하자. 가상적으로 플랑크 상수가 0이라면, 양자물리학은 고전물리학에 자리를 내주게 된다. 반대로 가상적으로 플랑크 상수가 크면 클수록, 양자 효과는 더욱 분명해질 것이다. 그래서 플랑크 상수는 양자 세계의 규모를 결정한다.) 불확정성 원리를 수학적으로 표현하면 다음과 같다.

$$\Delta x \, \Delta p = \hbar$$

또는

$$\Delta t \, \Delta E = \hbar$$

이 방정식에서 Δ는 “불확정성(uncertainty)”을 나타내고, 변수는 위치 x, 운

불확정성 원리를 내놓았던 1927년의 베르너 하이젠베르크(1901–1976). 5년 후인 1932년에 그는 새로 발견된 중성자와 양성자가 핵자라는 동일한 입자의 두 가지 "상태"라는 아이디어를 내놓았다. 그는 제2차 세계대전 중 독일의 원자탄 개발 사업을 총괄했다. 그가 1941년 나치 점령하의 덴마크의 보어를 방문했던 이야기가 마이클 프레인의 「코펜하겐(Copenhagen)」이라는 연극의 극적인 배경이었다. 내가 1950년대 중반에 괴팅겐의 하이젠베르크 연구소에서 일했을 때, 하이젠베르크는 정부 인사나 언론인이 자주 찾던 국가적 영웅이었다. (사진 AIP Emilio Segrè Visual Archives 제공)

동량 p, 시간 t, 에너지 E이다. 오른쪽의 (2π로 나눈) 플랑크 상수는 (측정 과정 자체와 관련된 불확정성을 제외한) 근본적으로 어쩔 수 없는 불확정성의 크기를 결정한다. 이 방정식의 형태는 앞에서 인용한 하이젠베르크의 원리를 설명하는 데 도움이 된다. 두 물리량의 곱이 상수이기 때문에 둘 중 하나가 작아지면 다른 하나는 커져야 한다.

시간-에너지의 불확정성 원리는 물리학자들에게 실제로 유용한 도구가 된다. 반감기를 직접 측정하기도 어려울 정도로 짧은 시간 동안에만 존재하는 입자도 있다. 입자의 짧은 수명은 입자가 지구에서 존재하는 시간의 불확정성인 Δt가 아주 작다는 뜻이다. Δt가 작다는 것은 (적어도 양자적 기준에서 보면) 입자 에너지의 불확정성이 크다는 뜻이다. 그리고 정지해 있는 입자의 에너지는 입자의 질량에 담겨 있다. 입자의 질량을 한 번 측정하면 어떤 값이 얻어진다. 측정을 반복하면 다른 값이 얻어지고, 그런 값의 범위가 질량의 불확정성이 된다. 질문 42에서 설명했듯이, 이런 질량의 불확정성을 이용해서 Z^0 입자의 수명을 계산할 수 있고, 그 값을 이론적으로 예상되는 값과 비교할 수가 있다.

75. 불확정성 원리가 물질의 파동성과 어떻게 관련될까?

불확정성 원리는 자연이 자신의 가장 내밀한 비밀을 감추는 방법이라고 할 수 있다. (불행하게도) 불확정성 원리를 과학 이외의 분야에 적용해보려고 시도했던 사람은 없었다. 불확정성 원리는 실제로 근원적이기는 하지만, 물질의 파동성에 의한 결과이기 때문에 생각처럼 신비하거나 딴 세계의 것은 아니다.

파동은 양자 영역에만 한정된 것이 아니다. 파동은 우리가 일상적으로 경험하는 거시 세계에서도 흔한 것이다. 고전 세계에도 적용되는 불확정성 원리의 형식이 있다는 뜻이다.

파동에 대해서 중요한 사실을 밝혀준 사람은 프랑스의 수학자 장 바티스트 조제프 푸리에였다. 그는 위치에 따라서 변화하는 물리량을 파동의 겹침으로 표현할 수 있다는 사실을 발견했다. 예를 들면, 방안의 온도는 물론 통 속에 들어 있는 기체의 밀도나 맨해튼의 여러 구역에 있는 건물의 평균 높이의 경우가 그렇다. 그런 아이디어는 그림 55로 나타냈다. 그림의 (a)는 흔히 **사인 파동**(sine wave)이라고 부르는 "순수" 파동이다. 이런 파동은 분명한 파장과 분명한 진폭을 가지고 있고, 양쪽 방향으로 무한히 펼쳐진다. 그림의 (b)는 모양이 순수 파동과 비슷하지만 공간에 갇혀 있고, 진폭이 다르다. 대략 5주기 정도 진동을 하고 나면 양쪽 방향에서 진동이

장 바티스트 조제프 푸리에(1768–1830). 1789년에 푸리에는 친구에게 "어제는 나의 21번째 생일이었다. 뉴턴과 파스칼은 그 나이에 이미 불멸의 명성을 안겨준 업적을 이룩했다"는 편지를 썼다. 그에게 불멸의 명성을 안겨 준 업적은 그가 거의 40에 이르러서 이룩한 것이었다. 오늘날 푸리에 급수와 푸리에 변환은 거의 모든 물리학자와 공학자에게 필수 도구이다. 나폴레옹과 프랑스 혁명의 열렬한 지지자였던 푸리에는 이집트를 침공했던 나폴레옹을 수행하기도 했다. 이집트에 머물렀던 3년 동안 그는 카이로 연구소를 설립했고, 과학과 문학 분야의 정보를 수집해서 훗날 이집트에 대한 여러 권의 학술서를 발간했다. (사진 commons.wilimedia.org 제공)

모두 줄어든다. 그의 분석에 따르면, 이렇게 절단된 파동은 수없이 많은 순수 파동을 서로 다른 진폭으로 합쳐놓은 무한급수와 같은 것이다. 주된 성분은 그림 (a)에 나타낸 순수 파동이다. 다른 파장을 가진 파동 성분은 덜 들어 있다. 그림 (b)의 파동에 겹쳐지거나 섞여 있는 대부분의 파동은 파장이 주파장(principal wavelength)의 약 20퍼센트 범위에 있다.

여기서도 이미 고전적 불확정성 원리의 흔적이 나타난다. 그림 (a)의 파동은 파장에서는 불확정성이 전혀 없지만, 양쪽으로 무한히 확장되기 때문에 위치의 불확정성이 완전하다(무한하다). 그림 (b)의 파동은 하나의 분명한 파장을 가지고 있지 않다. 대부분은 주파장의 20퍼센트 범위에 포함되는 여러 파장의 파동이 겹쳐진 것이다. 그래서 주파장의 20퍼센트에 퍼져 있는 파장의 불확정성이 있고, 그런 파동이 차지하는 공간의 범위에

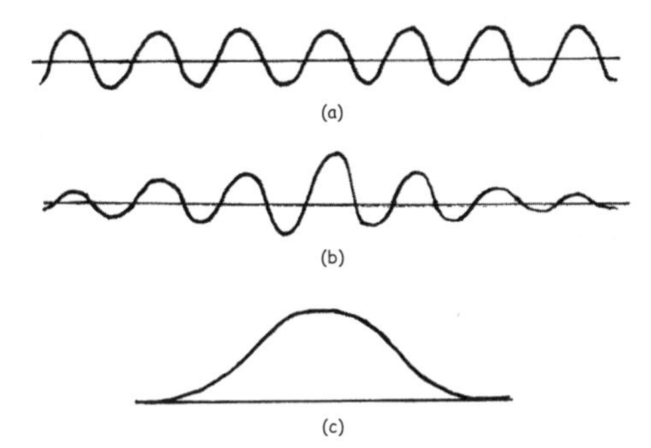

그림 55. (a) 하나의 파장을 가진 "순수" 파동 (b) 서로 다른 순수 파동이 섞인 좁은 공간에 한정된 파동, (c) 더 넓은 범위의 파장이 섞여서 만들어진 더 좁은 공간에 한정된 파동.

해당하는 위치의 불확정성도 있다.

위치의 불확정성이 더 줄어들도록 파동을 압축하려면, 더 넓은 범위의 파장을 섞어야(겹쳐야) 한다는 것을 짐작할 수 있다. 위치에서의 불확정성이 줄어들면 파장의 불확정성은 늘어난다. 그림 55의 (c)에서는 파동이 하나의 "언덕"으로 압축되었다. 그런 정도의 국소화(즉, 작은 위치 불확정성)를 달성하려면 아주 넓은 범위의 파장을 겹쳐야 하기 때문에 파장의 불확정성이 매우 커진다.

그림 55의 파동은 고전적인 파동이지만, 잠시 그런 파동을 움직이는 입자의 드 브로이 파동이라고 생각해보자. 첫 번째 파동은 모든 공간에 퍼져 있는 고정된 운동량(고정된 파장)을 가진 입자를 나타낸다. 입자의 운동량 불확정성은 0이고, 위치 불확정성은 무한대이다. 입자가 얼마나 빨리 움직이는지는 정확하게 알고 있지만, 어디에 있는지에 대해서는 아무것도 모른다. 이것이 하이젠베르크 불확정성 원리의 한계 상황이다. 두 번째 파동은 부분적으로 국소화되어 있으면서(어느 정도의 위치 불확정성을 가지면서), 어느 정도의 운동량 불확정성도 있는 경우이다. 세 번째 파동은 위치 불확정성을 아주 작게 만들었지만, 그 대신 운동량 불확정성이 무한대로 커지는 대가를 치러야 한다.

고전 세계에서 불확정성의 훌륭한 예는 AM 라디오 영역에서 찾을 수 있다. 720, 730, 740킬로헤르츠(kHz) 등의 주파수를 사용하는 방송국은 있지만, 721, 739, 또는 다른 중간 주파수를 사용하는 방송국은 없다. 훌륭한 주파수를 완전히 낭비해버리는 것일까? 아니다. 메시지를 방송하기 위해서 진폭을 변조하려면 주파수들(또는 파장들)을 섞어야 한다. 720kHz 방송국의 안테나에서 송출되는 것은 대략 715에서 725kHz 사이의 주파수가 겹쳐진 것이다. 파동이 공간에서 국소화된 것처럼 보이지도 않는데 그렇게 넓은 범위의 주파수(그리고 파장)를 섞어야 하는 이유가 궁금할 수도 있다. 방송국의 전파는 공간 전체에 퍼져 있기 때문에 국소화되지 않은 파동의 대표적인 예라고 생각할 수도 있다. 그러나 사실 방송의 전파는 셀 수 없을 정도로 많은 조각들로 국소화되어 있다. 수천 분의 1초마다 방송되는 내용 중에서 어떤 것들은 바뀌어야 하고, 짧은 밀리초(또는 밀리초 이하)의 조각들은 보존되어야만 한다. 방송파는 겹쳐진 진동수 더미에 의해서 국소화된 조각들이 길게 연결된 것이다.

자동 전화 다이얼 장치가 10개의 숫자를 전송하는 데에 몇 초가 걸린다는 사실을 주목한 적이 있을까? "너무 비효율적이다. 그런 정보를 0.1초 정도에 보내는 전자회로를 만드는 일이 크게 어려운 일도 아닐 것"이라고 생각할 수도 있다. 그것도 역시 (고전적인) 불확정성 원리 때문이다. 자동으로 "버튼"을 누를 때마다 700Hz와 그 두 배 사이에 있는 주주파수로 두 번의 신호가 보내지고, 두 "인접" 신호 사이에는 주파수의 약 10퍼센트에 해당하는 시간 간격을 둔다. 신호의 길이가 짧을수록 기본 주파수와 섞어야 하는 진동수의 범위가 더 넓어진다. 펄스의 길이가 너무 짧아지면, 서로 다른 신호가 깨끗하게 구분되지 않아서 수신 회로가 "메시지"를 읽지 못하게 된다. 손가락을 사용할 경우에는 신호가 서로 섞이게 될 위험성이 없지만, 자동 다이얼 장치의 경우에는 정말 그런 위험이 있다. 각각의 신호마다 다음 신호가 시작되기 전까지 적어도 30회 이상의 진동이 가능할 정도로 충분한 간격이 필요하다. 그렇게 하면 주파수가 "오염되는" 정도를 3퍼센트 이하로 줄이게 되어 수신기에서 주주파수를 인식할 수 있게 된다. 자동 다이얼 장치의 최대 속도는 대략 초당 14번의 "버튼"으로 표준화되어 있다.

불확정성은 양자 세계만이 아니라 고전 세계에도 존재하고, 두 세계 모두에서 공간의 국소화를 위해서는 파장의 혼합이 필요하다는 사실을 설명했다. (또한 두 세계 모두에서 시간의 국소화에는 진동수 혼합이 필요하다.) 그럼에도 불구하고 근본적인 차이가 있다. 양자적 불확정성 원리에 플랑크 상수가 등장한다는 것이다. 양자 세계에서만 파장이 운동량과 관련되고, 진동수가 에너지와 관련된다는 뜻이다. 따라서 양자적 불확정성에는 고전적인 불확정성에서는 볼 수 없는 질량, 에너지, 운동량이라는 유형 재산이 요구된다.

76. 겹침은 무엇일까?

지금까지 두 개 이상의 진폭을 서로 합친다는 뜻으로 **겹침**(superposition)과 **섞음**(mixing)을 구별하지 않고 사용했다. 파도가 일고 있는 항구 근처의 바다에서 튜브를 타고 있을 때, 바로 옆으로 스피드 보트가 파동을 만들면서 지나가는 경우를 생각해보자. 당신이 느끼는 것은 파동의 겹침이다. 양자 물리학에서는 겹침이 더 넓은 의미를 가지고 있다. 파동의 진폭이 겹쳐질 뿐만 아니라 전체 운동 상태도 겹쳐진다.* 입자나 시스템은

* 양자물리학의 수학에서 운동 상태는 진폭에 의해서 설명되기 때문에 겹침 상태는 실제로

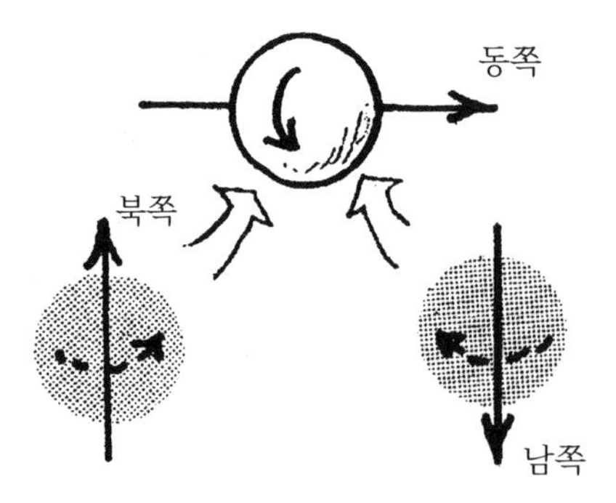

그림 56. 동쪽을 향한 전자의 스핀은 북쪽과 남쪽 방향을 향한 스핀이 똑같은 크기로 합쳐진 것이다.

동시에 두 가지 이상의 운동 상태에 있을 수 있다. 더욱이 한 가지 완벽하게 정의된 운동 상태가 다른 운동 상태 몇 개의 겹침일 수도 있다.*

예를 들어, 동쪽을 향한 스핀을 가지고 있는 전자를 생각해보자. 전자의 스핀 상태는 분명하다. 스핀이 동쪽을 향하고 있는지를 확인하기 위해서 측정을 한다면, 실제로 그렇다는 것을 알게 될 것이다. 서쪽을 향하고 있는지를 확인하기 위해서 측정을 한다면, 그렇지 않다는 것도 알게 될 것이다. 그러나 불평하기를 좋아하는 사람이 전자가 북쪽을 향하고 있는지를 확인하기 위해서 측정을 한다고 생각해보자. 그렇다는 결과를 얻을 가능성이 50퍼센트가 된다. 분명하게 동쪽을 향한 상태에 있는 전자는 동시에 북쪽과 남쪽을 향한 상태의 겹침이기도 하다(그림 56 참고). 그런 전자가 동쪽을 향할 진폭은 1.00(그래서 분명한 상태가 된다)이고, 서쪽을 향할 진폭은 0이다. 동시에 북쪽과 남쪽을 향할 진폭은 모두 0.707이다. 그런 숫자를 얻게 되는 이유는 진폭의 제곱이 확률이고, 0.707의 제곱은 0.50, 즉 50퍼센트이기 때문이다.

여기서 겹침과 확률 사이의 핵심적인 관계를 주목해야 한다. 상태들이 겹쳐지면, 각각의 상태는 특정한 진폭을 가지게 되고, 진폭의 제곱은 시스 .

진폭을 더하는 과정이다.

* 벡터에 익숙하다면, 이런 아이디어가 이상하게 보이지는 않을 것이다. 두 개 이상의 벡터가 더해져서(겹쳐져서) 하나의 벡터가 만들어질 수 있다. 그리고 하나의 벡터는 다른 벡터들의 겹침으로 "분해할" 수 있다.

템이 그런 상태에 있게 될 것을 밝혀줄 측정의 확률이 된다.

주어진 상태는 다른 상태들을 여러 가지 다른 방법으로 겹친 상태로 나타낼 수 있다. 예를 들어서, 그림 57에서 볼 수 있듯이, 분명하게 동쪽을 향한 스핀을 가지고 있는 전자는 북동쪽을 향한 상태의 진폭이 0.924이고, 남서쪽을 향한 상태의 진폭이 0.383인 경우의 겹침이기도 하다(각각의 확률은 85퍼센트와 15퍼센트가 된다).

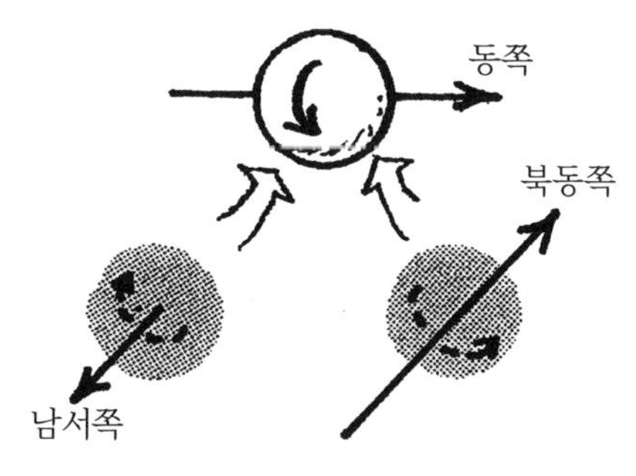

그림 57. 동쪽을 향한 전자의 스핀은 북동쪽과 남서쪽을 향한 스핀을 서로 다른 확률로 합한 것이다.

겹침과 확률에 대한 이런 아이디어는 파동 함수의 의미를 찾는 새로운 방법을 제시한다. 예를 들면, 그림 52처럼 수소 원자의 바닥 상태에 있는 전자의 파동 함수를 생각해보자. 파동 함수의 제곱이 특정한 위치(실제로는 그 위치 주변의 작은 영역)에서 전자를 발견할 확률이 된다는 사실은 이미 설명했다. 그러나 작은 영역에 갇혀있는 전자는 그 자체가 **국소화된 상태**(localized state)라고 부를 수 있는 운동 상태에 있다. 그래서 수소 원자의 바닥 상태는 그림 52의 파동 함수로 나타낸 것처럼 엄청나게 많은 국소화된 상태의 겹침이다. 그런 국소화된 상태 하나하나의 진폭은 바로 그 위치에서의 파동 함수의 크기이다. 그렇게 국소화된 상태의 전부를 적절한 방법으로 결합시키면(겹치면), 그 결과는 수소 원자의 바닥 상태에 해당하는 하나의 운동 상태가 된다. 그래서 수소 원자의 바닥 상태에 있는 전자가 실제로 어떤 국소화된 상태에 있는지를 확인하는 측정을 한다면, 실제로 어떤 확률로 그렇게 되고, 확률은 바로 그 위치에서의 바닥 상태의 파동 함수의 제곱이 된다는 사실을 알게 될 것이다. 동쪽을 향한 스핀을 가진 전자가 실제로 북쪽을 향한 스핀을 가지고 있는지를 확인하기 위한 경우와 똑같은 원리이다.

77. 파동은 꼭 필요할까?

입자는 파장을 가지고 있다. 입자는 회절과 간섭을 한다. 입자는 파동함수를 가지고 있다. 1924년 드 브로이가 유명한 방정식을 제시한 이후 양자물리학의 전체 역사는 물질의 파동성을 기반으로 발전했다. 파동이 양자적 풍경의 핵심적인 특징이라고 주장할 수 있는 것은 분명하다. 파동이 물리적 세계의 핵심에 있는 것은 분명하다. 그러나 이상하게도 "파동이 꼭 필요할까?"라는 질문에 대한 답은 "전혀 그렇지 않다"이다.

파동-입자 이중성(wave-particle duality)은, 입자가 마술처럼 파동이 되었다가 되돌아오거나, 입자와 파동이 동시에 존재하는 것과 같은 동화의 주제로 자주 등장한다. 빠르게 지나가는 것은 무엇일까? 입자일까? 파동일까? 아니면 둘 모두일까? 양자물리학이 실제로 알려주는 것은 입자가 생성되거나 소멸될(방출되거나 흡수될) 때는 입자처럼 행동하고, 그 중간에는 파동처럼 행동한다는 것이다. 측정은 입자라는 사실을 보여준다. 측정의 결과가 무엇인지에 대한 예측에는 파동이 이용된다. 입자는 실재(reality)를 나타낸다.

자신만만하고 젊은 리처드 파인만이 프린스턴의 교수였던 존 휠러를 찾아가서, 사실상 "파동이 누구에게 필요할까요? 모두가 입자입니다"라고 이야기했던 것은 파동-입자 이중성이 물리학의 일부로 자리를 잡고 10여 년 이상이 지난 1940년대 초반이었다. 파인만이 발견했던 것은, 입자가 생성에서부터 소멸의 순간에 이르기까지는 확률의 파동처럼 퍼져나가는 대신에 한 점에서 다른 점에 이르는 모든 경로를 **동시에**(simultaneously) 따라간다고 가정하면, 표준 물리학 이론과 똑같은 결과를 얻을 수 있다는 사실이었다. 그가 시도했던 것은 겹침이라는 개념을 파동과 상태(waves and states)에서 발전시켜 경로(paths)로 확장한 것이었다. 그는 각각의 경로에 대해서 진폭을 결정하는 방법을 알아냈고, 그렇게 합쳐놓은 진폭(또는 겹쳐진 진폭)으로부터 입자의 특정한 운명에 대한 전체 진폭을 알아냈다. 파동을 이용해서 계산하는 것과 똑같았다.*

파인만은 자신의 새로운 방법을 **경로 적분 방법**(path integral method)이라고 불렀다. 새로운 용어를 만들어내기를 좋아했던 휠러는 그것을 **역사 종합 방법**(sum-over-histories method)이라고 불렀다. 자서전†에 따르면, 휠러는 자신의 아이디어에 너무 들떠서 이웃에 살던 아인슈타인을 찾아가서 이야기했고, 양자물리학에 대한 아인슈타인의 반감을 흔들 수 있을 것인지를 살펴보았다. (양자의 선구자였음에도 불구하고 아인슈타인은 양자물리학의 확률적 특성을 싫어했다.) 두 사람은 아인슈타인의 2층 서재에 마주 앉았고, 파인만의 아이디어에 대해서 20분 동안 설명한 휠러는 (그의 기억에 따르면) "아인슈타인 교수님, 이 새로운 견해에 따르면 양자역학이 충분히 받아들일 수 있는 이론이라고 생각하지 않으십니까?"라고 물었다. 휠러의 기억에 따르면, 아인슈타인이 꿈쩍도 하지 않고, "여전히 신이 주사위 놀이를 한다고 믿을 수가 없습니다"라고 말했다. (이 책의 마지막인 질문 101에서는 양자물리학에 대한 아인슈타인의 불만이 앞으로 정당화될 수 있을 것인지를 살펴볼 것이다.)

---

* 이 방법에 대한 파인만의 잘 알려진 설명은 34쪽의 각주에서 소개한 그의 'QED: 빛과 물질의 이상한 이론'에서 찾을 수 있다.

† *Geons, Black Holes, and Quantum Foam: A Life in Physics* (New York: W. W. Norton, 1998), p.168.

파인만의 놀라운 통찰에도 불구하고, 양자물리학에서 파동을 몰아낼 이유는 없다. 파동이 꼭 필요한 것은 아니지만, 편리한 것은 분명하다. 양자 세계에서 일어나는 일은 파동의 행동을 흉내낸 것이기 때문에 파동을 이용해서 세계를 설명할 수도 있다.

제13장

양자물리학과 기술

78. 입자를 어떻게 빛의 속도에 가깝게 가속시킬 수 있을까?

간단한 답변은 “전기적인” 방법이다. 전기력을 이용하면 전하를 가진 입자를 더 빨리 움직이게 만들 수 있다.* 자기력은 속도를 변화시키지 않고 방향만 변화시킨다. 음극선관이 그런 사실을 이용한 것이다. 그런 관에서는 전자가 전기장에 의해서 가속된 후에 자기력에 의해서 스크린의 정해진 지점으로 방향을 바꾸게 된다. 입자 가속기도 두 가지 힘을 모두 사용한다. 소위 원형 가속기(완벽하게 원형은 아니다)에서는 대부분의 경우에 양성자인 입자가 자기력에 의해서 고리를 따라 방향을 바꾸는 과정에서 펄스 형태의 전기력 덕분에 점점 더 큰 에너지를 가지게 된다. 선형 가속기에서는 흔히 전자와 같은 입자를 전기력을 이용해서 직선 통로를 따라 가속시키고, 자기력을 이용해서 입자들이 작은 빔으로 뭉쳐져 있도록 해준다.

중성자의 경우처럼 전하를 가지지 않은 입자는 (내부의 자기 현상과 관련된 미세한 현상을 제외하면) 전기장이나 자기장의 영향을 받지 않기 때문에 전하를 이용해서 입자를 가속시키는 방법은 쓸모가 없다. 핵반응의

---

* 전기력을 이용해서 입자를 감속시킬 수도 있지만, 고에너지 물리학자들은 그런 일에는 관심이 없다.

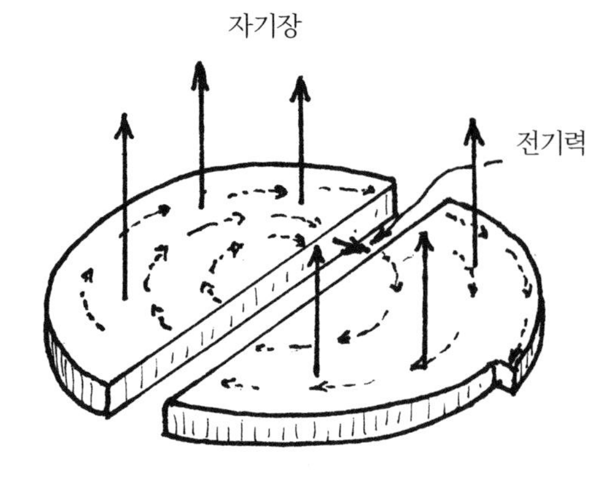

그림 58. 사이클로트론의 핵심. 전하를 가진 입자가 "D자" 모양으로 회전한다. 자기장에 의해서 경로가 휘어지고, 전기장에 의해서 가속이 된다.

결과를 이용하면 수백만 전자볼트(eV)에 이르는 정도의 에너지를 가진 중성자를 확보할 수 있고, 그런 중성자를 발사체로 활용해왔다. 그러나 물리학자들에게는 느리게 움직이는 중성자가 필요한 실험도 많다. 심지어 차가운 물질의 원자로부터 방출되어 1eV보다 훨씬 작은 에너지(그리고 충분히 긴 파장)를 가지도록 감속을 시켜주는 "열중성자화(熱中性子化, thermalizing)" 과정을 거치기도 한다.

20세기 초에 핵물리학이 시작되면서부터 물리학자들은 물질의 점점 더 깊은 곳에 대한 정보를 얻기 위해서 점점 더 큰 에너지를 가진 입자를 만들고 싶어 했다. 초기에는 방사성 붕괴에서 방출되는 알파 입자를 사용했고, 훗날에는 우주선(宇宙線)의 경우처럼 자연에서 제공되는 입자를 사용했다. 알파 입자는 몇 백만 전자볼트의 에너지를 가진다. 우주선은 1조에서 1,000조 전자볼트에 이르는 에너지를 가지고 있다. 물리학자들이 가속기로 만들어낼 수 있는 것보다 더 많은 에너지를 가지고 있는 경우도 있다. 그러나 실제로 그런 경우는 매우 드물고, 그런 입자가 날아오는 시각이나 방향도 짐작할 수가 없다. 우주선이 넓은 범위의 에너지를 가지는 경우가 대부분이다. 그래서 정확하게 정의된 에너지를 가진 통제되고 강력한 빔을 만들기 위해서 노력해야 할 이유는 충분하다.

1920년대에 개발된 초기의 가속기는 양성자를 직선 경로를 따라 수십만 전자볼트의 에너지로 가속시키는 전기력을 얻기 위해서 높은 전압을 사용했다. 1932년에 캘리포니아 대학교의 어니스트 로런스가 훗날 사이클로트론이라고 부르게 된 최초의 원형 가속기를 발명했다. 높이보다 바닥이 더 큰 대형 “원통”을 세로로 잘라서 두 개의 반원통이 결합된 “D자” 모양을 만드는 경우를 생각해보자(그림 58). 자기장을 이용해서 양성자(또는 중양자나 알파 입자)를 반원통 안에서 반원 모양으로 움직이게 만든다. 입자가 두 개의 반원통 사이의 틈새를 건너가는 동안에는 전기적으로 가속을 시킨다. 반대쪽의 반원통으로 들어가는 입자는 조금 더 빠른 속도로 움직이기 때문에 지름이 조금 더 큰 반원을 따라 움직인다. 입자가 다시 틈새를 건너면서 가속이 되고, 조금 더 큰 반원을 따라 움직인다. 입자는 D자의 바깥쪽 가장자리에 거의 닿을 정도가 될 때까지 휘돌아 나가게 된다. 그런 상태에서 입자를 (다시 자기장을 이용하여) “추출해서” 발사체로 사용하게 된다.

입자가 반원을 따라서 움직이는 데에 걸리는 시간은 속도(빛의 속도보다 훨씬 느린 속도일 경우)에 상관없이 일정하기 때문에 초당 수백만 번씩 작용하는 전기적 추진력이 작용하는 시간 간격은 일정하게 된다(즉, 진동수가 일정하다)는 것이 사이클로트론의 독특한 특징이다. 이 장치의 핵심적인 특징이 바로 이것이다. 속도가 더 빨라져서 상대성 효과가 중요해지면, 반원을 따라 움직이는 시간이 조금씩 더 길어져서 입자가 휘돌아 나갈수록 전기적 펄스가 작동하는 진동수가 줄어들게 된다. 낮은 에너지일 때에는 사이클로트론에서 연속적인 빔이 만들어질 수 있다. 입자가 휘돌아 나가면서 진동수가 변하게 되면, 빔이 펄스 상태로 방출된다. 사이클로트

SALC 국립 가속기 연구소의 전경. 사진 전면의 실험동으로 이어지는 2마일 길이의 파이프에서 전자가 가속된다. 전자는 물론 양전자를 전면에 묻혀 있는 고리에 (일시적으로) "저장할" 수도 있다. (사진 SALC National Accelerator Laboratory 제공)

론은 1920년대의 선형 가속기보다 약 1,000배 정도 되는 1억 전자 볼트의 에너지까지 도달했다.

현대적 원형 가속기는 싱크로트론(synchrotron)이라고 부른다. 싱크로트론은 사이클로트론에서 중심 부분을 제거한 것이다. 입자는 바깥으로 휘돌아 나가는 대신에 자석의 유도에 의해서 일정한 반지름을 유지하면서 주기적인 펄스로 가해지는 전기력에 의해서 가속된다. 입자가 점점 더 많은 에너지를 얻으면서 그 속도가 빛의 속도에 점점 더 가까워지면 휘어지게 만들기도 점점 더 어려워진다. 그래서 입자의 에너지가 증가함으로써 자기력도 일정하게 증가시켜야만 한다. 스위스 제네바의 대형 강입자 충돌기(LHC)에서는 입자가 지름 2인치이고, 길이가 17마일에 이르는 원형 튜브를 따라 회전하도록 만들기 위해서 전기력과 자기력의 조화로운 춤을 정교하게 조절한다. 지하 평균 100미터의 깊이에서 움직이는 입자는 초당 2만 번씩 스위스와 프랑스의 국경을 건너간다. LHC에서 7 TeV의 양성자 두 개가 충돌하면, 가속기의 세계 기록인 14 TeV의 총 에너지가 발생한다(이 책을 쓸 당시에는 미완성이었다). 세계 2위인 시카고 근처에 있는 페르미 연구소의 가속기보다 7배나 더 큰 수준이고, 전형적인 사이클로트론의 에너지보다 십만 배나 더 큰 것이다.

원형 가속기 때문에 선형 가속기를 포기한 것은 아니다. 전자의 경우에는 선형 가속기가 유리하다. 원형 가속기에서는 전자가 (광자를 방출하면서) 에너지를 잃어버리게 된다. 선형 가속기의 세계 기록은 길이가 2마일이나 되는 캘리포니아의 스탠퍼드 선형 가속기로 전자를 50GeV까지 가속시킨다.* 전자는 기본 입자이기 때문에 입자 물리학자들의 입장에서는 유한한 크기와 쿼크 조성을 가진 합성 양성자보다 더 매력적인 "순수함"(또는 부담 없음)을 가지고 있다.

79. 고에너지 입자는 어떻게 감지할까?

최초의 입자 감지기는 사람의 눈으로 확인하는 황화 아연 스크린이었다. 러더퍼드를 비롯한 초기의 연구자들은 에너지를 가진 하전된 입자(초

* 1920년대의 초기 선형 가속기는 한 가속기의 끝에서 다른 쪽으로 작용하는 하나의 전기력을 이용했지만, 현대적 선형 가속기는 경로 전체에서 전기력으로 가속을 한다.

기에는 알파 입자)가 이 화학 물질로 코팅된 스크린에 충돌하면 입자가 충돌한 지점에서 방출되는 희미한 빛을 이용했다. 어둠에 익숙해진 후에 그 빛으로부터 숫자와 위치를 추적했다. 고통스럽고 어려운 실험이었다.

1911년에 개발된 두 가지 다른 감지기가 그 후로 수십 년 동안 유익하게 이용되었다. 러더퍼드의 학생이었던 한스 가이거가 지금도 일반적으로 가이거 계수기(Geiger counter)라고 부르는 장치를 개발했다. 계수기에는 낮은 밀도의 기체가 들어 있는 실린더의 축 방향으로 설치된 가는 전선이 있고, 전선과 실린더 사이에 수백 볼트의 전압이 걸리게 된다. 실린더에 들어 있는 기체는 훌륭한 절연체이기 때문에 고에너지 입자가 실린더를 통과하기 전에는 전선과 실린더 사이에 전류가 흐르지 않는다. 입자가 들어와서 이온이 만들어지면, 기체가 전도체로 바뀌게 되고 전선과 실린더 사이에 짧은 전기 방전이 일어난다. 적당한 전기 회로를 이용하면 전기 방전에서 귀로 직접 들을 수 있는 소리가 나도록 만들 수 있다.* (전하를 가진 입자나 감마선 광자와 같은 고에너지 입자는 기체 분자로부터 전자를 방출하게 만들어서 전기적으로 중성인 원자를 양전하를 가진 이온과 음전하를 가진 전자로 변환시킨다. 짧은 전기 방전이 멈추고 나면, 전자가 다시 이온과 재결합하기 때문에 기체는 다시 전기적으로 중성이 된다.)

스코틀랜드의 물리학자 C. T. R. 윌슨이 안개 상자(cloud chamber : 1896-1911년에 개발/역주)라는 초기의 감지기를 개발했다. 안개 상자는 대부분 높이보다 지름이 더 큰 실린더로, 연구자가 둥근 옆면에 부착된 유리판을 통해서 속을 들여다 볼 수 있다. 다른 쪽 옆면에는 움직일 수 있

---

* 사막에서 우라늄을 찾기 위해서 가이거 계수기를 사용하는 사람들은 방사성 광물에서 방출되는 감마선을 검지하고 싶어한다. 알파와 베타 입자는 토양과 공기를 통해서 감지기에 닿을 수가 없다. 가이거 계수는 방사성 물질에서 멀리 떨어진 곳에서도 대기 상층부에서 우주선(宇宙線)에 의해서 만들어지는 뮤온 때문에 소리를 내기도 한다.

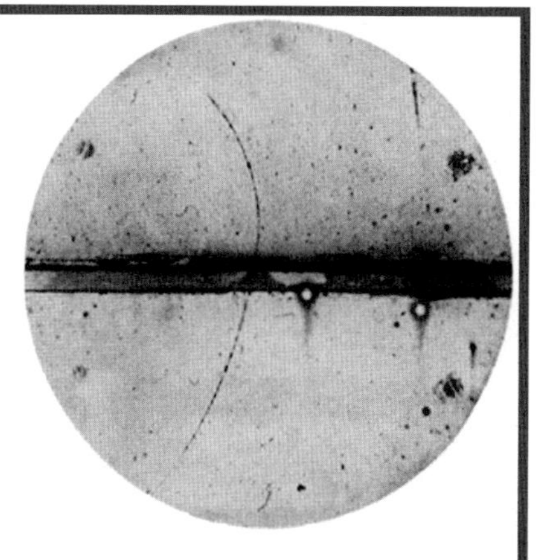

1932년에 찍고 1933년에 공개된 양전자의 존재를 확인시켜준 안개 상자 사진. 앤더슨은 상자에 사용된 자기장에 의해서 나타나는 궤적의 특징으로부터 가벼운 입자가 상자를 지나갔고, 음전하를 가진 입자가 아래쪽으로 지나가거나 양전하를 가진 입자가 위쪽으로 움직였다고 추정했다. 중앙의 금속 판 위쪽의 궤적이 더 큰 곡률을 가지고 있는 것은 그곳을 지나가는 입자가 판을 통과해서 위쪽으로 움직이는 과정에서 에너지를 잃어버렸기 때문에 더 느리게 움직였다는 사실을 보여준다. (사진 Carl D. Anderson, Physical Review, vol. 43, pp. 491-494 [1933. 3. 15]에서 인용)

는 칸막이가 설치되어 있다. 상자의 내부에는 수증기로 포화된 공기가 들어 있다. 칸막이를 갑자기 조금 잡아당기면 공기가 냉각되면서 기체가 안개로 응축된다. 칸막이를 잡아당기기 직전에 이온화를 시킬 수 있는 입자가 상자를 통과하면 이온이 만들어지고, 수증기가 이온 주위에 작은 물방울로 응축되어 눈으로 직접 확인할 수 있는 입자의 궤적이 나타난다. 안개가 상자 전체로 퍼져나가면서 궤적은 1초도 안 되어 사라진다. 상자를 자기장 속에 놓아두면, 그 속을 통과하는 전하를 가진 입자가 휘어진 흔적을 남기게 된다. 1932년 양전자를 발견한 칼 앤더슨도 안개 상자를 이용했다.

1911년부터 100년 동안 감지기는 빠르게 발전했다. 제네바의 대형 강입자 가속기에 설치된 여섯 종류의 중요한 감지기들 중 하나인 아틀라스(Atlas)는 빔 주위에 망으로 연결된 원통형 감지기로 크기가 빔 방향으로 150피트, 지름 방향으로 40피트에 이른다. 다양한 감지기, 자석, 추에 사

대형 강입자 가속기의 아틀라스 검지기. (사진 © CERN)

용된 철의 양은 에펠 탑에 사용된 양에 버금갈 정도였다. 전자 회로는 초당 약 3억 바이트의 데이터를 기록할 수 있다. 아틀라스의 중심에서는 한쪽 방향으로 움직이는 7TeV의 양성자가 반대 방향으로 움직이는 7TeV의 양성자와 정면으로 충돌하는 과정에서 14TeV의 에너지에 의해서 생성되는 수백 또는 수천 개의 다른 입자가 주변의 감지기 층을 지나가기에 충분한 운동 에너지를 제공한다. 빔 방향을 따라 날아가는 매우 적은 수의 입자들은 감지되지 않는다. 나머지 입자들은 사방으로 흩어져 날아가서 감지기 집합체의 반응을 이끌어낸다.

가이거 계수기와 안개 상자에 대해서 두 문단으로 설명했다. 아틀라스에서 일어나고 있는 일을 모두 설명하려면 몇 개의 장이 필요할 것이다.

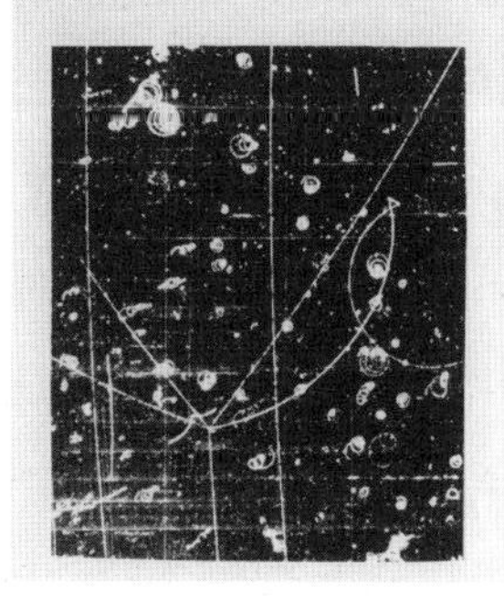

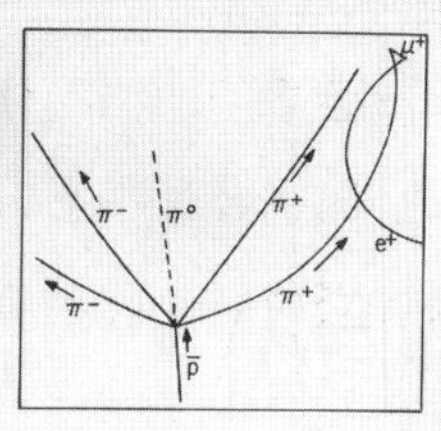

반양성자가 4개의 전하를 가진 파이온과 1개의 전기적으로 중성인 파이온으로 소멸되는 모습은 오메가 중간자의 생성 과정과 일치한다.

이 거품 상자 사진은 양성자-반양성자 소멸 사건을 보여준다. 반양성자는 상자의 위쪽을 향해 날아갔다. 반양성자와 목표물인 양성자가 만나서 소멸되는 곳에서 5개의 파이온이 방출되고, 그 중 음전하를 가진 2개는 왼쪽 위로 날아가고, 양전하를 가진 2개는 오른쪽 아래로 날아가고, 전기적으로 중성인 1개는 보이지 않는다. 파이온 궤적의 특정한 방향은 확률적으로 결정된다. 사진에서는 양전하를 가진 파이온 중 하나가 파괴되는 춤도 볼 수 있다. 파이온이 뮤온(과 보이지 않는 뉴트리노)으로 붕괴되고, 뮤온은 다시 전자(와 뉴트리노와 반뉴트리노)로 붕괴된다. 사진 속의 작은 소용돌이는 저에너지 전자의 궤적이다. (Lawrence Berkeley National Laboratory, 사진과 도식 AIP Emilio Segrè Visual Archives 제공)

그러나 핵심적으로 아틀라스 감지기는 모두 가이거 계수기와 안개 상자를 작동하도록 만들어주는 고입자 입자의 성질을 이용한다. 즉 입자가 원자를 파괴하면 전자가 자유롭게 방출된다. 고체 실리콘 조각을 통과하거나 아르곤 기체를 통과하거나 상관없이 (뉴트리노가 아니라면) 고에너지의 입자들이 그 위치를 확인하고 전자적으로 기록할 수 있는 원자적 "파괴"의 흔적을 남긴다. 러더퍼드 시절에는 연구자가 황화 아연 스크린으로부터 몇 인치 떨어진 곳에서 섬광을 뚫어지게 바라봐야만 했다. 오늘날에는 월드와이드웹 덕분에 연구자들은 수천 마일 떨어진 곳에서 컴퓨터 스크린에 남겨진 감지기의 데이터를 연구할 수 있다(뚫어지게 바라볼 필요가 없다).

또다른 종류의 감지기인 거품 상자(bubble chamber)도 소개할 필요가 있다. 거품 상자는 가이거 계수기에서 아틀라스로 이어지는 흥미롭고, 재미있는 중간 기착지이기 때문이다. 잘 알려져 있듯이, 거품 상자의 발명자인 도널드 글레이서는 스물다섯 살이던 1952년에 미시간 앤아버에서 마시던 맥주의 잔 속에 생긴 거품에 대해서 생각하던 중에 아이디어를 떠올리게 되었다고 한다. 그는 그 업적 덕분에 1960년 노벨상을 받았다. 거품 상자에는 흔히 수소와 같은 액체가 들어 있다. 액체에 압력을 가한 후에 그 압력에서의 비등점보다 조금 낮은 온도를 유지한다. 그런 상태에서 피스톤을 조금 뽑아서 상자의 압력을 낮춰준다. 압력이 낮아지면, 액체가 끓는 온도도 낮아져서 (온도가 바뀌지 않은) 상자 속의 액체 온도보다 낮아지게 될 수 있다. 그렇게 되면 액체가 끓는 현상이 시작되지는 않았지만, 온도가 비등점보다 더 높은 과열 상태가 된다. 액체에 한 두 개의 이온화된 입자의 흔적이 생기면 끓는 현상이 시작되고, 상자 속에는 몇 밀리초 동안 작은 기체 방울로 만들어진 분명한 입자의 경로가 보이게 된다. 그런 거품이 생기는 순간을 카메라로 사진을 찍으면 (흔히 자기력에 의해서 휘어진) 입자의 경로에 대한 기록을 얻게 된다. 연구자들은 시간이 날 때 그런 사진을 분석할 수 있다. 입자 연구자들은 30년 이상 거품 상자를 이용해왔다. 상상을 넘어서는 규모의 거품 상자를 만들기도 했다. 가장 큰 거품 상자는 부피가 20세제곱미터에 이른다. (그런 부피를 가진 공은 지름이 11피트나 된다.)

80. 레이저는 어떻게 작동할까?

일반 상대성 이론에 대한 기념비적인 업적을 완성하고 얼마 지나지 않았던 1917년에 알베르트 아인슈타인은 다시 복사와 (훗날 광자라는 이름이 붙여진) 빛의 입자에 대해서 관심을 가지기 시작했다. 그는 **자극 방출**(stimulated emission)이라는 과정을 발견했다. 그는 실험실에서 그런 현상을 관찰한다는 일반적인 의미에서 그것을 발견한 것은 아니었다. 오히려 그는 당시의 양자물리학으로부터 수학적 분석을 통해서 그런 현상을 찾아냈다. 당시의 물리학자였다면, 광자의 존재를 믿는지에 상관없이 원자가 복사를 흡수해서 더 높은 에너지 상태로 올라갈 수 있고, 복사를 방출하고 더 낮은 에너지 상태로 내려갈 수 있다는 사실은 알고 있었다. 아인슈타인은 이 두 과정을 **흡수**(absorption, 이름을 바꾸지 않았다)와 **자발적 방출**(spontaneous emission)이라고 불렀다. 복사에 대한 양자론의 전체적인 일관성과 특히 동공 속의 복사 에너지는 진동수에 따른 세기 분포를 나타내는 플랑크 공식을 따른다는 사실을 근거로 아인슈타인은 **자극** 방출이라는 세 번째 과정이 필요하다고 주장했다. 정확한 진동수의 광자가 등장해서 원자를 높은 에너지 상태에서 낮은 에너지 상태로 떨어지게 만들 때 첫 번째 광자와 함께 두 번째 광자가 방출되는 것을 자극 방출이라고 한다.

원자에서 주어진 에너지 상태의 짝에 대해서, 세 가지 과정 모두에 똑같은 에너지의 광자가 등장한다. 낮은 에너지 상태의 원자는 주어진 에너지의 광자를 흡수해서 더 높은 상태로 도약할 수 있다. 높은 에너지 상태의 원자가 독특한 반감기에 따라 똑같은 에너지의 광자를 자발적으로 방출한다. 또는 새로 알려진 과정에 따라 똑같은 에너지의 광자가 원자에 충돌하면, 그냥 놓아두었을 때보다 더 빨리 낮은 에너지 상태로 도약하게 된다. 그런 도약을 자극한 광자와 자극된 광자가 에너지만 같은 것이 아니라 방향과 위상까지도 똑같다는 것이 아인슈타인의 가장 훌륭한 결론

중의 하나였다. 두 광자는 함께 움직이고, 함께 진동한다. 현대적 용어로는 두 광자가 서로 결이 맞는다(coherent)고 한다. 자극 방출의 과정이 일어나기 전에는 원자를 향해 가는 한 개의 광자가 있다. 자극 방출의 과정이 끝나고 나면, 원자로부터 멀어져가는 2개의 똑같은 광자가 있다.

집단으로 모여 있는 원자들의 경우에는 보통 높은 에너지 상태보다 낮은 에너지 상태에 있는 원자가 훨씬 더 많다. 사실 온도가 주어지고, 두 상태 사이의 에너지 차이가 주어지면, 물리학자들은 낮은 에너지 상태에 얼마나 더 많은 원자가 있는지를 계산할 수 있다. (높은 온도에서는 더 많은 원자가 들뜬 상태로 올라가기 때문에 온도도 고려해야 한다.) 적절한 에너지의 광자가 그런 원자의 집단 속으로 들어가면, 낮은 에너지 상태에 있는 원자를 더 많이 만나게 되기 때문에 광자가 방출을 자극하기보다는 자신이 흡수될 가능성이 훨씬 더 크다. 그러나 처음부터 더 많은 원자가 높은 에너지 상태에 있도록 해주는 방법이 있다면, 사정이 크게 달라질 수 있다. 적절한 에너지를 가진 광자가 높은 에너지 상태에 있는 원자를 만나게 될 가능성이 더 커지고, 따라서 흡수보다는 방출을 더 많이 자극하게 된다. 광자가 흡수되면, 광자의 수는 1에서 0이 된다. 방출을 자극하면, 광자의 수는 1에서 2가 된다. 그렇게 되면, 연쇄 반응이 계속 일어나서 광자의 수가 2에서 4가 되고, 4에서 8이 되는 일이 계속될 수 있다.

물리학자들은 이런 사실을 알고 있었지만, 30년 동안 자극 방출을 실용적인 목적으로 활용하려고 노력하지는 않았다. 1947년에 컬럼비아 대학교의 윌리스 램과 로버트 레더퍼드는 수소에 대한 실험에서 이런 현상을 처음 이용했고, 1954년에 역시 컬럼비아 대학교의 찰스 타운스가 메이저(maser : 복사의 자극 방출에 의한 마이크로파 증폭[microwave amplification by stimulated emission of radiation]의 약자)를 개발했다. 여기서는 결과적으로 다양한 실용적 목적으로 활용되기 시작한 1958년의 레이저(laser : 복사의 자극 방출에 의한 빛 증폭)에 대해서 살펴본다. 그해에 타운스와 함께 벨 연구소의 연구원이었던 아서 숄로가 자극 방출을 이용해서 빛의 강력하고 결이 맞는 빔(coherent beam)을 만들어내는 방법에 대한 논문을 발표했다. 같은 해에 그런 현상에 대한 특허도 신청했다.

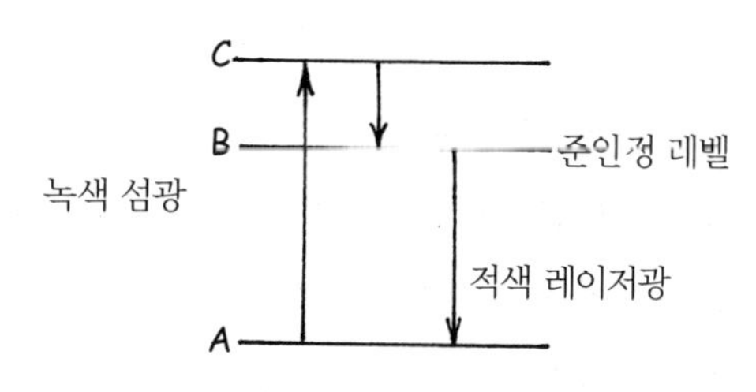

그림 59. 루비 결정 속에 들어 있는 크로뮴 원자에 대한 에너지 레벨 도형. 외부의 녹색광이 원자를 상태 C로 들뜨게 만들고, 들뜬 원자는 곧바로 준안정 상태 B로 붕괴되어 상태 A보다 상태 B에 더 많은 원자가 있게 되어서 자극 방출의 폭포가 쏟아지게 된다.

1960년 휴즈 연구소의 시어도어 메이먼이 만들었던 실제로 작동하는 최초의 레이저를 이용하면 타운스-숄로의 아이디어를 더 쉽게 설명할 수 있다. (그해에 타운스-숄로 특허가 승인되었고, 메이먼도 특허를 신청했다.) 그의 레이저는 막대 모양의 루비 결정과 막대 양끝에 평행으로 설치된 두 개의 거울로 구성되어 있었다. 막대 주위에는 녹색 플래시를 방출할 수 있는 네온관과 비슷한 관이 설치되어 있었다. 전기 회로에 의해서 플래시가 켜지면 결정 속의 크로뮴 원자가 C라고 부르는 들뜬 상태로 올라간 후에 (1,000만 분의 1초 정도의 시간에) 에너지가 낮기는 하지만 여전히 바닥 상태 A보다는 1.8eV만큼 에너지가 높은 B 상태로 붕괴된다(그림 59). 에너지가 낮기는 하지만 여전히 들뜬 상태는 1,000분의 1초 정도의 수명을 가지고 있어서 "수명이 긴" 소위 **준안정적인**(metastable) 상태가 되고, 더 많은 원자가 상태 A보다 상태 B에 도달하게 된다. 자극 방출이 폭포처럼 쏟아지게 되는 무대가 마련된 것이다. 상태 B에 있는 원자들 중 하나가 자발적 방출을 일으켜서 하나의 광자가 막대의 한 쪽 끝에 있는 거울을 향해서 움직인다고 생각해보자. 그 광자는 움직여가는 과정에서 자신과 똑같은 광자를 방출하도록 자극할 수도 있고, 거울에 도달해서 반사되어 되돌아오면서 자극 방출의 기회를 얻게 될 수도 있다. 그리고 자극 방출에 의해서 더해지는 새로운 광자가 더 많은 광자들을 자극하는 과정에 참여하게 된다. 순간적으로 레이저는 모두 똑같은 파장을 가지고, 막대의 축을 따라 오고가는 적색의 광자로 가득 채워지게 된다. 그것이 바로 레이저 펄스다. 두 거울 중 하나를 반투명하게 만들면, 레이저의 일부가 빠져나와서 밝고 가는 빔이 만들어진다. 레이저 빔의 에너지는 녹색의 플래시에 의해서 공급되는 당초의 에너지보다 훨씬 적지만, 가늘고 강한 빔이기 때문에 매우 유용한 에너지가 된다.

루비 레이저는 현재 박물관의 전시물이 아니다. 지금도 홀로그래피나 미용 성형수술에 사용되지만, 적외선에서 자외선 이상의 파장에 이르는 크고 작은 다른 레이저도 등장했다.* 모든 레이저가 공통으로 가지고 있는 한 가지 특징은 낮은 에너지 상태보다 높은 에너지 상태에서 더 많은 원자가 존재하는 "반전 분포(population inversion)"이다. 어떤 방법이나 반사경의 도움을 통해서 그런 상태를 만들기만 하면 레이저 폭포가 시작된다. 현대의 레이저들 중에는 당초 루비 레이저와 같은 펄스 레이저도 있다. 그런 경우에 레이저 펄스가 나온 후에는 다시 원자를 높은 에너지 상태로 "퍼 올려야" 한다. 그러나 흔히 볼 수 있는 헬륨-네온 레이저처럼 반전 분포가 지속적으로 유지되기 때문에 연속적으로 작동하는 레이저도 있다.

* 상상력이 풍부하고 카리스마적인 헝가리 출생의 물리학자 에드워드 텔러는 한때 X-선 레이저를 적의 미사일을 파괴하는 무기로 사용할 것을 주장했다. 그의 계획에서는 (녹색 플래시로는 충분하지 않기 때문에) 원자폭탄으로 들뜨게 만드는 에너지를 제공한다. 실제로 X-선 레이저의 작동은 원자폭탄 실험에서 증명이 되었지만, 그런 레이저를 무기로 전환하는 아이디어는 성공하지 못했다. 로렌스 리버무어 국립 연구소의 과학자들은 그 후에 매우 강한 빛 펄스를 이용해서 실험실 규모의 X-선 레이저를 개발했다.

81. 전자는 금속에서 어떻게 행동할까?

금속은 전기(그리고 열)를 쉽게 전달하는 원소(또는 합금)이다. 전도체(conductor)라고 부르는 금속은 전기나 열을 쉽게 전달하지 않는 물질인 절연체(insulator)와 구별된다. 전도체와 절연체의 전도도 차이는 정말 놀라울 정도다. 십억 배의 십억 배나 차이가 나는 경우도 있다. 전류가 구리를 따라 100미터를 움직이는 것이 전선을 둘러싸고 있는 절연체를 통해서 1밀리미터를 움직이는 것보다 훨씬 더 쉽다.

전도체와 절연체의 차이를 분명히 하고, 그런 물질에서 전자가 어떻게 행동하는지를 이해하기 위해서 (훌륭한 절연체인) 황과 (훌륭한 전도체인) 구리의 경우를 비교해보자. 황 원자 하나에 들어 있는 16개의 전자는 0.1 나노미터 정도의 공간에 퍼져 있고, 서로 겹쳐지는 껍질에 배열되어 있다. 최외각 껍질에는 (완전히 채워지는 데에는 2개가 부족한) 6개의 전자가 들어 있다. 고립된 황 원자에서 하나의 전자를 제거해서 원자를 이온화시키려면 ("강한" 자외선 광자의 에너지에 해당하는) 10.4eV의 에너지가 필요하다. 황 원자가 밀집해서 고체가 되더라도 전자들은 각각의 원자에 묶여 있는 상태로 남게 된다. 소위 원자가 전자(原子價電子, valence electron)라고 부르는 최외각(最外殼)의 전자는 원자가 고립되어 있을 때와 마찬가지로 주인 원자로부터 멀리 떨어져 움직일 수가 없다. 실제로 묶여 있는 전자와 탈출하는 (이온화하는) 전자의 에너지 사이에는 전도 띠(conduction band)라고 부르는 에너지 영역이 존재한다. 전자가 그런 띠 속에 들어가면, 고체 물질 전체를 자유롭게 움직여 다닐 수 있다. 그러나 전자가 그런 띠 속에 들어가려면, 전자를 물질에서 완전히 제거하기 위해서 필요한 것보다 적지 않은 에너지가 필요하다. 열 교란이나 일반적으로 작용하는 전압으로는 전자를 전도 띠로 올려보낼 정도의 에너지를 제공할 수가 없다.

그래서 전자는 원자가 띠(valence band)라고 부르는 곳에 남아 있게 된다. 물론 일상생활에서와 마찬가지로 물리학에서도 "절대 없다"는 말은 절대 하지 말아야 한다. 황 원자들 중에서 몇 개는 전도 띠로 올라갈 수 있기 때문에 이 원소의 전도도는 엄격하게 0이 되지는 않는다. 그러나 황의 전도도는 구리의 전도도보다 10^{23}배나 더 작다.

고립된 구리 원자는 황 원자보다 (50퍼센트 정도) 더 크다. 구리의 29개 전자 중에서 28개는 닫힌 껍질(closed shell)을 차지한다. 더 큰 껍질을 홀로 차지하고 있는 29번째 전자는 원자가 전자이다. 구리 원자에서 한 개의 전자를 제거해서 이온화시키기 위해서는 황 원자를 이온화시키는 데에 필요한 에너지의 4분의 3 정도인 7.7eV의 에너지가 필요하다. 그런 정도의 차이가 매우 중요하다. 구리 원자가 모여서 고체 금속이 되면 전도 띠는 황의 경우보다 접근이 훨씬 더 쉬울 뿐만 아니라 원자가 띠와 겹쳐지기도 한다. 구리의 원자가 전자는 추가 에너지가 없더라도, 전도 띠에 들어가서 물질 전체를 자유롭게 돌아다닐 수 있게 된다. 원자가 전자는 전도성 전자가 된다. 이런 행동은 모든 금속에서 전형적으로 나타나는 것이다. 구리는 거의 챔피언 급의 전도체이다. 은이 더 좋은 전도체이지만, 그 차이는 크지 않다. 전도도가 구리의 10배 범위에 들어가는 금속 원소가 32종이나 있다.

금속의 전자에 대해서 이야기할 것이 하나 더 있다. 전도성 전자도 배타 원리에서 예외가 아니라는 것이다. 한 원자에서 2개의 전자가 같은 운동 상태를 차지할 수 없는 것과 마찬가지로 금속에서도 2개의 전자가 하나의 운동 상태를 공유할 수 없다. 다른 점은 전자가 움직일 수 있는 물리적 공간이 크게 다르기 때문에 에너지 레벨 사이의 간격에도 엄청난 차이가 있게 된다. 원자의 경우에는 에너지 레벨이 서로 충분히 떨어져 있지만,

전도성 전자의 경우에는 무한히 작은 간격에 모여 있다. 그런 이유 때문에 고체에서의 전자 운동에 대해서는 원자에서 사용하는 상태(state)나 에너지 레벨(energy lelve) 대신에 띠(band)라는 표현을 사용한다. 더욱이 원자에 들어 있는 전자의 수는 적지만, 전도 띠에 들어 있는 전자의 수는 엄청나게 많다. 결과적으로 질문 22에서 설명했듯이 띠의 바닥에서 꼭대기까지 퍼져 있는 총 에너지는 원자에서 각각의 에너지 상태 사이의 간격과 비슷한 몇 전자 볼트에 이른다.

82. 반도체는 무엇일까?

반도체(半導體, semiconductor)는 그 이름이 의미하듯이 "온전한 도체가 아니거나" 또는 "거의 도체에 가까운 것"이다. 세계적으로 거의 모든 전자 회로에 사용되는 가장 흔한 반도체는 (모래와 유리의 주성분이기도 한) 원소 실리콘으로 만든 것이다. 실리콘의 전도도는 어림해서 구리보다 1조 배 정도 작고, 황보다 1조 배 정도 크다. 실리콘의 원자 번호는 14이다. 닫힌 껍질에 10개의 전자를 가지고 있고, 최외각에 4개의 원자가 전자를 가지고 있다. 최외각은 반이 채워지고 반이 비어 있다. (최외각에 4개의 전자가 없으면 비활성 기체인 네온이 되고, 4개의 전자가 더 들어가면 비활성 기체인 아르곤이 된다.) 실리콘에서의 전자를 원자가 띠에서 전도성 띠로 올려 보내기 위해서 필요한 에너지인 "띠 간격(band gap)"은 황이나 다른 절연체의 간격보다 훨씬 더 작지만, 원자가 전자 중에서 아주 일부를 제외한 나머지 전자가 전도성 띠로 올라가기 어렵게 하기에는 충분한 1.1eV이다. 그래서 실리콘은 전기를 전도해줄 수는 있지만, 잘 해주지는 못한다.

그런 실리콘을 더 나은 전도체로 만들어줄 뿐만 아니라 실제로 전기를 얼마나 잘 전도할 수 있는지를 조절할 수 있는 방법이 있다. 흔히 소량의 다른 원소를 "불순물(impurity)"로 넣어주는 것이다. 실리콘이 (높은 온도에서) 액체로 녹아 있는 동안에 불순물을 넣어준다. 실리콘이 식어서 원자가 결정성 배열로 자리를 잡게 되면, 순수한 실리콘에서 실리콘 원자가 있어야 할 자리들 중의 일부에 불순물 원자들 중 하나가 자리를 잡게 된다. 이런 과정을 도핑(doping)이라고 부른다. 도핑에는 두 가지 형태가 있다. 더해 준 원자가 (실리콘의 4개와 달리) 5개의 원자가(原子價) 전자를 가지고 있는 것이 한 가지 형태이다. 그런 원자는 결정에 하나의 전자를 추가로 제공하는 역할을 하고, 그런 원자가 제공하는 전자는 물질 속을 자유롭게 돌아다니게 된다. 전체적으로 결정은 전기적으로 중성이지만, 그런 균형은 고정된 위치에 있는 전기적으로 양성인 (불순물의) 이온과 물질 내부에서 이곳저곳으로 자유롭게 움직여 다닐 수 있는 음전하를 가진 전자의 균형에 의해서 만들어진다. 그렇게 "도핑된" 반도체는 n-형(n은 음전기를 뜻한다)이라고 부르고, 그런 경우의 불순물은 (전자를 제공한다는 뜻에서) 도너(donor)라고 부른다. 인과 비소가 도너의 역할을 할 수 있는 원소이다. 불순물의 양을 조절하면 전도도도 조절된다.

반도체와 n-형 변형을 이렇게 비유할 수 있다. 연회장이 4인용 테이블로 가득 채워져 있고, 모든 테이블에는 4명의 손님이 앉아 있다. 아주 가끔씩 한 사람이 일어나서 돌아다니기는 하지만, 대부분의 사람들은 자리를 지키고 있다. 그런 상황이 전도도가 낮은 순수한 반도체에 해당한다. 그런데 5명으로 구성된 몇 팀이 들어와서 4인용 테이블 몇 개를 차지한다. 한 팀 중에서 4명만이 자리를 잡을 수 있다. 다섯 번째 사람들이 연회장을 돌아다니게 되면 서성거리는 손님의 수가 크게 늘어난다. 그런 상황이 전도도가 늘어난 (그러나 여전히 대단히 크지는 않은) n-형 반도체에 해당한다.

반도체를 도핑하는 다른 방법은 외곽 껍질에 3개의 원자가 전자를 가지고 있는 원소를 이용하는 것이다. 그렇게 되면 불순물 원자가 있어야 할 자리에는 순수한 반도체의 경우보다 한 개의 전자가 부족하게 된다. 전자가 부족한 이런 상태를 홀(hole)이라고 부르는데, 자신의 방법으로 존재하게 된다. 불순물 원자의 옆에 있는 원자가 가지고 있는 전자가 넘어와서 불순물의 자리를 4개의 전자가 차지하게 되면, 인접한 원자에 "홀"이 생기게 된다. 전자가 오른쪽으로 이동하면, 홀은 왼쪽으로 움직인다. 홀은 양전하를 가진 입자처럼 행동하면서 도핑된 반도체 내부를 돌아다닐 수 있다. 이런 식으로 변형된 반도체를 p-형(p는 양전하를 뜻한다)이라고 부르고, 불순물 원자는 억셉터(acceptor는 이웃으로부터 전자를 받아들인다)라고 부른다. 붕소와 알루미늄이 억셉터 역할을 하는 원자들이다.

연회장과 4인용 테이블로 돌아가서, 3명으로 된 몇 팀이 들어와서 4인용 테이블을 차지한다고 생각해보자. 새 팀이 앉는 테이블마다 빈 의자가 하나씩 남게 된다. 옆에 있는 4인용 테이블에서 친절한 사람이 옮겨와서 빈 의자에 앉으면, 그 사람이 떠나온 테이블에 빈 자리가 생기게 된다. 다른 사람이 테이블을 옮겨서 빈 의자에 앉으면, 연회장에서 마치 몇 개의 빈 의자가 옮겨 다니는 것과 같은 인상을 주게 된다. 사람들은 이 자리에서 저 자리로 옮겨 앉을 뿐이지만, 4명의 팀으로만 채워졌을 때보다는 훨씬 더 큰 이동성이 생기게 된다. 이것이 바로 홀에 의해서 전도도가 늘어난 p-형 반도체에 해당하게 된다.

83. p-n 접합은 무엇일까? 다이오드가 되는 이유는 무엇일까?

p-형과 n-형 반도체는 p-n 접합(p-n junction)이라는 형식으로 결합되면, 흥미롭고 중요하고 놀라울 정도로 유용해진다. 연회장 비유로 시작한 후에 실제 상황으로 돌아가보자. 연회장의 중간을 기준으로 연회장을 반으로 나눈 후에, 서쪽에는 5명으로 구성된 몇 개의 팀이 들어감으로써 몇 사람의 손님들이 앉을 자리가 없이 돌아다니게 만들고, 동쪽에는 3명으로 구성된 몇 개의 팀이 들어감으로써 손님들이 한 사람씩 빈 자리로 옮겨다니게 된다고 생각해보자. 경계선 근처에서는 왼쪽에서 자리를 찾지 못한 손님들이 동쪽에 빈 자리가 있다는 것을 알아채고 그 자리에 앉기 위해서 동쪽으로 건너간다. 잠시 후에는 경계선의 양쪽에 서 있는 사람도 없고, 빈 자리도 없는 영역의 범위가 넓어지기 시작한다. 시간이 지나면 서쪽에서 돌아다니는 손님들은 이제 상당한 거리에 떨어져 있는 빈 자리를 차지하기 위해서 중간 지역을 지나서 다른 쪽으로 가야 할 가치가 없다고 생각하게 된다. 그래서 서 있는 손님이 있는 서쪽, 서 있는 손님도 없고 빈자리도 없는 중간 지역, 빈 자리가 남아 있는 동쪽의 3 영역이 있는 상태로 평형에 이르게 된다.

p-n 접합에서, n-형과 p-형 반도체가 접촉하는 점 근처의 중간 영역은 전자와 홀이 모두 사라져버린 영역이라는 뜻에서 고갈 영역(depletion zone)이라고 부른다. 사람 크기의 규모에서는 그런 영역이 매우 좁지만, 원자 규모에서는 원자 지름의 수만에서 수십만 배에 이를 정도의 두께가 될 수 있다. p-n 접합을 평형에 이르도록 만드는 것(또는 비유의 언어로 표현해서 n-형 영역의 전자가 p-형 영역으로 넘어갈 "가치가 없다고 결정하도록 만들어주는 것")은 고갈 영역 사이에 만들어지는 전압의 차이이다. 그것이 전자를 원래의 영역으로 밀어넣어서 흘러가지 못하게 만드는 역할

을 한다.

이제 물리학자들은 p-n 접합에서 접합 자체에 의해서 제공되는 전압 이외에 추가로 외부 전압을 걸어줄 수 있다. 외부 전압이 내부 전압과 같은 방향(또는 같은 부호)이 되면 전자의 흐름을 방해하는 효과가 강화된다. 전류가 흐르지 않게 된다. 외부 전압이 내부 전압과 반대 방향이고, 크기가 더 크다면, 외부 전압은 내부 전압의 방해 효과를 극복하도록 하는 역할을 한다. 전자가 n-형 영역에서 p-형 영역으로 흘러가도록 하는 정도가 아니라 그런 일이 일어나도록 부추긴다. 전류가 흐르게 된다. 그래서 p-n 접합은 전류가 한 쪽 방향으로는 흐르도록 해주고, 반대 방향으로는 흐르지 못하게 해주는 다이오드가 된다.*

(마지막으로) 연회장 비유로 되돌아가서 3인 영역의 연회장이 배 위에 마련되어 있다고 상상해보자. 배가 기울어져서 동쪽이 올라가면, 서쪽에서 있는 손님들은 동쪽에 여전히 남아 있는 빈 자리를 향해서 경계를 넘어갈 가능성이 더욱 줄어든다. 사람들의 "흐름"이 중단된다. 배가 반대 방향으로 기울어져서 서쪽이 높아지면, 그 쪽에 서 있던 손님들이 동쪽으로(아래쪽으로) 건너갈 추가적인 동기가 생기게 된다. 사람들의 "흐름"이 생기게 된다. (얼마 지나지 않아서, 연회장의 서쪽에는 더 이상 서 있는 손님이 없게 되고, 전류도 멈추게 된다. 회로에 연결된 p-n 접합은 이런 운명을 겪지 않는다. 외부에서 걸어준 전압이 멈추지 않고 연속적으로 전자를 공급함으로써 n-형 쪽의 전자를 보충해준다.)

---

* 고체 소자(素子) 이전(pre-solid-state era) 시대에 회로를 배울 때에는, 다이오드가 전자를 방출하도록 가열된 음극과 그런 전자를 끌어당기거나 밀쳐낼 수 있는 차가운 전극으로 구성된 진공관이 있었다. 전극에 양의 전압을 걸어주면, 전자를 끌어당겨서 진공관을 통해서 전류가 흐른다. 음의 전압을 걸어주면, 전류가 멈추게 된다. (가열된 음극은 지금도 여전히 일부 컴퓨터와 텔레비전의 음극선관에 사용된다.)

84. 다이오드의 용도는 무엇일까?

p-n 접합은 한 쪽 방향으로는 전류가 흐르도록 하고, 다른 쪽 방향으로는 전류가 흐르지 못하게 하는 역행 방지 밸브로 사용할 수 있다. 그러나 다이오드는 여러 용도로 다양하게 활용할 수 있고, 실용적으로 매우 유용한 경우도 있다. p-n 접합에서 고갈 영역의 한 쪽에 모여 있는 전자가 적절한 "동기"만 주어지면, 다른 쪽으로 옮겨갈 준비를 하고 있다는 사실을 이용한다. 그런 경우 몇 가지를 소개한다.

흔히 LED라고 부르는 발광 다이오드에서는 외부에서 가한 전압이 다이오드를 통해서 전류가 흐르도록 만들고, 일부 전자는 말 그대로 경계를 뛰어넘는 과정에서 광자를 방출한다. 다이오드 양쪽의 에너지 간격은 물질(반드시 실리콘이어야 할 필요는 없다)의 선택과 불순물의 종류와 양에 의해서 조절할 수 있다. 다시 말해서, 빛의 색깔은 광자 에너지에 의해서 결정되기 때문에 빛의 색깔을 조절할 수 있다는 뜻이 된다. 간격이 1.5eV 이하이면 눈으로 볼 수 없는 적외선이 되고, 4.0eV 이상의 간격에서는 눈으로 볼 수 없는 자외선이 된다. 1.5와 4.0eV 사이의 간격으로는 적색에서 보라색에 이르는 가시광선을 만들 수 있다. 1960년대까지 거슬러올라가면, 적색 LED가 최초의 포켓용 계산기의 디스플레이로 사용되었다. 그 이후로 과학자와 공학자들은 모든 색깔뿐만 아니라 강한 세기의 LED를 만드는 방법을 개발했다. 오늘날 LED는 플래시, 신호등, 자동차 브레이크 등, 그리고 가장 두드러진 용도로 도시와 스포츠 경기장에 설치된 대형 비디오 디스플레이에도 사용된다. 앞으로는 자동차 전조등과 가정용 조명을 포함해서 광범위하게 활용될 것으로 보인다. 다른 고체 소자 디바이스(固體素子, solid-state device)와 마찬가지로 LED도 수명이 길고, 백열전구보다 에너지 효율이 훨씬 더 좋다.

적절한 환경에서는 발광 다이오드를 레이저 다이오드로 전환시킬 수도 있다. "단순히 거울을 더하는 것"처럼 간단하지는 않지만, 거의 비슷한 수준이다. 전자가 다이오드의 한쪽에서 다른 쪽으로 옮겨갈 신호를 기다리고 있으면, 낮은 에너지 상태보다 높은 에너지 상태가 더 많이 채워져 있는 반전 분포(反轉分布)가 실질적으로 만들어지는 셈이다. 전자를 이동시키고, 광자를 방출하게 만드는 전류가 전자를 다시 채워주기 때문에 반전 분포 상태가 계속 유지된다. 다이오드 양쪽에 한 쌍의 거울을 설치하면, 한 쪽 방향으로 방출된 빛이 반사되면서 더 많은 광자가 방출되도록 자극할 수 있게 된다. 이런 광자들은 다시 더 많은 광자들이 자극하면서 한 쪽 방향으로의 세기를 증폭시켜서 레이저 빔이 만들어진다. 모든 레이저의 핵심적인 특징인 반전 분포와 자극 방출이 작은 다이오드에 압축되어 있는 셈이다. 슈퍼마켓의 계산대에서 사용하던 오래된 가스관 레이저가 레이저 다이오드로 바뀌고 있다. 그리고 강연에서 레이저 다이오드 포인터를 사용하지 않는 경우도 드물다.

지금까지 설명한 반도체 다이오드의 두 가지 응용은 빛의 방출과 관련된 것이다. 반대로 빛을 흡수해서 전류를 만드는 응용 분야도 있다. p-n 접합에 광자가 흡수되면 접합의 p-형 쪽에서 에너지가 높은 n-형 쪽으로 전자를 밀어올릴 수 있다. 실제로는 전자와 홀을 만들어서 서로 반대 방향으로 이동하게 만든다. 더해진 에너지는 전류를 흐르도록 하는 전압을 만든다. 실제로 나타나는 결과는 LED에서 일어나는 일의 정반대이다. 전류가 빛을 만드는 대신에 빛이 전류를 만든다. 가장 단순한 응용은 빛에 의해서 작동하는 스위치이다. 어둠에 의해서 작동하는 스위치(dark-activated switch)라고 부르는 것이 더 나을 수도 있다. 흔히 그런 목적으로 활용하는 경우에는 광선에 의해서 일정한 전류가 유지되도록 만든다. 광선이 물체에 의해서 차단되면, 빛에 의해서 작동하는 전류가 중단되고, 스위치가 켜지게 된다.

인류의 지속 가능한 미래를 포함해서 여러 가지 이유 때문에 우리들은 p-n 접합 다이오드의 가장 중요한 응용은 태양광 전지 또는 광전 전지라고 할 수 있을 것이다. 포켓용 계산기에 전원을 공급하거나 궤도를 돌고 있는 우주인에게 필요한 전원을 공급하는 경우와 같은 응용에서는 입사광 에너지 가운데 어느 정도가 전기 에너지로 전환되는지를 알려주는 전지의 효율이 가장 중요한 요소가 아닐 수도 있을 것이다. 그러나 화석 연료를 사용하는 발전소를 대체하기 위해서 수많은 태양광 전지를 사용하는 경우와 같은 대규모 응용에서는 비용과 효율이 결정적인 요소가 될 것이다. 지난 반세기 동안에 이루어진 태양광 전지에 대한 연구의 대부분은 효율을 증가시키기 위한 것이었다. 전자와 홀이 지구를 살리는 역할을 할 것이다.

85. 트랜지스터는 무엇일까?

트랜지스터는 20세기의 가장 중요한 발명품으로 알려져 있다. 원칙적으로 이해하기는 어렵지 않지만, 뉴저지에 있던 벨연구소의 존 바딘, 월터 브래틴, 윌리엄 쇼클리에 의한 1947년의 발명(1948년 발표)에는 양자물리학을 원자와 분자에 적용한 후에야 등장하기 시작한 고체에 대한 양자물리학에 대한 깊은 이해가 필요했다. (바딘, 브래틴, 쇼클리는 그 발명으로 1956년의 노벨상을 수상했다. 바딘은 1972년에 초전도체에 대한 업적으로 또 하나의 노벨상을 받았다.) 여기서는 트랜지스터의 기본적인 형태에 대해서 간단하게 살펴본다.

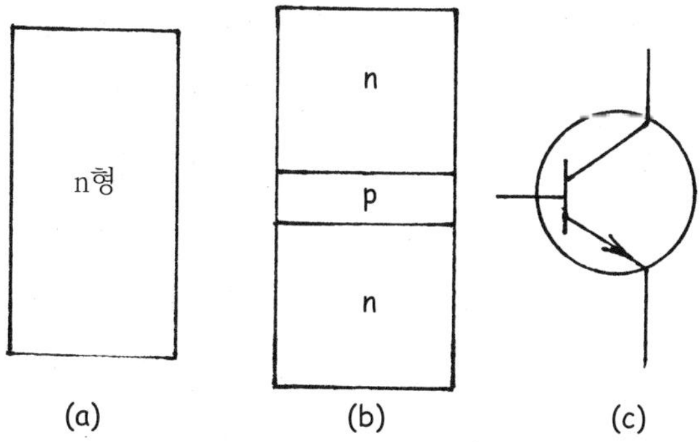

그림 60. n-형 반도체 조각 (a)를 반으로 잘라낸 후에 얇은 p-형 반도체 조각을 중간에 끼워놓으면, n-p-n 트랜지스터 (b)가 만들어지고, (c)와 같은 기호로 표시한다.

n형

(a)

n

p

n

(b)

(c)

우선 비소와 같은 불순물을 도핑해서 n-형 반도체로 만든 실리콘 조각을 생각해본다(그림 60a). 그런 조각은 불순물의 양에 의해서 결정되는 전도도를 가진다. 이제 조각을 반으로 잘라서 두 조각 사이의 공간에 얇은 p-형 반도체 조각을 끼워넣는다(그림 60b). 이제 2개의 p-n 접합을 붙여놓은 상태를 만든 것이다. 그러나 중요한 것은 원래 반도체의 전도도를 변화시켜서 스스로 조절할 수 있게 되었다는 것이다. 끼워넣은 얇은 조각에 어떤 전압을 가해주는지에 따라서 디바이스를 통해서 어느 정도의 전류가 흐르게 될 것인지를 조절할 수 있다. 원래 조각의 양쪽에 전압차를 걸어준다. 예를 들어 아래쪽을 음으로 하고, 위쪽을 양으로 하면, 전자는 아래에서 위로 흘러가려고 할 것이다. 만약 중간의 얇은 조각에 양의 전압을 가해주면, 전자를 끌어당겨서 흐름이 늘어날 것이다. 전자 중 일부는 가운데 조각을 통해서 옆으로 흘러나가겠지만, 대부분의 전자는 원래 반도체의 위쪽으로 흘러갈 것이다. 중간 조각에 음의 전압을 걸어주면, 전자를 밀어내서 전류의 흐름이 크게 줄어들 것이다.

트랜지스터는 증폭기이다. 중간 조각에 작은 양의 가변 전압을 걸어주면 디바이스를 통해서 양이 크게 늘어난 전류가 흐르게 된다. 트랜지스터는 스위치이기도 하다. 중간 조각에 걸어주는 전압의 부호를 바꿔주면, 주 전류를 켜고 끌 수 있다. 트랜지스터는 사실 "트라이오드(triode)"이다.* 트랜지스터는 세 개의 전극과 함께 바깥 세계와 연결되는 3개의 전선을 가지고 있다. 그림 60의 트랜지스터에서 아래쪽은 **에미터**(emitter는 전자를 방출한다)라고 부르고, 위쪽은 **콜렉터**(collector는 전자를 수집한다), 가운데 조각은 **베이스**(base)라고 부른다. 그림의 트랜지스터는 분명한 이유 때문에 n-p-n **트랜지스터**라고 부른다. p-n-p 트랜지스터도 똑같은 성능을 가진다.

현대의 트랜지스터는 독립된 회로 부품이 아니라 실리콘 결정에 포함되어 있다. 전선을 통해서 외부와 연결되는 대신에 작은 조각의 전도성 물질을 통해서 인접한 다른 디바이스에 연결된다. 단순화시킨 그림 60보다 훨씬 더 복잡하다. 그러나 1948년 이후의 훌륭한 기술 발전은 한 권의 책으로 써야 할 만큼 엄청난 것이었다.

* 전자기기의 고체 소자 이전 시대에는, 트라이오드는 전자를 방출하는 가열된 음극(cathode), 전자를 모으는 역할을 하는 양극(anode)이라고 부르는 양전하를 가진 전극, 그리고 그 사이에 음극에서 양극으로 흐르는 전류의 양을 조절하는 전압이 걸리는 그리드(grid)라는 세 가지 전극을 가진 진공관이었다(실제로 일상적인 전류의 방향은 반대로 양에서 음으로 흐른다). 트랜지스터의 세 전극은 과거 트라이오드의 전극을 정확하게 모방한 것이다. 그러나 트랜지스터는 더 작고(훨씬 더 작고), 더 작은 양의 에너지를 소비하고, 타버릴 음극도 없다.

제14장

모든 규모에서의 양자물리학

86. 블랙홀이 증발하는 이유는 무엇일까?

블랙홀은 양자물리학이 동원되지 않은 상태에서 (1968년 존 휠러에 의해서) 이름이 붙여지고, 이론적으로 연구되고, 마침내 자연에서 그 존재가 확인되었다. 블랙홀은 완전히 고전적인 것처럼 보였다. 실제로 한때 휠러는 양자물리학이 블랙홀로부터 세계를 구해줄 것이라고 기대하기도 했다. 그는 물질과 에너지가 한 점("특이점[singularity]")으로 끌려들어가는 이상한 것을 믿고 싶지 않다고 말하기도 했다. 원자보다 작은 규모에서 양자물리학의 어떤 특성이 붕괴를 막아주고, 완전히 사라져버리는 것을 막아줄 것이라고 기대했다. 그는 어쩌면 일생을 마쳐가고 있는 큰 별이 아주 작은 것으로 줄어들어 버리더라도, 블랙홀까지 줄어들지는 않을 것이라고 생각했다. 그러나 양자물리학을 이용해서 출구를 찾으려던 모든 노력이 수포로 돌아갔다. 결국 그는 블랙홀이 충분히 큰 질량을 가진 (핵변환이 끝나서 비교적 차가운) "차가운 암흑 물질(cold, dark matter)"이 되는 것은 어쩔 수 없는 운명이라는 결론을 얻었다.

양자물리학은 비교적 먼 길을 돌아서 블랙홀 이야기로 되돌아왔다. 블랙홀이 처음으로 심각한 연구 대상이 되었을 때의 이론적 계산에 따르면,

블랙홀은 질량, 전하, 각운동량으로만 정의되는 아주 단순한 대상처럼 보였다. 크기가 줄어들어서 블랙홀을 형성하는 물질이 가지고 있는 렙톤 수, 바리온 수, 쿼크 향기 등의 모든 성질은 사라지게 된다. 흔히 그런 현상을 정보의 손실(loss of information)이라고 부르고, 심지어 오늘날의 물리학자들도 정보가 블랙홀에서 사라지는지, 아니면 훗날 복구할 수 있도록 저장되는지에 대해서 서로 다른 의견을 가지고 있다. 휠러는 겉으로 드러나는 블랙홀의 단순함을 "블랙홀은 머리카락이 없다"는 말로 설명했다.* 그는 방안을 메우고 있는 사람들이 대머리일 때보다 머리카락이 있을 경우에 서로를 더 쉽게 구분할 수 있다는 비유를 이용해서 설명했다. 그러나 휠러는 "머리카락이 없는" 블랙홀 때문에 난처한 상황에 이르게 되었다. 블랙홀의 단순함은 무질서의 척도인 엔트로피가 거의 없거나 전혀 없다는 뜻으로 보였기 때문이다. 복잡하고 무질서한 물질의 집합에서 만들어졌을 블랙홀이 그 속에 들어 있는 물질의 큰 엔트로피를 물려받지 않았다는 사실은 수수께끼였다.

휠러가 자신의 자서전에서 설명했듯이,† 1972년 대학원 학생이던 제이컵 베켄슈타인에게 (표현을 조금 달리해서) "차가운 아이스 티가 담긴 유리잔 옆에 뜨거운 찻잔을 놓아두고 같은 온도가 되도록 기다리면 우주의 엔트로피가 증가해서 영원히 지속되도록 만드는 일에 기여했다는 죄책감을 느끼게 될 것이다. 그런 증가를 없애버리거나 되돌릴 수 있는 방법은 없다. 그러나 만약 우연히 옆을 지나가는 블랙홀에 뜨거운 차와 차가운 차를 떨어뜨리면, 아무 죄책감도 느낄 필요가 없게 된다. 우주의 엔트로피 증가에 기여하지 않기 때문이다. 처벌을 면하게 된다"고 말했다. 베켄슈타

* 리처드 파인만은 휠러가 무례하다고 비난했다.

† *Geons, Black Holes, and Quantum Foam: A Life in Physics* (New York: W. W. Norton), p. 314.

인은 그의 농담 같은 이 이야기를 심각한 도전으로 생각했다. 몇 달 동안 사라졌다가 휠러의 사무실로 돌아온 베켄슈타인은 휠러가 처벌을 면제받지 못했다고 밝혔다. 그는, 블랙홀도 엔트로피를 가지고 있고, 그 엔트로피는 "사건 지평선(event horizon)"의 면적으로 측정할 수 있다고 했다. (사건 지평선은 블랙홀을 둘러싸고 있는 구(球)를 말하는 것으로 탈출이 가능한 영역과 탈출이 불가능한 영역을 구분해준다.) 블랙홀에 차를 떨어뜨리면 질량이 조금 증가하고, 따라서 지평선의 면적도 늘어나고, 그리고 베켄슈타인에 따르면 엔트로피도 증가한다. 스티븐 호킹은 이미 2년 전에 블랙홀 지평선의 면적이 결코 줄어들 수 없다는 사실을 증명했다. 엔트로피도 역시 결코 줄어들지 않기 때문에(그것이 열역학 제2법칙을 설명하는 방법 중 하나이다) 그런 주장은 베켄슈타인의 결론과 일치하는 것이었다.

처음에는 호킹을 비롯한 유명한 블랙홀 연구자들은 블랙홀이 엔트로피를 거의 가지고 있지 않다는 아이디어에 집착해서 베켄슈타인의 주장을 의심했다. (휠러의 기억에 따르면, "자네 아이디어는 옳다고 생각하기에는 너무 어처구니없네. 그래도 한번 발표를 해보게"라고 말했다.) 그러나 베켄슈타인의 주장에 대해서 심사숙고한 호킹은 그의 주장이 의미가 있는 것이라고 생각하기 시작했다. 실제로 그 덕분에 그는 블랙홀에 대해서 가장 훌륭한 결론에 도달하는 영감을 얻었다. 그는 1974년에 블랙홀이 결국 외부 세계와 완전히 단절된 것이 아니라는 아이디어를 제시했다. 블랙홀도 복사를 방출할 수 있다. 블랙홀도 엔트로피를 가지고 있을 뿐만 아니라 그 결과로 온도도 가지고 있고, 따라서 태양이 표면 온도 때문에 복사를 방출하는 것과 마찬가지로 블랙홀도 에너지(그리고 질량)를 방출한다. 호킹의 연구 덕분에 질량에만 의존하는 블랙홀의 온도와 함께 호킹 복사(Hawking radiation) 또는 베켄슈타인-호킹 복사(Bekenstein-Hawking radiation)라고 부르게 된 복사의 세기도 계산할 수 있게 되었다. 몇 개의 태양과 같은 질량을 가진 블랙홀은 절대 온도에서 100만 분의 1도보다 더 낮은 온도를 가지고 있고, 수십억 년이 지나도 질량이 거의 줄어들지 않을 정도의 속도로 복사를 방출한다. 블랙홀이 작아질수록 온도는 더 높아지고, 복사의 속도도 커진다. 초미시적 블랙홀이 존재한다면, 온도가 아주 높아서 남아 있는 질량을 1초도 안 되는 시간에 방출해버리기 때문에 곧바로 천문학적 사건이 일어나게 될 것이다. 천문학자들은 아주 작은 블랙홀의 마지막 순간에 대한 증거를 찾으려고 노력했지만, 헛수고였다.

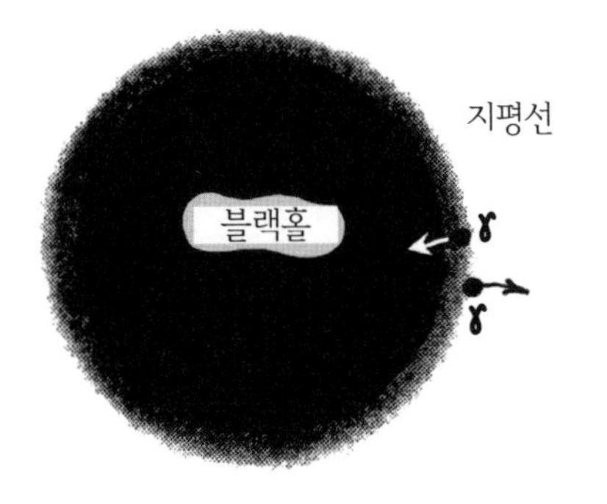

그림 61. 블랙홀의 조금 흐릿한 지평선 근처에서는 가상 입자의 쌍이 다시 재결합하는 대신 영원히 떨어져서 하나는 "복사"로 방출된다.

이제 다시 양자물리학의 이야기로 돌아왔다. 물리학자들은 호킹 이론의 유효성과 호킹 복사의 실재성을 인정했다. 그러나 여전히 "메커니즘은 무엇일까? 아무것도 탈출할 수 없는 블랙홀이 어떻게 에너지를 방출할 수 있을까?"라는 의문이 남았다. 역설적인 상황에 대한 유일하게 신뢰할 수 있는 해결책은 양자물리학에서 찾게 되었다. 가상 입자, 불확정성 원리, 물질의 파동성을 모두 고려하면, 지평선은 더 이상 완전하게 명백한 경계를 가지고 있지 않게 된다. 조금 흐릿해진다. 그렇게 되면 터널 현상의 경우와 마찬가지로 고전적으로 불가능한 것이 양자역학적으로는 가능하게 된다. 지평선 근처에서 가상 입자의 쌍이 존재하게 되는 경우를 생각해보자(그림 61). 보통의 빈 공간에서는 그런 가상 입자 쌍은 끊임없이 등장했다가 곧바로 사라진다(질문 7 참조). 그러나 그런 쌍이 블랙홀의 지평선 근처에서 만들어지면, 중력에 의한 엄청난 인력이 입자들을 영원히 갈라 놓을 수 있다. 하나는 블랙홀 속으로 빨려 들어가고, 다른 하나는 우주로 쫓겨난다. 블랙홀은 그런 과정에서 질량을 잃어버린다. 그런 일이 처음에는 아주 느리게 일어나지만 결국에는 엄청난 속도로 일어날 수 있다.

이렇게 분리되어 쫓겨나는 입자들은 무엇일까? 처음에는 거의 대부분이 광자이다. 블랙홀의 온도는 매우 낮아 질량이 없는 입자만 역할을 할 수 있다. 그래서 호킹 복사는 적어도 블랙홀이 충분히 작아져서 온도가 높아질 때까지는 전자기 복사에 해당한다. 그 후에는 뉴트리노가 가상 입자의 무도회에 참여하고, 결국에는 훨씬 더 무거운 다른 입자도 참여한다.

87. 태양의 중심에서는 양자물리학이 어떻게 작동할까?

태양 중심부의 온도는 섭씨 1,500만 도에 이를 정도로 뜨거운데, 양자물리학의 도움이 없었더라면 충분히 뜨겁지 못했을 것이다. 그런 온도에서는 양성자가 약 2,000eV의 운동 에너지로 날아다닌다. 그런 정도의 에너지를 가진 양성자 두 개는 정면으로 충돌하더라도 전기적 반발력 때문에 서로에게 수백 페르미(fermi) 이상 다가갈 수가 없다. 페르미는 양성자 한 개의 크기인 10^{-15}미터이다. 그래서 정면으로 충돌하는 경우에도 두 양성자는 서로 접촉할 수가 없고, 서로 융합해서 핵에너지를 방출하기에는 너무 멀리 떨어져 있게 된다. 마구 섞여 있는 상태에서는 일부 양성자가 평균보다 많은 운동 에너지를 가지고 있게 된다. 그런 양성자들은 조금 더 가까이 다가갈 수 있다. 평균보다 30배 정도의 에너지를 가진 양성자는 1조 개 중 하나 이하이다. 그런 정도의 에너지를 가진 양성자들이 드물게 서로 만나는 경우에도 전기적 반발력을 극복하고 가까이 다가갈 수 있는 거리는 12페르미 정도가 될 뿐이다.

그래서 고전물리학에 따르면, 태양 중심부의 아주 높은 온도에서도 양성자들은 서로 융합해서 에너지를 방출할 정도로 가까이 다가갈 수가 없다(물론 그런 에너지 방출이 없으면, 태양의 중심부는 그렇게 뜨거울 수가 없다). 태양에서 양자 터널 효과가 작용해서 원자핵이 서로 만나서 융합할 수 있을 것이라는 아이디어는 1929년 웰스의 물리학자 로버트 앳킨슨(당시 서른한 살)과 독일 물리학자 프리츠 호우터만스(당시 스물여섯 살)에 의해서 제기되었다. 알파 붕괴를 설명하는 방법으로 터널 효과가 제시되고 1년이 지난 후였다(질문 35와 70 참고). 훗날 앳킨슨은 무거운 원소들이 모두 항성에서의 융합 반응으로 만들어진다는 항성 핵합성(stellar nuclearsynthesis)에 대한 성과로 유명해졌다. 스스로 공산주의자라고 밝혔던 호우터만스는 힘든 삶을 살았다. 그는 1930년대에 소련에서 직장을 구했지만, 혐의를 받고 옥살이를 했다. 1939년 히틀러-스탈린 조약 이후에 나치 독일로 돌아왔지만, 투옥되었다가 석방되어 독일 원자폭탄 프로젝트에 참가했다. 제2차 세계대전 이후에는 다른 독일 과학자들과 함께 영국의 팜홀에 억류되었다.*

앳킨슨과 호우터만스는 태양에서 일어나는 일에는 무거운 원자핵이 가벼운 원자핵의 융합에 필요한 촉매로 작용한다고 생각했다. 8년 후인 1937년에 터널 현상을 제안했던 과학자들 중 한 사람이었던 조지 가모프와 에드워드 텔러가 탄소 원자핵이 촉매로 작용하는 핵융합 사이클의 아이디어에 대해서 생각하고 있었다. 러시아 출신의 가모프와 헝가리의 이민자였던 텔러는 모두 당시에 워싱턴 시에 있는 조지 워싱턴 대학교에서

* 팜홀 이야기는 제레미 번스타인의 『히틀러의 우라늄 클럽: 팜홀에서의 비밀 녹음(*Hitler's Uranium Club: The Secret Recordings at Farm Hall*)』(New York: Springer, 2010)에서.

항성에서의 에너지에 초점을 맞춘 1938년 학술 회의 준비로 바쁘게 지내고 있었다. 그들은 한스 베테(당시 코넬 대학교에 있던 독일 이민자)를 학술회의에 초청했다. 이미 유명한 핵물리학자였던 베테는 항성에서의 핵반응에 흥미를 느꼈다. 1939년에 베테는 태양(그리고 다른 항성)에서 에너지 생성에 대한 논문을 발표했다. 그는 양자 터널 효과를 고려했고, 처음으로 항성에서 일어나는 융합을 이해하기 위한 자세한 이론을 제시했다. 그 공로로 그는 1967년에 노벨 물리학상을 수상했다. 훗날 베테는 텔러가 길을 가르쳐주었다는 사실을 인정하고 "내 명성은 에드워드의 몫이다"라고 말했다. *

양자물리학의 기묘한 작은 특징인 터널 현상은 별이 빛나는 이유로 밝혀졌다.

88. 초전도성은 무엇일까?

미시 세계에서는 영구 운동을 쉽게 볼 수 있다. 원자에 들어 있는 전자는 속도가 절대 줄어들지 않는다. 핵자도 결코 지치지 않는다. 그리고 우주에서는 마찰이 충분히 작기 때문에, 행성, 항성, 은하의 운동은 영구 운동에 아주 가깝다. 그러나 우리 주위의 일상 세계에서는 영구 운동을 거의 찾아볼 수 없다. 영구 운동 기계에 대해서 특허를 얻으려고 애를 쓸 필요가 없다. 절대 성공하지 못할 것이기 때문이다. 아리스토텔레스가 물체를 움직이도록 하려면 힘이 필요하다고 생각했던 것은 당연했다. 우리의 일

* 훗날 1950년대에 베테와 텔러는 열핵 무기의 개발에 대해서 전혀 다른 생각을 가지게 되었고, 정부에 서로 정반대의 제안을 했지만, 상대의 과학적 재능을 존중하고, 적어도 겉으로는 서로를 점잖게 대했다.

상적인 경험에서는 밀거나 끌지 않는 물체는 멈춰 서게 된다. 뛰어난 전도체의 경우에도 계속 외부 전압을 걸어주지 않으면, 결국 전류는 줄어들어 없어진다.

초전도성(superconductivity)과 초유체성(superfluidity)은 인간 규모의 세계에서 영구 운동이 불가능하다는 법칙이 적용되지 않는 예외에 해당한다. 1911년 레이덴 대학교에 있던 네덜란드 물리학자 헤이크 카메를링 오네스는 헬륨 이외의 다른 모든 원소들을 고체로 변화시키는 절대 온도 4도의 액체 헬륨 온도에서는 원소 상태의 수은이 아무 저항 없이 전기를 전도한다는 사실을 발견했다. 저항이 단순히 작아지는 것이 아니라 문자 그대로 0이 된다. 그런 물질을 **초전도체**(superconductor)라고 부른다. 저항이 0이 되는 것이 무엇을 뜻하는지 알아보기 위해서 도넛 모양으로 만든 초전도체 속에서 전류가 회전하는 경우를 생각해보자. 외부에서 아무 영향이 없으면, 그런 전류는 무한히 회전할 것이다. 원자에서 저항 없이 회전하는 전자의 궤도가 10억 배로 커진 것과 마찬가지가 된다.

시간이 지나면서 과학자들은 초전도체 내부에는 자기장이 존재하지 않는다는 사실을 비롯한 초전도체의 다양한 특징을 발견했다. 1950년대에는 초전도체의 "전이 온도"가 18켈빈(즉 절대온도 18도)으로 올라갔고, 1980년대에는 30켈빈으로 뛰어올랐고, 이제는 100켈빈 이상이 되었다. 소위 "고온" 초전도체(모든 것이 상대적이다)가 왜 그런 특성을 나타내는지는 아직도 신비로 남아 있다. 그러나 1957년에 존 바딘, 레온 쿠퍼, 존 슈리퍼 등 3명의 미국 물리학자들은 저온 초전도체에서 일어나는 현상을 설명해주는 확실한 이론을 찾아냈다. 소위 BCS 이론(제대로 설명하기 위해서는 고도의 수학적 설명이 필요하다)으로 알려진 아이디어를 어설프게라도 설명해보자.

구리나 알루미늄과 같은 좋은 전도체의 경우에는 전자가 물질을 통해서 비교적 자유롭게 움직인다고 설명한다. 그것이 바로 전도체가 절연체와 구분되는 특징이다. 그러나 보통의 전도체 중에서 가장 뛰어난 경우에도 전자가 결정의 격자를 통해서 흘러가는 동안 가끔씩 양이온과 에너지를 교환해야 하기 때문에 마찰(즉, 저항)을 경험하게 된다. 전자는 양이온을 만날 때마다 에너지의 일부를 잃어버리게 되고, 양이온은 에너지를 얻게 된다. 그렇게 얻은 에너지는 열의 형태로 사라지게 된다. 그래서 전류가 흐르는 전도체는 뜨거워진다. 전도체의 온도가 내려가면, 이온의 열 운동도 줄어들게 되고, 지나가는 전자가 이온을 통해서 잃어버리게 되는 에너지의 양도 줄어든다. 저항이 줄어들기는 하지만, 0으로 줄어들지는 않는다. (역설적이지만 대부분의 초전도체는 상온에서 좋은 전도체가 아니다.)

BCS 이론의 근거는 (이론적으로) 충분히 낮은 온도에서 전자가 결합된 쌍을 형성하는 물질이 있다는 사실을 발견한 레온 쿠퍼가 제공했다. 당시 일리노이 대학교에서 쿠퍼의 동료였던 데이비드 파인스와 존 바딘은 전자가 전기적 반발에도 불구하고 어떤 고체 속에서는 서로 약하게 잡아당긴다는 결론을 얻은 상태였다. 쿠퍼는 약한 인력이 물질 속에서 분리된 단위로 움직여 다닐 수 있는 쌍(오늘날 **쿠퍼 쌍**[Cooper pairs]이라고 부른다)을 형성할 수 있다는 통찰력을 제공했다. 인력이 나타나는 메커니즘은 다음과 같다. 물질 속에서 움직이는 전자는 근처에 있는 양이온을 자기 쪽으로 끌어당긴다. 말하자면 양이온을 포획하는 것이다. 그렇게 되면 뒤따라오는 전자는 앞에 약간의 양전하가 모여 있는 것을 보고 그 쪽으로 끌려가게 된다. 실질적으로는 앞에 있는 전자에 끌려 들어가는 셈이다. 그런 상황은 볼링 볼이 침대의 매트리스 위에 놓여 있는 경우와 비슷하다. 볼링 볼 때문에 생긴 골짜기가 다른 볼링 볼을 자기 쪽으로 "유인한다." 끌어당기는 것은 매트리스도 아니고, 첫 번째 볼링 볼도 아니다. 매트리스가 충분히 변형될 때에 두 볼링 볼 사이에 나타나는 인력은 두 볼링 볼이 같은 전하를 가지고 있어서 서로 밀쳐내는 경우에도 나타난다.

두 개의 페르미온으로 만들어진 쿠퍼 쌍은 보손처럼 행동하기 때문에 여러 개의 쌍이 같은 운동 상태에서 함께 둥지를 틀고 지낼 수 있다. 배타 원리가 적용되지 않는다. 그런 쌍을 분리시키거나 서로 떨어지게 만들려면 에너지가 필요하다. 엄청나게 많은 양은 아닌 것은 분명하지만, 매우 낮은 온도에서는 쌍을 분리시킬 만큼의 열 에너지가 존재하지 않는다. 그래서 쌍은 물질 속을 저항 없이 돌아다니게 된다. (쌍이 나타내는 가장 이상한 특성 중 하나는 쌍을 이루고 있는 두 전자 사이의 간격이 쿠퍼 쌍 사이의 평균 거리보다 더 크다는 사실이다. 여러 차선의 고속도로에 트레일러 트럭들이 몰려 있을 때 트럭 한 대의 길이가 트럭 사이의 간격보다 더 긴 경우도 비슷하다. 물론 쿠퍼 쌍의 경우에는 차선이 하나뿐이다.) 여기서 소개하는 것은 완벽한 이론에 대한 어설픈 설명이다. 그러나 한 가지 핵심적인 사실은 분명하게 드러난다. 결정의 격자가 쿠퍼 쌍을 파괴하기에 충분한 열 에너지를 가지고 있지 않기 때문에, 쿠퍼 쌍은 격자 속을 방해받지 않고 움직여 다닌다는 것이다.

고리를 따라 흐르는 전류는 고리를 관통하는 자기장을 만든다. 그것이 전자석을 만드는 방법이다. 초전도체로 고리를 만들면, 새로운 양자 효과가 나타난다. 자기장의 세기와 면적을 함께 나타내는 자기 플럭스(flux)도 양자화가 된다. 각운동량과 마찬가지로 자기 플럭스도 가장 작은 값의 정수배의 값만 가질 수 있다. 그런 효과에 대한 설명은 원자 속에 들어 있는 원자 오비탈이 양자화되는 이유에 대한 드 브로이의 초기 아이디어와 놀라울 정도로 비슷하다. 초전도체로 만들어진 고리에서는 전류의 파동 함수가 고리를 한 바퀴 돌 때마다 정수배의 주기로 진동해서 스스로를 보강함으로써 초전도 전류를 유지시켜준다. 자기 플럭스의 양자는 아주 작지만, 인간 크기의 세계에서 측정할 수 없을 정도로 작지는 않다. 엄지와 중지로 지름이 1인치 정도 되는 원을 만들면, 그런 원을 통해서 지나가는 지구 자기장의 플럭스는 1천만 양자 단위 정도가 된다.

초전도체가 기술적으로 중요하다는 사실은 굳이 설명할 필요가 없다. 페르미 연구소와 대형 강입자 충돌기가 모두 양성자를 휘어지게 하는 자석을 만들기 위해서 초전도 전선을 사용한다. 이런 자석을 일반적인 자석과 비교해볼 수 있다. 초전도체를 절대온도 2도 정도의 온도로 유지하기 위해서 필요한 비용과 어려움은 전력 소비를 줄여서 얻을 수 있는 이익으로 충분히 보상이 된다. 초전도체는 미래의 자기 부상 자동차에도 사용될 가능성이 있다.

89. 초유체성은 무엇일까?

1937년 모스크바에 있던 표트르 카피차*와 토론토에 있던 존 앨런과 도널드 마이스너는 거의 동시에 2켈빈 이하로 냉각시킨 액체 헬륨이 마찰(기술 용어로는 점성도[viscosity])이 없이 흐르는 놀라운 성질을 가지고 있다는 사실을 발견했다. 그런 흐름을 **초유체성**(superfluidity)이라고 부른다. 훗날 연구자들은 동위원소 헬륨 3에서도 1,000분의 1켈빈 정도로 훨씬 낮은 온도에서 같은 현상을 발견했다. 초유체성과 초전도성은 모두 마찰이

* 카피차는 조국 소련을 떠나 영국의 케임브리지 대학교로 갔지만, 1934년에 조국을 방문하던 중에 스탈린에 의해서 억류되었다. 연구를 할 수는 있었지만, 출국을 할 수는 없었다. 어니스트 러더퍼드는 카피차가 연구를 계속할 수 있도록 자신의 연구 장비를 모스크바로 보내주었다.

없는 움직임이고, 거시 세계에서 양자 효과를 보여주는 공통점을 가지고 있다. 흐름이 보손에 의해서 전파되는 점도 비슷하다. 헬륨 3의 초유체성은 페르미온 쌍으로 만들어진 보손과 관련이 있다는 점에서 초전도성과 거의 완벽하게 닮았다. 초전도성에서 페르미온은 전자이다. 헬륨-3 초유체성에서의 페르미온은 헬륨 3 원자 전체가 된다. (양성자, 중성자, 전자를 고려하면, 헬륨 3은 5개의 페르미온을 가지고 있기 때문에 그 자체도 페르미온이다.)

헬륨 4 초유체성의 메커니즘은 헬륨 4 원자가 짝을 이루지 않더라도 개별적으로 보손이라는 점에서 조금 다르다. 2켈빈 이하의 온도에서 헬륨 4 원자는 가장 낮은 에너지 상태가 서로 겹쳐지는 상태로 모여 있게 된다. 실제로 보스-아인슈타인 응축에 해당하는 이런 응집 상태는 기계적 진동(소리)으로 에너지가 낭비되지 않도록 해주기 때문에 에너지의 손실을 막아준다. 즉 마찰과 점성의 핵심인 질서의 상태에서 무질서의 상태로 에너지가 낭비되는 것을 막아준다.

초유체성을 실용적으로 이용하는 흥미로운 예는 **중력 탐사** B(Gravity Probe B)라고 부르는 인공위성에서의 실험이다. 지구 주변 시공간의 지극히 미세한 변화에 대한 증거를 찾기 위한 이 실험(아직도 자료를 분석하고 있음)에서는 기울어지거나 속도가 줄어들게 만드는 외부 영향이 차단된 자이로스코프를 사용한다. 그런 목적을 달성하기 위해서 자이로스코프를 온도가 2켈빈인 초유체 헬륨에 넣는다. 동시에 초전도성도를 활용한다. 자이로스코프의 외부에 초전도 코팅을 사용하면 정확한 방향을 알 수 있는 신호를 얻게 된다.

90. 조지프슨 접합은 무엇일까?

1962년에 스물두 살의 케임브리지 대학교 대학원 학생인 브라이언 조지프슨이 얇은 절연체 층으로 분리된 두 조각의 초전도체들(훗날 **조지프슨 접합**[Josephson junction]이라고 부르게 된다) 사이에서 일어나는 전자의 터널 현상과 관련된 가능성을 검토하고 있었다. 그는 두 가지 놀라운 사실을 발견했다. 첫 번째는 절연체 층의 양쪽에 전압 차이가 없어도 약한 전류가 흐른다는 사실은 그런 전류가 전압에 의해서 만들어지는 일반적인 전류가 아니라 터널 현상에 의한 것임을 보여주었다. 더욱이 전류는 어느 방향으로나 흐를 수 있고, 전류의 크기도 두 초전도체에 존재하는 쿠퍼쌍의 파동 함수 사이의 관계(**위상 차이**[phase difference]라고 부른다)에 따라 달라지는 최댓값까지 임의의 세기로 흐를 수 있었다. 그런 현상은 양자 파동 함수의 행동에 따라 달라지고, 고전적으로는 극복할 수 없는 장벽을 통과하는 터널 효과와 관련이 있기 때문에 큰 규모의 양자 효과라는 사실이 분명했다.

조지프슨의 두 번째 발견은 더욱 모호한 것이었다. 접합에 일정한 전압을 걸어주면, 교류(AC)가 만들어진다는 사실이었다. (일반적인 물질에서는 DC라고 부르는 일정한 전압의 직류만 만들어낼 수 있다.) 더욱이 조지프슨은 이렇게 만들어진 AC의 진동수가 전압에 전하 e와 플랑크 상수 h로 구성된 양자 단위가 포함된 간단한 상수를 곱한 것과 같을 것이라고 예측했다. (h가 등장할 때마다 양자물리학이 적용되고 있다는 사실을 확인할 수 있다.)

조지프슨이 곧바로 실험으로 확인된 자신의 통찰력 덕분에 박사 학위를 받게 된 것은 당연했다. 그런 결과는 1973년 그에게 노벨 물리학상을 안겨주기도 했다.

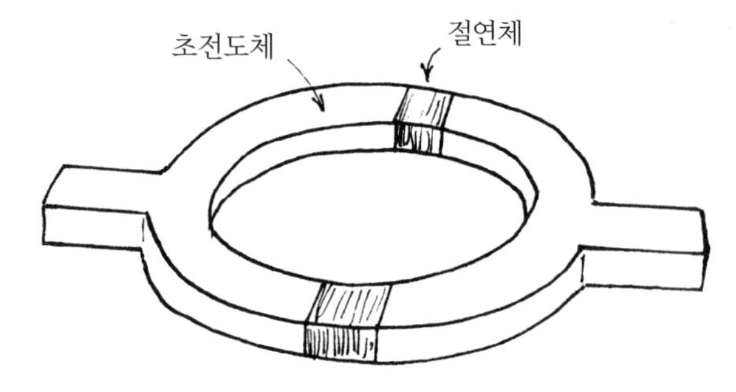

그림 62. 두 개의 조지프슨 접합으로 만들어진 고리인 'SQUID'를 이용하면 자기장의 세기를 매우 정교하게 측정할 수 있다.

두 개의 조지프슨 접합을 그림 62처럼 병렬로 연결하면 더욱 놀라운 효과가 나타난다. 이런 배열의 "홀"에 작용하는 자기장이 0이면, 하나의 접합을 사용할 때와 마찬가지로 전류가 흐를 수 있고, 그 전류의 반은 한 쪽 접합, 그리고 (두 접합이 똑같다고 가정하면) 나머지 반은 다른 쪽 접합에서 나온다. 그러나 자기장이 또는 더 정확하게는 자기장과 면적을 곱한 자기 플럭스가 홀을 통과하면, (앞의 질문에서 소개했던) 초전도성 고리를 통과하는 플럭스의 양자화 현상이 나타난다. 플럭스의 기본적인 양자 단위의 정수배가 아닌 플럭스를 통과시키려는 노력은 번번이 실패했다. 총 플럭스가 양자화된 값이 되도록 만들기 위해서 필요한 작은 양의 추가적인 자기장 때문에 고리 주위에 소량의 추가적인 전류가 흐르게 된다. 초전도체는 플럭스 양자의 정수배가 아닌 플럭스를 "허용하지" 않는다. 고리의 위쪽에서는 왼쪽에서 오른쪽으로 흐르고, 고리의 아래쪽에서는 오른쪽에서 왼쪽으로 흐르는 이런 소량의 추가 전류의 효과는 위쪽과 아래쪽 경로에서 파동 함수의 위상을 변화시키고, 접합의 쌍을 통해서 흐르는 총 전류의 양도 변화시킨다. 실질적으로 접합은 보강적이거나 상쇄적 간섭을 만드는 한 쌍의 슬릿과 같은 역할을 하게 된다. 이 경우에는 위쪽과 아래쪽 경로를 따라 흐르는 전류 사이에서 간섭 현상이 나타난다.

이런 간섭은 고리를 통과해서 가해주거나 가해주려고 하는 자기 플럭스에 의해서 조절될 수 있다.

두 개의 조지프슨 접합을 이렇게 배열한 디바이스는 SQUID(초전도 양자 간섭 디바이스, Superconducting quantum interference device)라고 알려져 있다. 그것의 실용적인 용도는 지금까지 가능하지 않았던 정밀도로 자기장의 세기를 측정하는 것이다. 디바이스를 통해서 흐르는 전류는 보강적 간섭과 상쇄적 간섭의 한 주기를 보여주기 때문에 1양자 단위만큼의 플럭스 변화도 쉽게 관찰이 가능하다. 앞에서 설명했듯이, 플럭스의 1양자 단위는 지름이 1인치인 고리를 통해서 흐르는 지구 자기장의 플럭스보다 1,000만 배나 작은 양이다.

91. 양자점은 무엇일까?

초등학교에서 원자에 대한 개념을 소개할 때는 물체를 반으로 자른 후, 반쪽을 다시 반으로 나누는 일을 반복해서 점점 더 작은 조각으로 자르면 결국에는 더 이상 자를 수 없는 하나의 원자에 도달하기 때문에 더 이상 자르지 못하게 된다고 설명한다. 그러나 조각의 한 쪽이 40개, 20개, 또는 10개의 원자일 경우에는 어떻게 변하는지를 물어보지는 못한다. 그렇게 작은 물체의 조각을 **양자점**(quantum dot)이라고 부른다. 양자점은 큰 물체나 하나의 원자의 성질과는 분명하게 구별되는 흥미로운 성질을 가지고 있다. 예를 들면, 도핑된 반도체로 양자점을 만들면, 한 쪽이 10개 정도의 원자로 이루어진 경우에도 여전히 원자가 띠와 전도 띠의 전자를 가지고 있게 된다. 그러나 그런 띠는 큰 덩어리의 경우처럼 거의 연속적인 에너지 영역을 가지고 있는 대신에 하나의 원자에서 개별적으로 양자화된 에너지와 마찬가지로 구별할 수 있을 정도의 불연속적인 에너지를 가지고 있게 된다. 양자점을 구성하는 원자의 수가 늘어날수록 띠를 구성하는 에너지 레벨들 사이의 간격이 좁아진다. 그래서 양자점의 지름이 하나에서 5개, 10개, 100개, 100만 개로 늘어나면, 전자 에너지 레벨 사이의 간격은 몇 전자 볼트에서 1전자 볼트의 몇 분의 1로 줄어들게 되고, 결국에는 에너지 영역을 연속적으로 취급할 수 있을 정도의 작은 값이 된다.

양자점의 크기가 커지거나 작아짐에 따라서 다른 것도 역시 변화한다. 전도 전자와 원자가 전자들 사이의 에너지 간격도 변화한다. 양자점의 크기가 작아지면, 띠 간격이 더 커진다. 전도 띠에서 원자가 띠로 전자의 전이가 일어날 때에 방출되는 광자는 양자점의 크기가 작아질수록 더 커진다. 어떤 양자점이 적색광을 방출한다면, 같은 물질로 만들어졌더라도 크기가 작아지면 (광자의 에너지가 더 큰) 녹색광을 방출하고, 더 작은 경우에는 (광자의 에너지가 더욱 큰) 청색광을 방출한다. 이런 이유 때문에 (많은 수의) 양자점을 원하는 색깔의 광원으로 사용할 수 있는 가능성이 열리게 된다.

양자점의 그런 성질은 놀라운 것이 아니라 오래 전부터 예견되었던 것이다. 양자점이 의미하는 것은 이론적인 이해의 승리가 아니라 기술의 승리일 뿐이다. 조절할 수 있는 크기를 가진 양자점을 엄청난 숫자로 만들 수 있는 능력은 **나노 기술**(nanotechnology)로 알려진 현대적 미세 조작 분야에서 획기적인 일이다.

지금까지 이 장에서 다루었던 질문은 우주의 블랙홀에서부터 몇 개의 원자로 이루어진 집단에 이르는 광범위한 영역에 대한 것이었다. 균형을 맞추기 위해서 더 자세하게 다루겠다.

92. 쿼크-글루온 플라스마는 무엇일까?

열은 물질을 분해시켜서* 서로 갈라지게 만든다. 예를 들면, 50켈빈의 온도에 있는 고체 질소 덩어리를 생각해보자. 63켈빈보다 조금 높은 온도로 가열하면 그런 덩어리는 녹아버린다. 서로 단단하게 붙잡고 있는 힘을 잃어버린 분자들은 액체 질소 상태로 수영을 하면서 돌아다닐 수 있게 된다. 액체를 77.5켈빈으로 가열하면 끓기 시작한다. 분자는 훨씬 더 큰 자유도(自由度 : degree of freedom)를 얻어서 기체 상태로 거의 자유롭게 돌아다니게 된다. 기체는 2개의 질소 원자가 간단한 분자로 결합되어 만들어지는 N_2 분자로 구성되어 있다. 기체를 흰 빛을 낼 정도로 뜨겁게 가열하더라도 원자들은 N_2 분자로 결합된 상태로 남아 있는다. 그러나 온도가 2만 켈빈 정도 이상으로 올라가면(여기서부터는 온도를 나타내는 숫자는 어림이다), 원자들이 떨어지기 시작하고, 5만 켈빈에 도달하면 기체는 분자가 아니라 거의 완전히 질소 원자들로 이루어지게 된다. 실제로 이런 정도의 온도에서는 열 운동의 소용돌이 때문에 전자도 원자에서 떨어지기 시작해서 전기적으로 중성인 원자뿐만 아니라 (전하를 가진 원자인) 이온도 등장하게 된다. 온도가 계속 올라가면, 처음에는 하나, 그리고 둘, 그리고 마지막으로는 7개의 전자 전부가 원자에서 떨어져나온다. 대략 500만 켈빈 정도의 온도에서는 고체 질소 덩어리였던 것이 완전히 발가벗은 질소 원자핵과 전자로 구성된 플라스마(plasma)가 된다. (질소 분자라는 하나의 "입자"로 시작된 것이 2개의 원자핵과 14개의 전자를 포함한 16개의 입자가 된다는 사실도 주목할 필요가 있다.)

온도를 더욱 높게 올려주면, 500억 켈빈이 될 때까지 그런 플라스마가

---

* 화학자들에게 분해(dissociate)는 분자를 구성 원자로 갈라놓는 것을 뜻한다. 여기에서는 물질을 갈라놓아서 그것을 구성하는 부분을 드러나게 한다는 넓은 뜻으로 사용한다.

존재한다. 그 후에는 원자핵 사이의 강력한 흔들림 때문에 원자핵이 부서지기 시작해서 양성자와 중성자가 쏟아져나오게 된다. 2,000억 켈빈 정도가 되면 양성자-중성자-전자의 플라스마 속에서 42개의 입자(14개의 양성자, 14개의 중성자, 14개의 전자)가 서로 부딪히면서 돌아다니게 된다.

우리는 이것이 이야기의 끝이 아니라는 사실을 짐작할 수 있다. 전자는 더 이상 쪼갤 수 없는 기본 입자이기는 하지만, 양성자와 중성자는 쿼크와 글루온으로 구성된 합성 입자이다. 핵자를 갈라놓게 되는 온도는 어느 정도일까? 이론적인 계산에 따르면 1조 켈빈 정도보다 조금 더 높으면 그런 일이 일어나서 쿼크, 글루온, 전자가 수프 모양으로 섞여 있는 소위 쿼크-글루온 플라스마가 만들어질 것으로 보인다. 실제로 그런 온도에 도달할 수 있을까? 짐작을 해보기 위해서, 우리가 알고 있는 것 중에서 가장 뜨거운 태양 중심부의 온도도 이런 쿼크-글루온 온도의 10만 분의 1에 지나지 않는다. 그러나 적어도 순간적으로라도 그런 온도에 도달할 수 있는 한 가지 방법이 있다. 정확하게 그런 목적으로 설계된 가속기가 뉴욕 주 롱아일랜드의 브룩헤븐 국립 연구소에 있다. 이 가속기는 상대성 중이온 충돌기(Relativistic Heavy Ion Collider)로 RHIC("릭"이라고 읽는다)이라고 부른다. 이 충돌기는 금 원자에서 79개의 전자를 모두 떼어낸 후에 원자핵을 20TeV의 에너지까지 가속시킨다. 그렇게 가속시킨 고에너지의 원자핵 2개를 충돌시켜서 전체적으로 40TeV의 에너지가 투입되는 충돌을 일으킨다. (이 수준의 에너지는 CERN의 LHC[대형강입자충돌기]에서 양성자로 얻을 수 있는 에너지 보다 더 큰 것이다. 차이는 RHIC에서 가속되는 금 원자핵은 전하가 79배나 되고, 그래서 전기력에 의해서 가속될 수 있는 힘이 LHC에서 가속되는 양성자보다 79배나 된다는 것이다.)

RHIC에서는 2000년부터 자료를 축적하고 있지만, 쿼크-글루온 플라스마의 자세한 성질에 대해서는 아직도 결론을 내리지 못하고 있다. 이 상태를 지금까지 잘 알려진 고체, 액체, 기체, 그리고 일반적인 플라스마 이외에 물질의 새로운 상태라고 부를 수 있다. 그런 상태에서 배우게 되는 것은 우주의 초기 상태를 이해하는 데에 도움이 될 것이다. 계산에 따르면, 1조 켈빈 이상의 온도는 빅뱅 이후의 1초의 100만 분의 1 정도에만 존재했던 것으로 추정된다. 그런 후에 우주는 쿼크들이 스스로 모여서 핵자를 구성할 정도로 "차가워졌다". 그 순간부터 쿼크-글루온 플라스마는 RHIC에서 되살려내기까지 다시 존재한 적이 없었다.*

93. 플랑크 길이는 무엇일까? 양자 거품은 무엇일까?

양자화된 에너지 교환의 아이디어가 등장하기 전인 1899년에 독일의 막스 플랑크는 스스로 b(다음 해에 h로 바뀐다)라고 부른 상수를 생각해냈다. 그 상수는 물질의 종류와 상관없는 현상인 동공 복사의 식에 들어 있기 때문에 그는 그 상수가 근본적인 것이라고 생각했다. 그 후에 그는 새로운 상수 b를 이미 잘 알려져 있었던 2개의 다른 자연의 기본 상수인 뉴턴의 중력 상수 G와 빛의 속도 c와 결합시키면, 길이의 단위를 가진 양을 얻을 수 있다는 사실을 깨달았다. 10^{-35}미터에 불과한 그것은 지나칠 정도로 작은 길이임에 틀림이 없었다. 그러나 플랑크는 미터의 경우와 달리 길이의 비교를 위한 인간의 선택과는 아무 상관이 없다는 이유 때문에 그런 길이에 관심을 가지기 시작했다. (본래 미터는 적도에서 북극까지 거리의

---

* 2010년에 RHIC의 연구자들은 4조 켈빈의 온도에 도달했고, 쿼크-글루온 플라스마가 기체라기보다는 액체에 더 가까운 행동을 보여준다는 몇 가지 근거를 찾았다. 제네바의 CERN 연구자들도 쿼크-글루온 플라스마를 연구하고 있고, LHC를 이용해서 더욱 뜨거운 물질을 찾게 될 것이라고 기대하고 있다.

1,000만 분의 1로 정의되었다.) 오랫동안 플랑크가 계산했던 길이의 단위는, 물리학의 실험이나 이론에 나오는 어떤 길이보다도 엄청나게 작은 것이었기 때문에 그 중요성을 이해할 수 없는 단순한 호기심의 대상으로 남아 있었다. 1955년 존 휠러가 중력에 대한 아인슈타인의 이론으로 일반 상대성 이론과 양자물리학을 결합시키는 가능성을 연구하면서 상황이 바뀌기 시작했다.

자서전에서 밝힌 휠러의 설명에 따르면, "우리가 아주 작은 것의 세계에게 엄청난 활력을 주는 양자 요동에 의한 입자들의 격정적인 춤을 볼 수 있을 것으로 예상되는" 원자핵이나 단 하나의 양성자의 크기에서는 이런 모든 것의 운동장인 공간과 시간(시공간)이 "유리처럼 매끄러울 것"이다. 휠러는 시공간이 양자의 춤에 합류하는 점이 있을 것이라고 추정했다. 그는 그런 점이 플랑크가 계산했던 길이 수준이 될 것이라는 결론에 도달하게 된 것은 그의 학생이었던 찰스 마이스너 덕분이었다고 밝혔다. 휠러는 그 길이를 **플랑크 길이**(Planck length)라고 불렀다(**플랑크-휠러 길이**[Planck-Wheeler length]라고 부르는 물리학자들도 있다). 플랑크 길이가 있다면, 빛이 플랑크 길이만큼의 거리를 움직이는 데에 걸리는 시간을 뜻하는 플랑크 시간(Planck time)도 있을 것이다. 그 시간은 약 10^{-43}초이다.

시공간과 양자물리학을 함께 포용하는 플랑크 영역에서는 시공간의 "유리 같은 매끄러움" 때문에 휠러가 "양자 거품(quantum foam)"이라고 이름붙인 비틀림과 다중으로 연결된 영역을 포함하는 공간의 요동이 사라지게 될 것처럼 보인다. 그림 63은 그런 조건에서의 환상적인 모습을 보여주는 것이다.

양자 거품이 나타날 것으로 예상되는 크기는 우리가 이해할 수 있는 능력을 벗어날 정도로 작은 것이다. 양성자 한 개 안에 일렬로 세울 수 있는

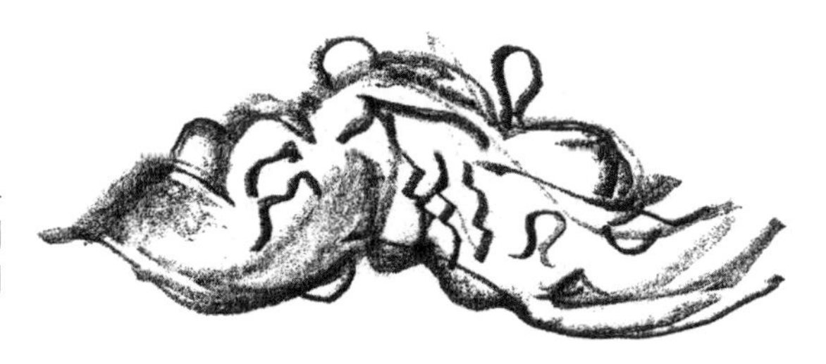

그림 63. 양자 거품. 플랑크 규모에서 시공간이 어떻게 생겼는지를 보여주는 화려한 모습.

플랑크 길이들의 수는 필라델피아에서 뉴욕까지의 거리에 양성자들을 일렬로 세울 때의 수와 같다(원자 1개의 지름에 10만 개의 양성자가 들어간다는 사실을 기억하라). 그럼에도 불구하고 미래의 중요한 새로운 물리학이 발견될 수 있는 영역은 이 경우에서처럼 믿을 수 없을 정도로 작은 플랑크 영역이다(원자핵의 규모와 플랑크 규모 사이에서 등장하게 될 수많은 새로운 물리학의 가능성도 배제할 수는 없다).

제15장

첨단과 수수께끼

94. 물리학자들이 137이라는 숫자를 좋아하는 이유는 무엇일까?

우리가 다루는 대부분의 양들은 6피트, 3마일, 2일, 5파운드, 40와트와 같이 단위를 가지고 있다. 단위를 바꾸면 숫자도 달라진다. 6피트는 2야드이고, 3마일은 4.83킬로미터이고, 2일은 48시간이 된다. 그러나 단위가 없는 "순수한" 숫자도 있다. 주사위의 크기나 무게를 측정하기 위해서 어떤 단위를 사용하든지 상관없이 주사위 면의 숫자는 6이다. 같은 단위를 가진 두 물리량의 비율에도 단위가 없다. 고모의 집까지 14마일이고, 좋아하는 식당까지 2마일이라면 두 거리의 비율은 7이다. 거리는 미터, 로드(rod : 5.0292미터), 피트, 펄롱(furlong, 201.17미터)으로도 측정 수 있다. 그러나 그 비율은 여전히 7이 된다.

양자 세계에서 사용하는 대부분의 물리량도 원자 질량 단위, 전자 볼트, 나노미터, 피코미터와 같은 단위를 가지고 있다. 중요한 숫자 중에서 단위가 없는 것도 있다. 예를 들면, 뮤온의 질량은 206.769 곱하기 전자의 질량이다. 질량의 단위로 무엇을 쓰든지 상관없이 그렇다. 그리고 단위가 없으면서 특별히 흥미로운 물리량의 조합이 있다. 플랑크 상수를 2π로 나눈 값($\hbar$)에서 시작을 한다. 빛의 속도(c)를 곱하고 전자 전하(e)의 제곱으로 나눈다. ħ, c, e에 대해서 어떤 단위를 사용하든지 상관없이 결과는 똑같다. 그런 양의 값이 덜 정확하게 알려져 있던 1920년대에 이미 이 숫자가 정확하게 137이 될지도 모른다고 생각했던 물리학자들이 있었다. 그러나 그런 행운은 없었다.

137.036이라는 숫자가 단순히 흥미로운 것이 아니라 중요한 이유는 무엇일까? 그 값의 역인 $e^2/\hbar c$ = 1/137.036에 해당하는 대략 0.007이 전자기 상호작용의 세기를 나타내는 척도이기 때문이다. 그것이 바로 전하를 가진 입자들이 전자기 에너지의 양자적 운반체인 광자와 결합하는 과정에 대한 **결합 상수**(coupling constant)이다. 그 숫자가 작기 때문에 결합이 비교적 약하게 되고, 물리학자들은 비교적 쉽게 빛의 방출과 흡수 과정을 계산할 수 있다. 역의 상수인 1/137.036은 **미세 구조 상수**(fine-structure constant)라고도 한다. 예를 들면, 상대성 때문에 원자의 에너지 레벨이 스핀과 오비탈 각운동량의 상대적인 방향에 따라 갈라지는 "분리(split)"가 일어난다. 닐스 보어가 처음 살펴보았던 에너지 레벨 사이의 간격보다 훨씬 더 작은 이런 분리를 **미세 구조**(fine structure)라고 부르고, 그런 분리의 정도는 미세 구조 상수의 값에 따라 달라진다. 미세 구조 상수가 커질수록 분리도 더 크게 된다. 미세 구조 상수가 1보다 크면, 원자의 에너지 레벨에서 미세 구조가 아니라 전체적인 구조가 나타나게 된다. (다른 많은 것도 달리지게 되고, 아마도 우리는 여기서 이런 문제를 논의할 수도 없게 되었을 것이다.)

그 숫자 값이 137인 이유는 무엇일까? 아무도 그 이유를 모른다. 물리학자들이 언젠가 답을 알아내고 싶어 하는 문제이다. 단위가 없는 이 숫자에 매력을 느낀 사람들 중 한 사람이 바로 이 책에서 여러 차례 소개했던 존 휠러였다. 1990년 대 초 어느 날, 그는 프린스턴의 워싱턴 가를 따

존 휠러(1911-2008). 휠러에게는 약간의 악동과 같은 기질이 있었다. 그는 이 낙서를 좋아했다. (나의 사진)

라 새로 만들고 있던 보도를 걷고 있었다. 그는 공사 감독을 찾아가서, 자신의 매력과 설득력을 총동원해서 아직 마르지 않은 콘크리트에 자신이 숫자를 적어넣을 수 있도록 허락을 해준다면, 역사와 학문을 위해서 좋은 일이 될 것이라고 설득했다. 지금까지도 워싱턴가와 아이비 레인의 모퉁이에 있는 보도에는 137.036이라는 숫자가 새겨져 있다. 휠러가 1994년에 손으로 자신의 작품을 가리키고 있는 사진이 남아 있다.

우리가 조금이라도 알고 있는 입자들은 모두 전하를 가지고 있거나 (전하가 없는) 중성이다. 그래서 그런 입자들은 전자기 장(광자)과 약하게 결합을 하거나 전혀 결합을 하지 않는다. 그러나 이론적으로는 자기 전하

또는 "자기극 세기(pole strength)"를 가진 전혀 다른 종류의 입자도 존재할 수 있다. 1931년 영국의 폴 디랙은 소위 단극자(monopole)에 대해서 연구했다. 단극자는 자기 현상의 직접적인 핵심이다. 이와는 달리 전기적으로 전하를 가진 입자는 자기 현상의 간접적인 핵심이다. 그런 입자들은 단순히 "그곳에 있어서"가 아니라 움직이기 때문에 자기적인 효과를 만든다. 디랙은 만약 단극자가 존재한다면 전자와 양성자보다 단극자가 훨씬 더 강하게 광자와 결합할 것이라는 놀라운 사실을 발견했다. 자기 결합 상수는 1/137이 아니라 137이 될 것이기 때문이다. 세월이 흐르면서 단극자를 찾아내기 위한 여러 가지 실험을 했다(나도 1963년에 그런 실험에 참여했다). 그러나 지금까지 하나도 찾지 못했다.

강하게 상호작용하는 자기극은 고전역학에서는 이론적으로 아무 문제가 되지 않는다. 자기극은 전자보다 거의 2,000배에 가까운 힘으로 서로 밀거나 당기는 입자일 뿐이다. 그러나 상호작용이 강할 경우에는 새로운 일이 일어나는 양자물리학에서 문제가 생긴다. 상호작용이 얼마나 약할 것인지의 하한은 알려져 있지 않지만, 얼마나 강하게 상호작용할 수 있는지에 대한 상한은 있을 수 있다. 나는 오래 전부터 어느 이론학자가 자기적 상호작용의 상한을 알아내서 왜 137인가 하는 숫자의 이유를 밝혀주었으면 좋겠다는 희망을 가지고 있었다. 자기적 결합 상수 137.036이 가장 큰 값이기 때문에 어쩌면 전기 결합상수 1/137.036이 가장 약한 것일 수 있다.

95. 얽힘은 무엇일까?

얽힘(entaglement)에 대해서는 한 권의 책을 쓸 수 있다(실제로 그런 책도 있다*). 기본적인 아이디어는 간단하지만, 우리가 이해하기 위해서 필요한 노력은 엄청나다. 얽힘은 특별한 종류의 겹침(superposition)이다. 그 상태들은 일반적인 양자 효과의 범위를 훨씬 넘어서는 먼 거리까지 퍼질 수 있다. 모든 양자 상태는 2개 이상의 상태가 겹쳐진 상태로 표현할 수 있다. 예를 들면 질문 76에서 설명했듯이, 스핀이 북쪽을 향하고 있는 상태는 스핀이 동쪽과 서쪽을 향하고 있는 상태의 겹침으로 생각할 수도 있다. 그리고 수소 원자의 바닥 상태에 있는 전자는 전자가 특정한 곳에 국소화된 수많은 상태들이 겹쳐져 있는 것이라고 볼 수도 있다. 놀랍기는 하지만, 이런 종류의 겹침은 얽힘이라고 알려진 종류의 겹침만큼 골치가 아프지 않다.

예를 들어, 어느 순간에 한 쌍의 광자로 붕괴될 전기적으로 중성인 파이온이 정지 상태에 있다고 생각해보자. 초기의 파이온은 전하 0, 운동량 0, 각운동량(스핀) 0을 가지고 있다. 이 양들은 보존되는 것이기 때문에 붕괴의 생성물의 값도 역시 0이다. 붕괴에 의해서 생성되는 2개의 광자는 전하가 0이다. 이로써 전하 보존은 해결이 된다. 두 광자는 같은 운동량을 가지고 서로 반대 방향으로 날아간다. 크기가 같으면서 서로 반대 방향을 향하고 있는 벡터의 벡터합은 0이기 때문에 운동량 보존도 해결된다. 그리고 스핀의 합이 0으로 보존되려면, 광자의 스핀 방향이 서로 반대 방향이 되어야만 한다. 그러나 서로 갈라져서 날아가는 붕괴에 의해서 생성되는 2개의 광자는 관찰되기 전에는 반대 방향을 향한 운동량과 반대 방향을 향한 스핀의 겹침으로 주어지는 하나의 시스템이다. 하나의 광자는 왼쪽으로 날아가고, 다른 광자는 오른쪽으로 날아간다고 생각해보자. 왼

* 예를 들면, Louisa Gilder, *The Age of Entanglement: when Quantum Physics Was Reborn* (New York: Knopf, 2008), and Amir Aczel, *Entanglement* (New York: Penguin, 2003).

쪽으로 가는 광자의 스핀은 왼쪽을 향할 수 있고, 그런 경우에 오른쪽으로 가는 광자의 스핀은 반드시 오른쪽을 향하고 있어야만 한다. 그런 상태는 [L, R]이라고 줄여서 표시할 수 있다. 또는 왼쪽으로 가는 광자의 스핀이 오른쪽을 향한다면, 오른쪽으로 가는 광자의 스핀은 반드시 왼쪽을 향하고 있어야만 하다. 그런 상태는 [R, L]이라고 부를 수 있다. 붕괴 과정에서 생성되는 실제 상태는 (선택한 비행 방향에 대한) 두 가지 가능성이 같은 비율로 섞인 (겹침) 상태가 된다. 그런 상태는 [L, R] – [R, L]이라고 쓸 수 있다.* 왼쪽으로 날아가는 광자의 스핀을 측정한다면, 스핀이 왼쪽이나 오른쪽으로 향하고 있을 가능성이 똑같아진다는 뜻이다.

이제 아인슈타인의 "유령 원격 작용(spooky action at distance)"이 필요해진다. 왼쪽으로 날아가는 광자가 생성된 곳으로부터 1미터, 1마일, 또는 1광년 떨어진 곳에서 광자의 스핀을 측정할 수 있다. 측정을 하는 순간에 2미터, 2마일, 또는 2광년 떨어져 있는 다른 광자의 스핀이 어느 방향을 향하고 있는지를 알 수 있게 된다. 측정을 하기 전까지는 두 광자 모두의 스핀 방향은 불확실하고 알 수도 없지만, 한 광자의 스핀 방향을 확실하게 알게 되면 바로 그 순간에 다른 광자의 스핀 방향도 곧바로 결정된다. 이런 모든 것은 측정의 순간에 이르기까지 두 광자는 두 개의 서로 떨어진 양자 시스템이 아니라 하나의 양자 시스템을 구성하기 때문이다.

독일에서 이민자로 미국에 와서 2년 후인 1935년에 알베르트 아인슈타인은 프린스턴 대학교의 고등연구원의 두 동료인 보리스 포돌스키와 나탄 로젠과 함께 양자물리학에 대한 논문 중에서 가장 유명한 논문을 발표했다. 그 논문의 목적은 양자물리학의 발전을 위해서가 아니라 의문을

* 마이너스 기호를 쓰는 이유가 있기는 하지만, 여기서 설명하기에는 너무 복잡하다. 두 가능성이 같은 확률을 가지고 있다는 것이 핵심이다.

제기하기 위한 것이었다. 방금 설명한 것처럼, 실제 측정은 아주 멀리 떨어져서 겉보기에는 완전히 분리된 것처럼 보이는 시스템의 다른 부분에서 이루어지는데도 불구하고, 시스템의 엉뚱한 부분에 관심을 가지는 주장을 받아들이는 사람들의 정신이 온전한지에 대해서 의문을 제기하는 것이 논문의 목적이라고 할 수도 있다. 그로부터 앞으로도 영원히 그렇게 알려지게 될 EPR(아인슈타인-포돌스키-로젠)은 자신들이 제기하는 상황을 이렇게 설명했다. 두 개의 시스템이 합쳐져서 상호작용을 한 후에 다시 분리된다. 양자물리학에 따르면, 두 시스템은 상호작용 때문에 얽히고(이 용어[entangle]는 EPR 논문이 발표된 직후에 에르빈 슈뢰딩거에 의해서 도입된 것이다), 얽힌 상태를 풀기 위한 다른 측정이 이루어지기까지는 얼마나 멀리 떨어져 있는지에 상관없이 두 시스템이 계속해서 같은 제한된 공간을 차지하고 있을 때와 조금도 다르지 않은 겹쳐진 진폭과 상대적 확률을 가진 하나의 시스템으로 존재하게 된다. 하나의 시스템이 미터나 마일이나 광년만큼 떨어진 다른 시스템에서 이루어진 측정에 대해서 순간적으로 반응할 수 있다는 아이디어는 의미가 없기 때문에 틀렸다는 것이 EPR의 주장이었다. EPR은 말도 안 되는 한계라고 생각되는 겹침의 아이디어를 확장함으로써 양자물리학에서의 오류이거나 아니면 물리학자들이 이론을 설명하는 방법에서의 오류를 찾아냈다고 생각했다.

한 곳에서의 측정이 다른 곳에 있는 어떤 것에 대한 정보를 알려준다는 아이디어는 그 자체로 아주 이상한 것은 아니다. 조와 그의 여동생 메리 중에서, 한 사람은 도쿄로 가고, 다른 한 사람은 파리로 여행을 떠났는데, 그런 사실은 알지만, 누가 어디로 갔는지를 모르고 있는 경우를 생각해보자. 만약 도쿄에서 조를 만난다면, 곧바로 메리가 파리에 있다는 사실을 알게 된다. 전혀 이상한 일이 아니다. 그러나 어떤 물리학자가, 도쿄에 있는 것이 조와 메리의 어떤 겹침이거나 섞임이고, 조가 도쿄에 있고, 메리가 파리에 있다는 사실을 알게 된 것이 "측정"에 해당하는 길거리에서의 만남을 통해서이고, 더욱이 당신이 도쿄에서 메리를 만나서 조가 파리에 있다는 사실을 알게 될 가능성도 똑같다고 알려주었다면, 당신은 "말도 안 된다"고 생각하는 것이 당연하다. 말이 안 될 수도 있고, 골치 아픈 일일 수도 있다. 그러나 양자의 영역에서는 그것이 진실이다.

양자물리학에서 상식에 어긋나는 것이 얽힘만이 아니다. 그러나 얽힘은 가장 생생한 것 중 하나이고, 20세기의 유명한 과학자들 중에는 얽힘이 가장 골치 아픈 문제라고 생각하는 사람도 있었다. 지난 수십 년 동안 전 세계의 여러 곳에서 진행된 실험을 통해서 얽힌 시스템의 행동에 대한 양자물리학의 예측이 확인되었다. 한 곳에서의 측정이 실제로 다른 곳에서의 결과를 결정해준다. 다른 말로 표현하면, 지금까지 확인된 양자물리학의 모든 예측은 우리의 "상식"에 맞는지와 논리에 어긋나는지에 상관없이 옳은 것으로 밝혀졌다.

96. 벨의 부등식은 무엇일까?

1960년대에 당시 30대였던 아일랜드의 이론물리학자 존 벨은 제네바의 CERN에서 근무하고 있었다. 그의 주된 업무는 연구소의 가속기에서 이루어지는 실험을 기획하고 해석하는 실험물리학자들과 함께 일하는 것이었지만, 자신이 처음부터 좋아했던 기본적인 양자 이론에 대해서 생각할 여유 시간을 가질 수 있었다. 그는 마음으로는 양자 이론을 좋아하지 않았다. 그는 아인슈타인, 포돌스키, 로젠과 마찬가지로 근본적인 확률의 아이디어는 물론 얽힘의 아이디어도 좋아하지 않았다. 그러나 머리로는

존 벨(1928–1990). 벨파스트에서 가난한 아일랜드계 개신교 가정에서 자란 벨은 가족 중에서 처음으로 고등학교 교육을 받았다. 10대에 그는 첫사랑이었던 철학의 매력에 빠졌고, 물리학이 "차선"이라고 생각했다. 16세에 고등학교를 졸업한 그는 대학에 들어가기에 나이가 너무 어려서 1년 동안 일을 해야만 했고, 그 지역에 있던 퀸스 대학교에서 실험실 조수 자리를 찾았다. 그는 "실험실을 청소하고, 학생들을 위해서 전깃줄을 정리하면서 1학년 대학 물리학 공부를 했다." 이윽고 그는 20세기의 양자물리학에 대한 가장 심오한 사상가가 되었다. (Jeremy Bernstein, *Quantum Profiles* (Princeton, N.J.: Princeton University Press, 1991)에서 인용. 사진 © CERN)

그도 양자 이론이 언제나 실험 결과를 정확하게 예측해준다는(정확하게 말해서는, 그렇게 밝혀졌다) 사실을 믿었다.

1935년에 발표된 EPR 논문은 거의 30년 동안 유명했지만, 특별한 영향력은 없었다. 공동의 기원에서 빠져나온 한 쌍의 입자가 얽혀 있는지의 여부를 실험적으로 확인할 수 있는 실험을 아무도 생각할 수 없었다. 그러다가 1964년에 벨이 유명할 뿐만 아니라 영향력이 있게 된 짧은 논문을 발표했다. 벨은 실제로 얽힘의 실재를 실험적으로 시험할 수 있다는 사실을 밝혔다.

그의 아이디어는 간단한 예를 이용해서 설명할 수 있다. 자신을 실험 물리학자라고 생각해보자. 실험실에서 그림 64에서처럼 스핀 1/2의 입자인 전자와 양전자가 만들어져서, 총 각운동량이 0인(즉, 스핀이 상쇄되는) 상

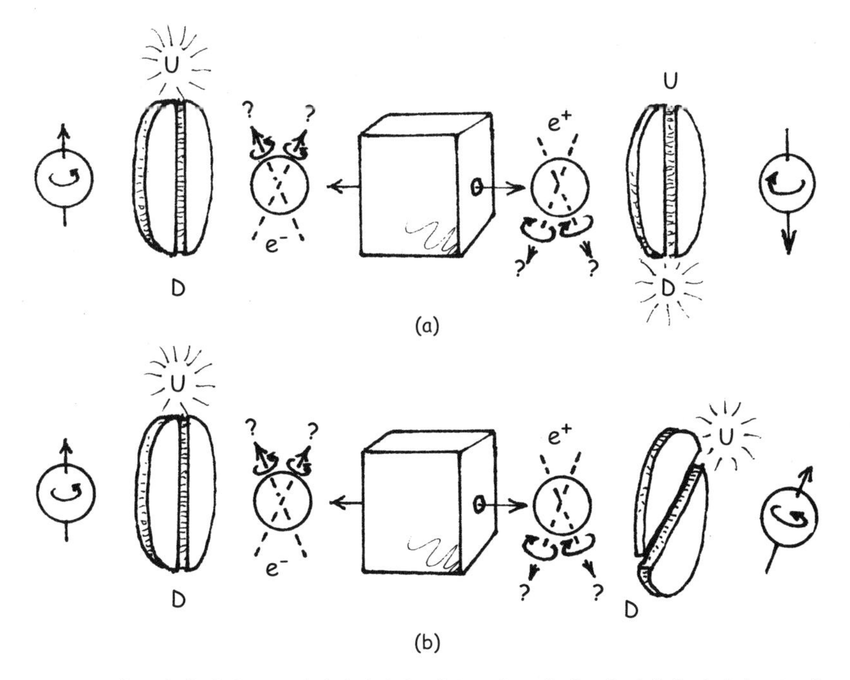

그림 64. 서로 반대 방향으로 날아가면서 총 각운동량(스핀)이 0인 전자와 양전자. (a) "위-아래" 축을 따라 스핀을 기록하도록 설치된 감지기. 왼쪽 감지기가 "위"를 알려주면, 오른쪽 감지기는 "아래"가 될 것이 확실하다. (b) 오른쪽 감지기를 조금 돌렸다. 왼쪽 감지기가 "위"가 될 때, 오른쪽 감지기도 역시 (확률이 작기는 하지만) "위"가 될 수 있다.

태로 유지되면서 서로 반대 방향으로 날아가도록 만든다. 어느 정도 떨어진 곳에 "위(up)"와 "아래(down)" 스핀을 알아낼 수 있는 감지기를 설치한다. 첫째, 그림의 (a)에서처럼 두 감지기를 모두 위-아래 방향이 실험실의 수직 축과 일치하도록 만든다. 양자역학에 따르면, 한 쌍의 입자는 위-아래와 아래-위의 스핀 상태의 겹침으로 표현할 수 있는 얽힌 상태에 있을 수 있다. 감지기 1에 "위"가 기록되고, 감지기 2에 "아래"가 기록될 확률이 50퍼센트이고, 그 반대가 될 확률도 50퍼센트라는 뜻이다. 감지기에 위-위나 아래-아래가 기록될 확률은 0이다. 위-위 상관도가 0이라고 한다.

두 감지기에서 “위”는 다른 “위”와 함께 나타날 수 없다는 뜻이다.

EPR과 같은 입장에서 입자들은 서로 분리되는 순간부터 분명한 스핀을 가지고 있다고 믿는다면, 이런 결과에 신경을 쓸 필요가 없다. 스핀이 위쪽 (수평면으로부터 임의의 위쪽)을 향하고 있으면 감지기에 의해서 “위” 방향으로 바뀌게 될 것이고, 스핀이 아래쪽을 향하고 있으면, 감지기에 의해서 “아래” 방향으로 바뀌게 된다고 가정할 수 있다. 이 스핀의 방향이 모든 방향에 대해서 무작위적이라고 기대하기 때문에 위-아래와 아래-위의 결과가 절반씩 나타나고, 위-위와 아래-아래의 결과가 나타나지 않는다고 놀라지는 않을 것이다.

이제 그림의 (b)에서처럼 감지기 2를 작은 각도로 돌려서 실험의 조건을 바꿔준다. 이 배열에서는 양자역학(얽힌 스핀)이나 EPR 옹호자의 입장(감지되기 전까지는 분명한 스핀이 존재한다는 입장)에서 모두 가끔씩 위-위의 결과나 아래-아래의 결과가 얻어져야만 한다. 양자물리학자의 설명은 다음과 같다. 감지기 1에서 전자가 위 스핀을 가지고 있는 것으로 밝혀지면, 양전자는 반드시 스핀이 수직 방향으로 아래를 향하고 있어야 하고, 그런 상태는 오른쪽에서 새로운 “아래”와 새로운 “위”의 겹침이 된다(새로운 “아래”가 많고, 새로운 “위”는 조금)는 것이다. EPR 옹호자의 설명은 다음과 같다. 가끔씩 스핀이 약간 위쪽을 향하고 있어서 감지기 1에서 “위”로 읽히게 되는 전자에 대응하는 양전자는 약간 아래쪽을 향한 스핀을 가지게 되지만, 감지기 2의 회전각보다 작기 때문에 역시 “위”로 읽히게 된다는 것이다. 해석은 다르지만 위-위 상관성이 작기는 하지만 더 이상 0이 되지는 않는다.

이제 존 벨이 등장한다. 그는 앞에서 설명한 측정에 의해서 고정된 스핀에 대한 EPR의 관점에 따르면, 감지기 2의 작은 회전각을 2배로 만들면 위-위 상관성이 2배 이하가 된다는 것을 증명할 수 있다. 이런 결과는 스핀이 감지기를 만날 때 어떻게 방향을 바꿔야 하는지를 "알려주는" 법칙에 상관없기 때문에 놀라운 것이다. 그런 결과는, 회전각이 2배가 될 때 위-위 상관도는 원래 각도에서 얻어지는 위-위 상관도의 2배보다 작거나 같다고 쓸 수 있기 때문에 부등식(inequality)이 된다.* 이와는 달리, 양자역학은 회전각을 2배로 하면 위-위 상관도가 어떻게 변할 것인지에 대해서 구체적인 결과를 가지고 있다. 대부분의 각도에서는 상관도가 2배 이상이 되고, 아주 작은 각도에서는 4배가 된다. 따라서 양자역학은 상관도가 4배까지 예상되지만, 미리 고정된 스핀에 대한 EPR 개념은 상관도가 기껏해야 2배가 될 것으로 예상되기 때문에 양자역학은 벨 부등식에 "어긋난다"고 말한다.

양자적으로 4배가 되는 이유는 무엇일까? 기본적으로 양자역학은 진폭을 다루고, 확률은 진폭의 제곱에 비례하기 때문이다. 그래서 이 경우처럼 진폭이 2배가 되면, 확률은 4배가 된다.

벨의 부등식(각주에서 밝혔듯이 한 가지 이상이 있다)이 유효한지를 시험하는 일은 쉽지 않다. 그런 실험은 복잡한 실험 장치와 힘든 측정이 필요하다. 최초의 실험은 1970년대에 시작되었지만, 오늘날까지도 빈, 파리, 제네바 등지에서 실험이 계속되고 있다. 지금까지 모든 실험에서 얽힌 상태에 대한 양자역학의 예측이 옳았고 부등식이 어긋나는 것으로 드러났다. 이는 벨이 예상했던 그대로였다. 그림 64의 전자와 양전자는 서로 멀어지면서도 서로를 놓아주지 않는다.

---

* 이것은 부등식의 한 가지 예일 뿐이고, 벨이 제시한 본래의 예는 아니다. 1965년에 논문을 발표한 이후에 부등식과 관련된 다른 예들이 알려지면서 모든 것이 벨 부등식(Bell inequalities)으로 알려지게 되었다.

97. 큐비트는 무엇일까? 양자 컴퓨팅은 무엇일까?

비트(bit)*는 예스와 노, 0과 1, 위와 아래, 온과 오프처럼 고전적 정보의 기본적인 조각이다.† 큐비트(qubit, 양자 비트)는 양자적 정보의 기본 단위이다. 두 종류의 "비트"는 엄청나게 다르다. 고전적 비트는 남북 방향의 길을 따라 운전할 때의 선택과 비슷하다. 북쪽으로 가거나, 남쪽으로 갈 수 있다. 두 가지 가능성뿐이다. 그 중간에는 아무 것도 없다. 큐비트는 포장된 넓은 공간에서 운전을 할 때의 선택과 비슷하다. 모든 방향을 선택할 수 있다. 그러나 상황은 그보다 더 나쁘다. 실제로 주어진 공간에서 동시에 서로 반대 방향으로 운전할 수 있는 것과 비슷하다. 전자의 스핀이 예가 된다. 스핀은 위를 향하거나, 아래를 향하는 것으로 측정될 수 있다. 두 가지 가능성 뿐이다. 그러면 스핀은 고전적 비트처럼 행동한다. 그러나 측정하기 전에는 전자의 스핀이 위와 아래 방향이 임의의 상대적 비율로 겹친 상태로 존재할 수 있다. 50퍼센트 위이고, 50퍼센트 아래일 수도 있고, 31퍼센트 위이고, 69퍼센트가 아래일 수도 있고, 91퍼센트가 위이고, 9퍼센트가 아래일 수도 있다.

---

* 비트라는 용어는 프린스턴의 통계학자 존 튜키에 의해서 제안된 것이다. 튜키는 물리학에 대해서도 많이 알고 있던 유쾌한 성격의 사람이었다. 나도 그가 프린스턴에서 만들었던 포크 댄스 모임에 참석하는 일을 즐겼다.

† 오늘날 우리는 바이트(byte)를 더 많이 사용한다. 바이트는 8개의 비트로 이루어진다. 하나의 비트는 두 가지 가능성만을 구별해준다. 하나의 바이트는 대문자, 소문자, 숫자, 여러 가지 기호를 나타내기에 충분한 256가지의 가능성을 구별해준다. 1951년과 1952년에 사용하던 컴퓨터는 2개의 방을 차지하고 있었지만 총 저장 용량은 약 2킬로바이트(2×10^3바이트)에 지나지 않았다. 요즘에는 그런 방에 테라바이트(10^{12}바이트)의 전자 저장 용량을 가진 컴퓨터 200대를 설치하는 일이 어렵지 않다. 오래 전의 컴퓨터에서 한 바이트로 저장하던 공간에 지금은 1,000억 바이트를 저장할 수 있다. 전 세계에서 현재 저장된 총 바이트 수는 엄청날 뿐만 아닐 빠르게 늘어나고 있다. 2010년경에는 인류의 뇌에 들어 있는 뉴런의 총 수효보다 많아질 것이다. 오늘날 전형적인 휴대용 디바이스에 저장된 데이터의 바이트 수는 60년 전 전 세계에서 저장했던 바이트 수를 훨씬 넘어선다.

서로 다른 상태의 겹침으로 존재할 수 있다는 큐비트의 놀라운 특징은 지난 수십 년 동안 양자 컴퓨팅에 대한 관심을 증폭시켜왔다(흥미로운 가능성이기는 하지만, 실용화까지는 길이 멀다). 비트를 처리하는 회로 요소인 "논리 게이트(logic gate)"가 일반적인 컴퓨터의 핵심이다. 예를 들면, 논리 게이트가 입력되는 두 개의 비트에 따라 다른 결과 비트를 만들어낼 수 있거나, 입력되는 하나의 비트에 따라 켜고 끄는 스위치의 기능을 할 수도 있다. 양자 논리 게이트는 동시에 위와 아래 또는 0과 1의 비트를 처리할 수 있는 가능성을 가지고 있다. 이런 성능을 이용하면 여러 개의 큐비트를 겹쳐서 처리 능력을 2배 이상으로 증가시킬 수 있다. 2개의 큐비트는 4가지 다른 방법으로 섞을 수 있고, 10개의 큐비트는 1,000가지의 방법으로 섞을 수 있고, 20개를 사용하면 백만 가지 방법으로 섞을 수 있다. 시스템을 방해하지 않고 놓아두기만 하면 원칙적으로 양자 논리 게이트는 이런 모든 가능성을 한꺼번에 처리할 수 있다. 방해(disturbance)는 여러 가능성들 중에서 하나를 추출하는 측정과 같은 것이기 때문이다. 양자 컴퓨팅 이론학자는 겹친 시스템이 처리 과정을 견뎌내고 살아남아서 다시 분석할 수 있도록 반대쪽으로 나오게 할 수 있는지에 대해서 고민을 해야만 한다.

물론 궁극적으로는 양자 컴퓨터로부터 정보를 추출해야만 한다. 겹친 상태가 컴퓨터 속에서 영원히 방해받지 않은 상태로 돌아다닐 수는 없다. 정보를 추출하면, 실제로 겹침이 깨어지고, 모든 가능성 중에서 하나의 결과만 실현된다. 그렇다고 양자 컴퓨터가 쓸모없어지는 것은 아니다. 오직 하나의 답을 원하는 경우가 대부분이기 때문이다. "이렇게 거대한 숫자가 소수(素數)일까?" 또는 "내일 밤에 눈이 올 것일까?"와 같은 질문에 답을 찾으려면 엄청난 양의 계산이 필요하기는 하지만, "예스"나 "노"로 대답할 수 있다.

고전적 비트는 종이 조각에 써놓은 0이나 1 이상의 의미를 가진다. 비트가 실용적으로 쓸모가 있으려면 물리적 디바이스에서 구체화되어야만 한다. 예를 들면, 그것이 광학 섬유를 지나가거나 하드디스크 위에 있는 자기화된 물질에 쪼여지는 빛의 펄스일 수도 있다. 마찬가지로 양자 컴퓨터가 실현되기 위해서는 큐비트도 물리적인 "것"이 되어야만 한다. 양자 컴퓨팅의 초기 단계에서는 바로 그것이 무엇이 될 수 있는지에 대해서 다양한 가능성이 있다. 조지프슨 접합(질문 90), 양자점(질문 91), 심지어 개별적인 원자핵들도 그런 가능성에 포함된다. 지난 몇 년 동안 고전적 비트가 카드에 뚫은 홀에서 음극선관의 표면에 있는 점을 거쳐 기체가 채워진 관에서의 소리 펄스로 바뀐 것처럼 그 가능성이 좁혀질 것이다.

98. 힉스 입자는 무엇일까? 왜 중요할까?

사티엔드라 나스 보스와 엔리코 페르미는 입자의 종류에 자신들의 이름(보손과 페르미온)이 붙여지는 명예를 얻었다. 그러나 에딘버러 대학교의 물리학 명예교수인 피터 힉스는 2012년 7월 4일(스위스에서는 국경일이 아니다) 스위스 제네바에 있는 CERN의 과학자들이 발견 사실을 발표했던 개별 기본 입자*에 자신의 이름이 붙여졌다.

1960년대 초에 입자 이론학자들은 만약 자신들의 이론이 옳다면, 자연에 전하 0, 스핀 0, 질량 0인 보손이 존재해야만 한다고 예측했다. 당시에

* 힉스는 "보손으로서의 자신의 삶"에 대해서 유머가 가득 찬 책을 쓰고 이야기를 했다. 한때 "신의 입자(God particle)"라고 알려졌던 입자에 자신의 이름이 붙여진 것에 대해서 힉스 자신이 어떻게 느끼고 있는지는 알 수가 없다.

는 그런 입자가 알려져 있지 않았다. 그런 입자가 존재하고 예상했던 것과 같은 방법으로 다른 입자와 상호작용했더라도, 아무도 감지하지 못했을 수가 있었을 것이다. 1964년에 힉스는 예상을 했지만, 관찰할 수 없었던 기본 입자에 대한 수수께끼를 푸는 길을 찾아냈다. 그는 상대성 입자 이론의 수학(장 이론, field theory)에서 일종의 빠져나갈 길을 찾아냈다. 힉스 메커니즘(Higgs mechanism)이라고 부르게 된 그의 탈출구에 따르면, 이 입자의 질량이 0이 아니라 어쩌면 (입자의 기준으로는) 상당히 큰 질량을 가지고 있어도 될 뿐만 아니라 그래야만 한다. 그래서 힉스 입자(Higgs particle)라는 이름이 등장했고, 애정을 가진 사람들은 그저 힉스(Higgs)라고 부른다. 처음에 예상했던 입자와 마찬가지로, 힉스는 전하와 스핀이 없는 보손이지만,* 질량이 없는 입자와는 거리가 멀었다. (양성자 질량의 130배가 넘는) 125GeV의 질량을 가진 힉스는 톱 쿼크를 제외한 지금까지 알려진 다른 어떤 입자보다 더 무겁다.

곧바로 힉스 입자에게 새로운 의무가 주어졌다. 1970년대 초가 되면서 이론학자들은 힉스 입자의 존재를 가능하게 해주는 장(場, field)†이 힉스 입자 자체의 질량뿐만 아니라 다른 입자들의 질량도 설명해준다는 결론을 얻었다. 공간 전체를 채우고 있는 힉스 장은 입자들을 방해하는 일종의 점성을 제공할 것으로 예상되고, 그런 방법으로 입자들이 질량을 가지도록 해준다. 이런 설명은 당연히 매우 단순화된 것이다. 질량을 가지고 있는 모든 기본 입자 중에는 두 입자가 같은 질량을 가진 경우도 없고, 기본 입자의 질량이 무엇이 되어야 하는지를 예측하는 이론이 없는 것도 분

---

* 스핀이 없기 때문에 반드시 보손이라야만 한다.

† 이 책에서는 장이 아니라 입자에 초점을 모았다. 그러나 두 가지는 같은 것이다. 예를 들면, 광자는 전자기장과 관련된 입자이고, 중력자는 중력장과 관련된 입자이다.

명하기 때문이다. 그럼에도 불구하고 특히 힉스에 의한 설명에서는 적어도 한 가지 이상한 점이 발견될 가능성이 있다. 전자기 상호작용의 힘 운반자와 약한 상호작용의 힘 운반자의 질량이 엄청나게 다르다는 것이다. 질문 16에서 설명했듯이, 세기가 크게 다른 이 두 가지 상호작용을 하나의 전기 약한 상호작용(electroweak interaction)으로 통일을 했지만, 전자기력을 전달하는 광자는 질량이 없고, 약력을 전달하는 W와 Z 입자는 엄청난 질량을 가지고 있다. 이론학자들은 힉스 장이 W와 Z 입자에게 질량을 가질 수 있는 "점성(粘性, viscosity)"뿐만 아니라 이 입자와 질량이 없는 광자가 합쳐지도록 해주는 "시멘트(cement)"도 제공할 것을 기대한다.

힉스 입자가 생성되고 나면 무슨 일을 할까? 아마도 10^{-23}초도 안 되는 수명 동안에 힉스 입자는 작은 원자핵의 지름에 해당하는 거리도 움직이지 못하고 다른 입자로 붕괴될 것이다. 한 개의 힉스 입자는 다른 여러 가지 가능성이 있지만, 보텀 쿼크와 보텀 반쿼크로 붕괴될 수 있다. 이런 입자들은 다시 다른 입자로 붕괴되어 결국에는 광자와 전자와 같은 최종 입자가 되어 감지되기에 충분한 거리까지 날아간다. 힉스 입자를 발견했던 CERN의 두 연구팀은 아틀라스(p. 282의 사진)를 포함한 두 가지의 거대한 감지기를 사용했다. 그들의 엄청난 임무는 최종 파편 전부를 만들어낸 최초 입자의 질량을 알아내는 것이다. 미시시피 강의 하류에 있는 물 한 방울이 로키 산맥의 샘 중에 어디에서 흘러나온 것인지를 알아내는 것과 비슷한 일이다. 페르미 연구소에서는 거의 성공을 했었다.*

* 2011년 가을에 예산 문제 때문에 테바트론이 폐쇄된 후에도 그곳의 연구자들은 엄청난 양의 자료를 분석하고 있다. 그들은 (일리노이의 휴일이 아닌) 2012년 7월 2일에 115와 135GeV 사이의 질량을 가진 새로운 입자에 대한 놀랍지만 확실한 증거라고 하기는 어려운 증거를 공개했다.

99. 끈 이론은 무엇일까?

마지막 장에서 다루었던 대부분의 다른 주제와 마찬가지로 끈 이론도 비전문가들에게 설명하기 위해서는 책 한 권이 필요하다.* 여기서는 이런 놀라운 이론의 핵심적인 특징 몇 가지에 대해서만 설명할 것이다.

아리스토텔레스는 자연이 진공을 두려워한다고 말했다. 현대 물리학자들은 공간을 차지하지도 않고, 시간을 따라 확대되지도 않는 사물이나 사건을 뜻하는 특이점(singularity)을 두려워한다. 그러나 양자물리학에는 특이점이 포함되어 있다. 전자와 다른 기본 입자들은 공간적 크기가 없는 것으로 가정하고, 입자 사이의 상호작용도 공간의 한 점과 시간의 한 순간에 일어나는 것으로 가정한다.† 놀라운 능력을 가진 현대 이론학자들이 이 문제에 대해서 무엇을 하기 시작했다. 그들은 단순히 특이점을 두려워하는 대신 특이점을 제거하기 위해서 노력했다. 그들이 제시한 **끈 이론**(string theory)이라고 부르는 양자물리학(그리고 중력)의 확장에 따르면, 입자는 실제로 점으로 존재하지 않는다. 그 대신 입자는 고리 모양이거나 양 끝을 가진 선 모양으로 진동하는 매우 작은 **끈**이다. 끈은 상상할 수 없을 정도로 작고, 진동의 속도는 상상을 넘어설 정도로 크다. 끈은 소위 시간과 공간의 플랑크 규모 또는 그런 규모이거나 그런 규모와 크게 다르지 않은 수준에서 존재한다(그림 93 참조). 실험으로 직접 확인할 수 있는 영역보다 엄청나게 작은 규모이다. 시공간 자체가 양자 무도에 참여하기 시작해서 "양자 거품"이 만들어진다는 것이 그런 영역에 대해서 우리가

* 브라이언 그린이 쓴 두 권의 훌륭한 책(두 권 모두 제목이 길어서 여기서 제목 전체를 소개하지 않는다)은 『엘리건트 유니버스(*The Elegant Unvierse*)』(New York: Vintage Books, 2002)와 『우주의 구조(*The Fabric of the Cosmos*)』(New York: Vintage Books, 2005)이다.

† 입자는 시공간 영역을 차지하는 한 무리의 가상 입자와 함께 존재하지만, 그런 무리의 중심에는 점 입자가 존재한다.

확실하게 알고 있는 것의 전부이다.

이 이론에 따르면, 바이올린의 서로 다른 음이 줄의 서로 다른 진동 모드에서 만들어지는 것과 마찬가지로, 서로 다른 질량, 전하, 스핀 등을 가진 입자들은 작은 끈의 서로 다른 진동 모드에서 만들어진다. 이 이론은 수학적 아름다움과 양자 이론과 중력 이론의 통일 가능성에 대한 도전적인 힌트 덕분에 많은 사람들에게 매력적으로 보였다. 이 이론에는 우리가 알고 있는 4차원(시간 포함) 대신에 10 또는 11차원이라는 우주의 차원에 대해서 말하기가 불편한 면을 가지고 있다. 그러나 지금까지 끈 이론은 우리가 측정할 수 있는 세계에 대해서는 아무것도 말해주지 못했다. 지금까지 실험을 통해서 확인할 수 있는 것은 아무것도 없었다. 일부 물리학자들은, 낯선 것과 결합된 매력 때문에 물리학의 다른 분야에서 너무 많은 재능이 낭비되고 있다고 주장한다. 끈 이론의 수학뿐만 아니라 끈 이론의 "사회학"도 있다.*

오늘날의 실험에서 탐지할 수 있는 가장 작은 크기가 약 10^{-18}미터이고, 끈 이론이 십억 배의 십억 배나 더 작은 10^{-35}미터 크기에서 일어나는 가상적인 현상을 다루고 있다면, 도대체 어떻게 이론과 실험을 비교할 수 있을 것이라고 기대할 것일까? 이런 의문에 대한 몇 가지 답이 있다. 문제가 아니라는 것이 한 가지 답이다. 만약 이론이 물리적 세계에 대해서 우리가 알고 있는 모든 것을 만족스럽게 설명하고, 자연에 대한 우리의 설명에서 획기적인 단순성에 대한 우리의 기대를 만족시킨다면, 그런 이론이 새로운 것을 예측해주지 않더라도 그것을 받아들이고 믿고 싶어할 것이다. "누가 알까?"도 또 하나의 답이다. 우리가 어디로 가는 길인지 모른다는 이유 때

* (상당한 논란을 일으켰던) 부정적인 측면에 대해서는 리 스몰린의 *The Trouble with Physics* (New York: Houghton, Mifflin, 2006)를 참조하자.

문에 매력적인 길을 걸어가지 않고 멈추지는 말아야 한다. 물리학에서 많은 돌파구들이 처음에는 실제 세계와 아무 관계가 없는 것처럼 보였던 연구에서 얻어졌다. 그리고 세 번째 답도 있다. 극복할 수 없을 것처럼 보이는 긴 시간과 거리 규모에도 불구하고 시험해볼 수 있는 예측이 가능하다는 것이다. 언젠가 어느 끈 이론학자가 "뮤온의 질량이 206.768 곱하기 전자의 질량이라는 사실을 계산했다"고 말하는 광경을 생각해보자. 끈 이론은 앞으로도 우리와 함께 할 것이고, 그런 이론학자가 스톡홀름으로부터 초대를 받을 것이 분명하다.

100. "측정 문제"는 무엇일까?

양자물리학의 많은 부분은 이상하고, 심지어 괴상하기도 하다. 양자의 기묘한(strange) 존재에 대해서 이야기하는 저술가도 있다. 동시에 두 슬릿을 통과하는 한 개의 광자나 몇 마일이나 떨어져 있으면서도 여전히 얽혀 있는 한 쌍의 원자는 세계가 어떻게 되어야 한다는 우리의 상식에 어긋나는 것이다. 그러나 그런 "상식"은 어디에서 온 것일까? 질문 6에서 설명했듯이, 우리의 상식은 고전물리학이 지배하는 세계에서 얻은 우리의 일상적인 경험에서 유래된 것이고, 양자 현상은 표면 아래에 남아 있기 때문에 직접적으로 볼 수가 없다. 파동 함수, 가상 입자, 겹침, 양자 덩어리, 양자 도약, 얽힘 속에서 일상생활을 하는 존재는 양지 물리학에서 기묘하게 보일 것은 없다고 추정할 수 있다.

물리학자들은 적어도 지금까지는 양자물리학의 예측이 모두 실험에 의해서 증명되었다는 사실을 받아들이게 되었다. 그래서 일부 물리학자들의 사고방식에 따르면, 양자물리학이 무엇을 "뜻하는지"와 그것을 우리의 일상적인 생각과 맞도록 만들 수 있는지에 대해서는 걱정할 이유가 없다. (흔히 리처드 파인만*의 말이라고 잘못 알려져 있지만 사실은 N. 데이비드 머민의 말인) "입을 닥치고 계산이나 해라(Shut up and calculate)"라는 경구가 있다. 양자물리학의 결과를 수학적으로 찾아내서, 그것이 우리의 직관이나 철학적인 세계관과 맞는지에 상관하지 말고 그 예측을 실험과 비교해보라는 뜻이다.

그러나 1920년대부터 시작해서 바로 지금까지도 물리학자들은 양자물리학의 의미와 그 예측을 "실제" 물리적 세계에 대한 시각과 어떻게 조화를 이룰 것인지에 대해서 불안하게 생각해왔다. 아인슈타인은 확률을 좋아하지 않았고, 얽힘도 좋아하지 않았다. 그동안 많은 물리학자들이 핵심적인 양자의 기묘함에 초점을 맞춘 "측정 문제(measurement problem)"에 대해서 논의하고 논쟁을 벌여왔다. 양자 이론의 초창기에서부터 물리학자들은 소멸적인 파동 함수가 어떻게 구체적인 여기-이곳의 측정으로 변환되는지에 대해서 생각을 할 수밖에 없었다. (양자 도약은 알고 있었지만, 아직 파동 함수가 등장하기 전이었던) 1913년에 이미 어니스트 러더퍼드는 닐스 보어와 함께 들뜬 운동 상태에 있는 전자가 낮은 에너지 상태 중 어느 것으로 도약할 것인지를 어떻게 알 수 있는지의 문제를 제기했다. 질문 26에서 설명했듯이 "언제 도약을 할 것인지"의 질문도 더할 수 있었을 것이다. 10여 년이 지난 후에 양자론 학자들은 "파동 함수의 붕괴"라는 개념을 제시했다. 전자(또는 다른 양자 시스템)가 파동으로 공간에 퍼져 있고, 입자의 구체적인 장소나 다른 성질을 드러내주는 측정을 하면, 파동

* 양자의 기묘함에 대한 지적은 매우 많다. 파인만은 자신도 양자물리학을 이해하지 못하기 때문에 학생과 독자들이 이해하지 못하더라도 괜찮다고 주장했다. 그리고 닐스 보어는, 양자물리학에 대해서 생각할 때 머리가 어질어질해지 않으면 양자물리학을 이해하지 못한 것이라고 말했다고 한다.

함수는 "붕괴한다"는 것이 아이디어였다. 그것이 확률에서 실재로의 전환에 대해서 생각하는 방법이다.

파동 함수 붕괴의 아이디어는 흔히 양자역학에 대한 **코펜하겐 해석**(Copenhagen interpretation)이라고 부르는 것과 관련이 있다. 중요한 어려움 중의 하나가 바로 파동 함수와 확률이 지배하는 양자 세계와 시계가 짤깍거리거나 지시봉이 움직이고, 신경이 신호를 보내는 고전 세계 사이의 경계선*을 긋는 것이다. 그러나 그 경계선은 모호한 것이다. 보어 자신이 대응 원리를 도입하면서 밝혔듯이, 양자 세계에서 고전 세계로의 전환은 점진적인 것이다. 건너야 할 구체적인 경계선은 없다. 파동 함수 붕괴의 아이디어에 대한 극단적인 견해는 인간의 인식에는 측정이 필요하다는 것이다. 그러나 적어도 내 입장에서는 그런 견해는 의미가 거의 없다. X-선 광자가 지나가면서 DNA의 변형이 일어나는 미생물이나 다가오는 뮤온에 의해서 결정 구조가 변하는 작은 운모 조각은 왜 측정되지 않을까? 그런 사건도 역시 "측정"이 된다.

그럼에도 불구하고 "측정 문제"는 지속되고 있다. 겹친 양자 상태의 가능성이 구체적인 측정의 현실로 변환될 때 정확하게 무슨 일이 일어나고 있을까? 1950년대에 프린스턴 대학교의 존 휠러의 대학원 학생으로 선견지명을 가지고 있던 휴 에버렛은 그런 질문에 대한 답을 제시했다. 양자역학에 대한 **다중 세계 해석**(many world interpretation)으로 알려지게 된 것이었다. 그에 따르면, 파동 함수는 붕괴되는 것이 아니라 분리되는 것이다. 입자가 스핀 업과 스핀 다운의 겹쳐진 상태에 있고, 측정을 통해서 스핀이

---

* 파동 함수로 표현되는 양자역학의 의미를 일상 언어로 해석하는 방법. 파동 함수는 객관적 실재가 아니라 물리적 측정에서 특정한 결과가 얻어질 확률을 나타내는 수학적 수단이며, 물리적 측정은 시스템에 영향을 미쳐서 특정한 파동 함수로 붕괴되도록 만든다./역주

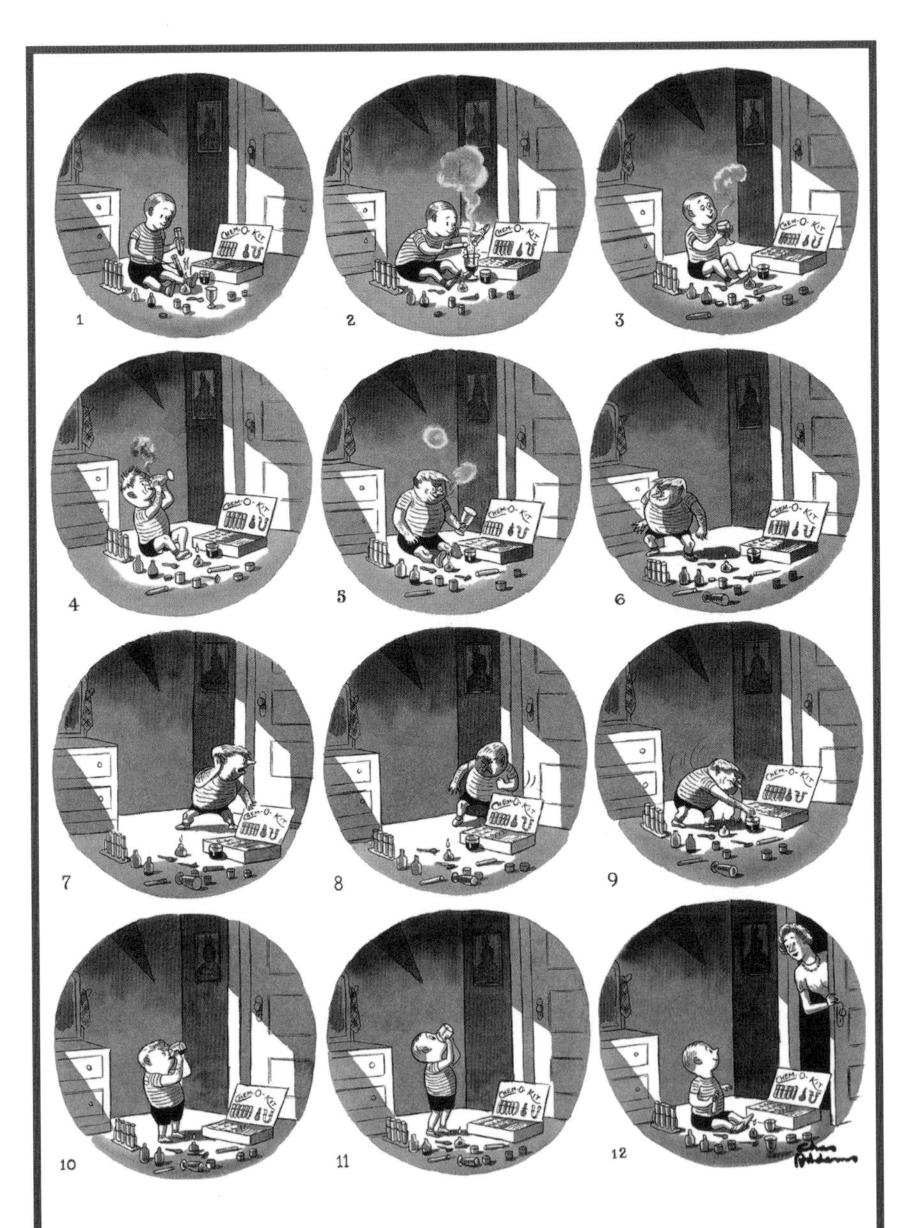

어머니의 측정이 그녀의 실재를 결정한다. (만화 © Charles Addams. Tee and Charles Addams Foundation의 양해를 받아 사용한다)

위를 향하고 있는 것이 밝혀지는 경우를 생각해보자. 에버렛에 따르면, 스핀은 여전히 업과 다운 모두의 상태에 있다. 우리 세계에서는 위이고, 다른 세계에서는 아래로 존재하는 것이다. 그것은 단순히 스핀을 가진 전자가 아니다. 그것은 전자의 머리이다. 파동 함수를 시간에 대해서 수십억 번에 걸쳐서 나누고 또 나누는 것을 상상하는 것은 우리가 감당할 수 없는 것이다. 그러나 에버렛의 해석에는 지극히 보수적인 수리물리학자 모두에게 추천해줄 수 있는 일관성이 있다. 닐스 보어가 좋아하지 않았을 것은 분명하다. 존 휠러 자신도 그의 스승인 닐스 보어와 총명한 학생인 휴 에버렛 사이의 일종의 겹쳐진 상태에 있었다. 에버렛이 측정 문제를 "풀었다"고 말할 수는 있었지만, 상당한 대가를 치러야 했다. 그는 반세기가 지난 후에야 자신의 아이디어에 대한 관심이 높아지는 것을 보지 못하고 젊은 나이(1982년)에 사망했다.*

휠러의 또다른 학생이었던 보이체흐 주렉은 대략적으로 얽힘의 풀림(disentanglement)이나 겹침의 풀림(desuperposition)이라고 할 수 있는 "탈상관성(decoherence)" 연구의 선구자가 되었다. 탈상관성은 측정 문제를 훨씬 더 복잡하게 살펴보는 방법이다. 파동 함수 붕괴 대신에 양자 시스템이 "환경"(더 크고 고전적인 시스템을 뜻함)과 상호작용하면서 양자 겹침의 특징의 일부 또는 전부를 잃어버리게 된다는 아이디어를 사용한다. 다중 세계 해석과 마찬가지로 탈상관성 이론은 새로운 예측을 제공하지도 않고, "표준적" 양자 예측과 상반되지도 않는다. 그런 이론은 세계를 보는 새로운 방법이나 어쩌면 더 만족스러운 방법을 제시할 뿐이다. 특히

* 휴 에버렛의 전기는 Peter Byrne's *The Manu Worlds of Hugh Everett III: Multiple Universes, Mutual Assured Desruction, and the Meltdown of a Nuclear Family* (New York: Oxford University Press, 2010).

고전과 양자 사이의 모호한 경계에 있는 세계의 경우가 그렇다.

101. 왜 양자일까?

오랜 친구이기도 하고 스승이기도 한 존 휠러*가 좋아했던 질문으로 이 책을 마친다. 아무도 그런 질문의 답변을 알지 못하고, 사실은 답변이 존재하는지조차 알지 못한다. 1930년대, 1940년대, 1950년대에 왕성한 연구자였던 휠러는 양자역학의 “이유(reason)”에 대해서 의문을 제기하지 않았다. 그의 스승이었던 닐스 보어와 마찬가지로, 그는 확률, 불확정성, 파동과 입자, 겹침, 얽힘 등의 모든 것이 세계가 존재하는 방식을 반영하는 것이라고 받아들였다. 그는 물론이고 다른 연구자들도 그런 이론의 아래쪽에 더 심오한 것이 있는지를 알아야 할 필요가 없었다. 그들은 그저 미시세계에서의 수많은 현상에 대해서 놀라울 정도로 성공적인 설명을 제공하는 이론을 제시했을 뿐이다.

그러나 노년이 되면서 휠러는 아인슈타인의 관점에 더 가까이 가서 양자역학을 더 심오하고, 어쩌면 더 단순한 핵심의 위층에 해당하는 잠정적인 것으로 생각하게 되었다. 그는, 우리가 미시 세계의 모호함(확률) 위에 세워진 거시 세계에서 확실한 측정의 결과를 얻을 수 있다는 “측정 문제”에 대해서도 고민했다. 휠러는 자신의 마음속 깊은 곳에서 앞으로 발견될 더 심오한 이론이 양자 세계의 모든 이상한 점을 분명하고 합리적인 방법으로 설명해주고, 그런 과정에서 양자-고전의 경계에서 나타나는 모호함

* 휠러는 핵물리학, 입자물리학, 양자물리학, 중력과 상대성 물리학에 중요한 업적을 남기고, 2008년 아흔여섯 살의 나이로 사망했다. 그는 맨해튼 프로젝트와 그후의 열핵 무기 개발의 핵심 인물이기도 했다.

도 설명해줄 것이라고 생각했다.

가끔 시를 썼던 휠러는 자신의 확신을 이렇게 표현했다.*

> 모든 것의 뒤에는
> 그렇게 단순한 아이디어가 있다.
> 그렇게 아름답고,
> 그렇게 설득력이 있어서
> 십년이나 한 세기나
> 또는 천년이 걸려서야
> 우리가 이해하게 될 아이디어가 있다.
> 우리는 서로에게 말할 것이다.
> 어떻게 그렇지 않을 수 있겠느냐고?
> 어떻게 우리가 그렇게 어리석었느냐고?
> 그렇게 오랫동안.

어쩌면 이 책을 읽은 독자의 일생 안에 휠러의 꿈이 이루어질 수도 있을 것이다. 그렇게 되기를 바란다. 그동안 101번 질문은 답변이 없는 상태로 남게 될 것이다.

* Kitty Ferguson, *Stephen Hawking: Quest for a Theory of Everthing* (New York: Bantam, 1992), p. 21에 인용된 미발표작.

부록 1

표 A.1 경입자

이름	기호	전하 (단위 : e)	질량 (단위 : MeV)	스핀 (단위 : ħ)	반입자	대표적인 붕괴	평균 수명
향기 1							
전자	e	−1	0.511	1/2	e^+	안정	
전자 뉴트리노	ν_e	0	2×10^{-6} 이하	1/2	$\bar{\nu}_e$	다른 뉴트리노로 진동함	
향기 2							
뮤온	μ	−1	105.7	1/2	μ^+	$\mu \rightarrow e + \nu_\mu + \bar{\nu}_e$	2.2×10^{-6}s
뮤온 뉴트리노	ν_μ	0	0.19 이하	1/2	$\bar{\nu}_\mu$	다른 뉴트리노로 진동함	
향기 3							
타우	τ	−1	1,776.8	1/2	τ^+	$\tau \rightarrow e + \nu_\tau + \bar{\nu}_e$	2.9×10^{-13}s
타우 뉴트리노	ν_t	0	18 이하	1/2	$\bar{\nu}_t$	다른 뉴트리노로 진동함	

출처 : Particle Data Group of Lawrence Berkeley Laboratory, http://pdg.lbl.gov/.

주 : 반감기 = 평균 수명의 69.3퍼센트.

표 A. 2 쿼크

이름	기호	전하 (단위 : e)	질량 (단위 : MeV)	스핀 (단위 : ħ)	바리온 수	반입자
그룹 1						
다운	d	−1/3	4.5–5.5	1/2	1/3	$\bar{d}$
업	u	2/3	1.8–3.0	1/2	1/3	$\bar{u}$
그룹 2						
스트레인지	s	−1/3	90–100	1/2	1/3	$\bar{s}$
참	c	2/3	1,275	1/2	1/3	$\bar{c}$
그룹 3						
보텀	b	−1/3	4,200–4,600	1/2	1/3	$\bar{b}$
톱	t	2/3	174,000	1/2	1/3	$\bar{t}$

출처 : Particle Data Group of Lawrence Berkeley Laboratory, http://pdg.lbl.gov/.

표 A.3 몇 가지 중요한 보손

이름	기호	전하 (단위 : e)	질량 (단위 : MeV)	스핀 (단위 : ħ)	반입자	운반하는 힘
중력자(관찰되지 않은 가상 입자)		0	0	2	자신	중력
W	W+	1	80,400	1	W^-	약한 힘
Z	Z0	0	91,190	1	자신	약한 힘
광자	γ	0	0	1	자신	전자기력
글루온	g	0(그러나 3개의 "색 전하")	0	1	자신	강한 힘
힉스	H	0	125,000	0	자신	

힘 운반자의 출처 : Particle Data Group of Lawrence Berkeley Laboratory, http://pdg.lbl.gov/.
주 : 힉스는 힘 운반자가 아니다.

표 A.4 몇 가지 합성 입자들

이름	기호	전하 (단위 : e)	질량 (단위 : MeV)	스핀 (단위 : ħ)	반입자	대표적인 붕괴	평균 수명
바리온(페르미온)							
양성자	p	1	938.3	uud	1/2	발견되지 않음	10^{29}년 이상
중성자	n	0	939.6	ddu	1/2	$n \rightarrow p + e + \bar{\nu}_e$	830s
람다	Λ	0	1,116	uds	1/2	$\Lambda \rightarrow p + \pi^-$	2.6×10^{-10}s
시크마	Σ	1, 0, −1	1,189(+ & −)	uus(+), dds(−)	1/2	$\Sigma^+ \rightarrow n + \pi^+$	0.80×10^{-10}s(+ & −)
			1,193(0)	uds(0)		$\Sigma^0 \rightarrow \Lambda + \gamma$	7×10^{-20}s(0)
오메가	Ω	−1	1,672	sss	3/2	$\Omega \rightarrow \Lambda + K^-$	0.82×10^{-10}s
중간자(보손)							
파이온	π	1, 0, −1	139.6(+ & −)	$u\bar{d}$(+), $d\bar{u}$(−)	0	$\pi^+ \rightarrow \mu^+ + \nu_\mu$	2.6×10^{-8}s(+ & −)
			135.0(0)	$u\bar{u}$ & $d\bar{d}$(0)		$\pi^0 \rightarrow 2\gamma$	8×10^{-17}s(0)
에타	η	0	548	$u\bar{u}$ & $d\bar{d}$	0	$\eta \rightarrow \pi + \pi^0 + \pi^-$	5.6×10^{-19}s
카온	K	1, 0, −1	494(+ & −)	$u\bar{s}$(+), $\bar{u}s$(−)	0	$K^- \rightarrow \mu^- + \bar{\nu}_\mu$	1.24×10^{-8}s(+ & −)
			498(0)	$d\bar{s}$ & $d\bar{s}$(0)		$K^0 \rightarrow \pi^+ + \pi^-$	0.89×10^{-10}s(0)

출처 : Particle Data Group of Lawrence Berkeley Laboratory, http://pdg.lbl.gov/.

주 : 반감기 = 평균 수명의 69.3퍼센트.

부록 2

표 B.1 크고 작은 승수(multiplier)

양	이름	기호	양	이름	기호
백(10^2)	헥토	h	백분의 1(10^{-2})	센티	c
천(10^3)	킬로	k	천분의 1(10^{-3})	밀리	m
백만(10^6)	메가	M	백만분의 1(10^{-6})	마이크로	μ
십억(10^9)	기가	G	십억분의 1(10^{-9})	나노	n
조(10^{12})	테라	T	조분의 1(10^{-12})	피코	p
천조(10^{15})	페타	P	천조분의 1(10^{-15})	펨토	f
경(10^{18})	엑사	E	경분의 1(10^{-18})	아토	a

표 B.2 얼마나 큰가?

물리량	양자 세계에서의 대표적인 크기
길이	원자의 크기, 약 10^{-10}m (0.1나노미터) 양성자의 크기, 약 10^{-15}m (1펨토미터) "플랑크 길이", 약 10^{-35}m
시간	입자가 핵자를 지나가는 시간, 약 10^{-23}초 "안정적인" 입자의 대표적인 반감기, 약 10^{-10}초
속도	빛의 속도(c), 3×10^{8}m/s 원자 속에서의 전자의 속도, 약 0.01c에서 0.1c 가속기 속에서의 입자의 속도, 광속에 아주 가까움
질량	전자 2개의 질량, 약 100만 eV(1MeV) 양성자의 질량, 약 10억 eV(1GeV)(질량 에너지의 1GeV = 1.7×10^{-27}kg)
에너지	상온에서의 공기 분자, 1eV 이하 녹색 광의 광자, 약 2eV 음극선관 속의 전자, 10^{3}eV(1keV) 이상 가장 큰 대형 가속기의 양성자, 7×10^{12}eV(7eV)
전하	전하의 양자 단위(e), 1.6×10^{-19}쿨롱(Coulomb : 1쿨롱은 작은 1W 전구가 1초 동안 필요한 전기량)
스핀	스핀의 양자 단위(ħ) 약 10^{-34}kg × m × m/s 광자의 스핀, ħ 전자나 쿼크나 양성자의 스핀, 1/2ħ

감사의 글

이 책을 출간할 수 있도록 도와준 세 사람의 친구에게 특히 감사드린다. 다이앤 골드슈타인은 질문과 답의 형식을 제시하고 그 작업을 해주었다. 요나스 슐츠는 원고를 꼼꼼하게 읽고 중요한 제안들을 많이 해주었다. 폴 휴잇은 교육학적 통찰력과 이 책의 아이디어를 생생하게 살아나게 만들어준 삽화를 제공했다. 놀라울 정도로 완벽하게 평을 해주고, 양자물리학에 대한 통찰력을 나와 함께 나눈 데이비드 머민에게도 감사드린다.

하버드 대학교 출판부의 마이클 피셔와 앤 자렐라를 비롯한 그의 팀과 일하는 것이 대단히 즐거웠다. 확고하면서도 점잖고 효과적으로 조언했던 웨체스터 독서 그룹의 바브 굿하우스와 캐리 넬킨에게도 감사드린다.

아내 조앤과 일곱 명의 아이들과 열네 명의 손자들, 그리고 수많은 훌륭한 학생들에게서 나는 무한한 보답을 받았다. 이 책을 그들에게 바친다.

역자 후기

양자역학을 모르고 현대를 살아가는 것은 안타까운 일이다. 양자역학이 첨단 물리학을 연구하는 물리학자에게나 필요한 과학이라는 생각은 터무니없는 것이다. 태양이 밝게 빛나고, 별들이 반짝이고, 장미꽃이 붉고, DNA에 생명의 암호가 숨겨져 있는 우리의 현실을 제대로 이해하기 위해서 꼭 필요한 것이 바로 양자역학이기 때문이다. 양자역학을 외면하고서는 세계의 가장 기본적인 사실조차 이해할 수 없다. 양자역학은 21세기를 살아가는 우리가 우주와 자연과 생명을 이해하기 위해서 필수적으로 알아야 할 수밖에 없는 필수 지식이다.

물론 우리가 현대 과학을 전공하는 과학자들처럼 양자역학의 세부적인 방법론까지 속속들이 알아야 하는 것은 아니다. 사실 그런 일은 필요하지도 않고, 현실적으로 가능하지도 않다. 양자역학의 세부적인 방법론을 자세하게 배운다고 해도 대부분의 사람들의 일상생활에서 그런 지식을 활용할 수 있는 기회는 좀처럼 없을 것이 분명하다. 일상적으로 활용할 가능성이 없는 일에 필요 이상의 많은 시간과 노력을 기울일 이유는 없을 것이다.

그럼에도 불구하고 양자역학을 통해서 인식할 수 있는 전혀 다른 모습의 세계를 이해하기 위한 노력은 반드시 필요하다. 우리가 일상적으로 경험하고 있는 거시 세계의 진정한 모습을 제대로 이해하기 위해서는 분자와 원자, 그리고 쿼크를 비롯한 기본 입자들로 이루어진 미시 세계에 적용되는 양자적 해석이 필요하기 때문이다. 우리의 오감을 통해서 이해하는 거시 세계가 세계의 전부가 아니라는 뜻이다. 우리가 직접 볼 수도 없고, 느낄 수도 없는 미시 세계를 이해하기 위한 노력은 21세기를 살아가는 현대인에게 반드시 필요하다.

케네스 W. 포드의 이 책은 우리가 직접 볼 수 없는 미시 세계를 이해하기 위해서 필요한 양자역학의 훌륭한 입문서이다. 저자는 거시 세계에서는 누구에게나 분명하게 구별되는 입자와 파동의 구분이 사라지는 양자역학의 세계의 핵심을 101가지 질문을 통해서 친절하고 명쾌하게 답변하고 있다.

물론 미시 세계의 진정한 모습을 밝혀준 양자역학이 하루 아침에 등장한 것은 아니다. 100여 년의 긴 세월 동안 수없이 많은 천재 물리학자들의 끈질긴 노력으로 만들어진 것이다. (역자가 번역한 『양자혁명 : 양자물리학 100년사』[만지트 쿠마르]를 읽으면 양자론의 발전 역사를 이해하는 데에 큰 도움이 될 것이다. 두 책은 서로 훌륭하게 보완적인 관계에 있다.) 양자역학이 완성된 것은 아니다. 오히려 양자역학은 지금도 느린 속도이기는 하지만 여전히 완성 단계를 향해 진화하고 있는 과학이다. 우리는 이 책에서 세계의 모든 것을 명쾌하고 단순하게 설명할 수 있어야 한다는 소박하지만 진지한 물리학자들의 꿈을 통해서 밝혀지고 있는 세계의 기묘한 모습을 이해하는 즐거움을 맛볼 수 있을 것이다.

2015년 6월

노고 언덕에서

이덕환

인명 색인

이 책과 함께 읽으면 좋은 책들

2015년 세종도서 학술부문 도서

양자혁명 : 양자물리학 100년사

만지트 쿠마르/이덕환 옮김

488쪽/값 23,000원

1900년 12월 베를린에서 시작된 양자혁명의 역사 100년은 과학의 역사에서 가장 독특하게 기억될 인류의 소중한 역사적 경험이다. 이 책의 저자 쿠마르는 물리학, 물리학자, 시대 상황이라는 세 가지 요소를 주축으로 하여 이러한 역사적 경험을 훌륭하게 재현하고 있다. 양자물리학의 발전과 함께 그 주축에 있었던 아인슈타인, 보어, 슈뢰딩거 등의 물리학자들의 개인적 삶과 더불어 그들의 양자 이론에 대한 격돌까지 드라마틱하게 전개된다. 물리학과 철학을 전공하고 다양한 분야의 저술 활동을 해왔던 만지트 쿠마르의 이 책은 양자물리학에 대한 혁명적인 과학 교양서이다. "실재"의 존재와 우주의 구조에 대한 물리학의 물음을 형이상학으로까지 "도약"시키는 쿠마르의 솜씨가 우아하게 펼쳐진다. 가장 위대한 과학적 발전이 이루어진 20세기를 관통하는 양자혁명의 전개과정을 놀라운 수준의 절제된 언어와 내용으로 명쾌하고 체계적으로 정리한 훌륭한 책이다.

2015년 대한민국 학술원 우수 학술도서

완벽한 이론 : 일반상대성이론 100년사

페드루 G. 페레이라/전대호 옮김

365쪽/값 20,000원

알베르트 아인슈타인이 1915년에 일반상대성이론을 처음 내놓은 이래로 물리학자들은 이 이론에 대한 탐구와 논쟁과 문제 제기를 줄곧 이어왔다. 그 과정에서 우주의 놀라운 비밀들이 여럿 밝혀졌고, 많은 사람들은 이 이론의 논쟁적인 방정식들 속에서 더 많은 놀라운 사실들이 아직도 숨어 있다고 믿는다. 상대성이론의 연구자는 히틀러 치하의 독일에서는 박해의 표적이 되었고, 스탈린 정권의 소련에서는 집요하게 괴롭힘을 당했으며, 1950년대 미국에서는 홀대를 당했다. 이런 역경에도 불구하고 일반상대성이론은 크게 활성화되어 시간의 기원과 우주에 존재하는 모든 별과 은하의 진화에 대한 우리의 이해에 핵심적인 통찰을 제공했다. 우리는 현대물리학에서 중대한 전환이 일어나는 시기의 한가운데에 있다. 이 책은 일반상대성이론의 출발점과 현재와 미래를 보여줌으로써 이 이론이 왜 지금 더 중요한지 알려준다.